제2판

유클리드 공간과 민코프스키 공간의

비유클리드 모델

김선부 지음

KM 경문사

제2판을 내면서

2011년에 초판을 내고 어느덧 7년이라는 세월이 흐르면서 진즉에 많은 부분의 오류를 고치고 보충 설명을 보탰어야 했는데 2018년을 맞이하면서 이제야 이 책을 개정하게 되었다.

이 책의 초판에서는 학생들이 대학 교양과목으로 배웠던 미분적분학의 내용인 2차원 실수평면 R^2, 3차원 실수공간 R^3의 대수적 구조와, 특히 벡터공간으로서의 내적과 외적 그리고 선형사상을 바탕으로 여러 가지 형태의 기하학적 성질들을 설명하였다. 또한 비유클리드 기하학을 설명하기에는 유클리드 기하학의 공리주의 방식으로는 어려움이 따르므로 해석적인 방법으로 설명하였다.

따라서 한 학기용 교재로는 내용이 너무 많기 때문에 개정판에서는 기하도형의 합동문제인 반사, 회전 이동변환과 직접적인 내용을 중심으로 집필하였다. 그러한 이유로 대수적으로 너무 깊게 설명한 내용들과, 민코프스키 공간을 설명하기 위한 특수 상대성 이론을 부록으로 넘겼다. 더 나아가서 2학년 학생들에게 복소수 함수들을 이용한 기하학적 성질을 설명하기에도 적합하지 않아 등각사상인 선형분수변환을 이용한 세 가지 모형, 즉 클라인 원반 모형과 푸앵카레 상반평면 모형, 푸앵카레 원반 모형이 동치임을 보이는 부분도 부록으로 넘겼다.

본 저자는 한 학기용 강의를 용이하게 할 수 있도록 초판의 내용을 재검토하고 위에서 언급한 내용을 부록으로 바꾸면서 다음과 같이 개정하였다.

제0장에서는 기하학의 역사를 간략히 기술하였고, 힐베르트의 공리군에 대한 설명은 공리주의를 피하는 이 책의 의도와 맞지 않아 부록으로 옮겼다. '0.3 R^2와 R^3의 대수적 구조'에서 부분군의 정의와 예제만 남기고 부분군과 잉여류 내용들은 부록으로 넘기게 되었다.

제1장에서는 '1.10 E^2의 유한군'과 '1.11 E^2의 정m각형의 상사변환과 대칭변환'에 대수적인 내용이 많아 부록으로 넘기게 되었다.

제2장에서는 제1장에서와 같은 이유로 '2.11 유한 회전군'을 부록으로 넘겼다.

또한 '2.7 E^3의 직교사상'은 구면과 관련이 없어 제1장의 맨 마지막으로 옮겼다.

제3장은 대부분 초판과 같으며 오류 정정 및 약간의 보충 설명을 가미하였다.

제4장의 '4.0 특수상대성이론'은 직접적으로 이 책의 기하학적 내용과 관계가 멀고 단지 로렌츠 변환식으로부터 민코프스키 내적을 유도하기 때문에 부록으로 넘기게 되었다.

제5장의 5.1, 5.2, 5.3, 5.4, 5.5절에서 클라인 모형, 푸앵카레 상반평면이나 원반 모형들이 미분기하학에서는 좋은 기하학적 모형들이지만 여전히 쌍곡평면의 합동문제를 다루기는 쉽지 않아 부록으로 넘겼다.

부록은 구체적으로 다음과 같이 구성하였다.

A1. 힐베르트(Hilbert) 공리군
A2. 부분군
A3. 특수 상대성이론
A4. 초기 쌍곡 평면 모형
- A4.1 복비와 선형분수변환
- A4.2 벨트라미-클라인 모형
- A4.3 푸앵카레 상반평면 모형
- A4.4 푸앵카레 원반 모형
- A4.5 입체사영

A5. 유클리드 평면, 구면, 쌍곡 평면의 비교

특히 초판의 특수 상대성 이론에서 로렌츠 변환식을 유도하는 과정이 매끄럽지 못한 부분이 많았으므로 이를 바로 잡으려 노력하였다. 하지만 아직도 부족한 부분이나 오류가 있다면 독자들은 이를 지적해 알려주기 바란다.

마지막으로, 주위 분들의 많은 격려에 힘입어 이 책을 다시 개정할 수 있었음에 감사드리며 출판사인 경문사 여러분에게도 진심으로 감사드린다.

2018년 2월 담양 선정재에서

김선부

머리말

유클리드 기하학을 다루는 데 있어 크게 두 가지 방향으로 나눌 수 있을 것이다. 첫째가 자와 컴퍼스만을 가지고 다섯 개의 공리와 그들을 세분화한 힐버트의 공리군을 이용하여 논증적으로 설명해가는 방법과 데카르트에 의하여 주어진 평면의 좌표를 이용하여 기하도형을 표현하고 이들의 성질을 해석적으로 설명해 가는 방법일 것이다.

이 책을 쓰기 전까지 수학과 2학년 학생들에게 기하학개론을 강의하면서 몇 년간은 Marvin J. Greenberg의 저서인 《Euclidean Non-Euclidean Geometry, Development and History》를 이우영 교수가 번역한 《유클리드 기하학과 비유클리드 기하학》을 교재로 강의하였고 그 후 몇 년간은 Patrick J. Ryan의 저서인 《Euclidean Non-Euclidean Geometry, An analytic approach》를 교재로 강의하였다. Greenberg의 책은 먼저 공리적으로 유클리드 기하학을 서술하면서 비유클리드 기하학의 발견을 재미있는 역사적 사실을 곁들이며 잘 설명하고 있다. 그러나, 좌표를 사용하지 않고 비유클리드 기하학을 설명하는 데 있어서는 한계를 느낀다. 또한, 현대기하학의 가장 큰 문제 중의 하나인 두 기하도형의 합동문제는 두 기하도형 사이의 등장사상(또는 등거리 사상)으로 설명한다. 공리적으로 반사, 회전 이동변환을 이용하여 등장사상에 대한 설명은 아무래도 해석적인 방법의 장점을 따르기 어렵다. 그에 반하여 Ryan의 책은 강의하기에는 두 학기 강의로도 부족할 만큼 너무 많은 내용을 해석인 방법으로 설명하고 있으며 각 변환에 따른 대수적인 구조인 대칭군, 회전군, 이동군 등을 유도해 내고 있다.

한편, 쌍곡기하학을 설명하는 데 있어서 많은 책들이 클라인 원반 모형과 푸앵카레 상반평면 모형 그리고 푸앵카레 원반 모형을 모델로 사용하고 있다. 이 책에서는 제5장에서 이들을 소개하고 서로 동치임을 밝히고 있다. 이 책의 주제인 반사, 이동, 회전 등 등장변환을 설명하기 위하여 복소수를 이용한 선형분수변환을 사용해야 하지만 제1장의 유클리드 평면과 제2장의 구면 그리고 제3장의 사영평면에서 일관되게 설명하는 성질들과 연결된 정의를 사용하기 위하여 오히려 민코프스키 공간 속의 쌍곡평면을 모델로 사용하였다. 그러나 민코프스키 공간을 처음 대하는 독자들의 이해를 돕기 위하여 저자는 제4장에서 특수 상대성 이론의 기초적인 내용과 Birman G. and K. Nomizu의 논문 〈Trigonometry in Lorentzian Geometry〉

(Amer. Math. Monthly 9, 1984, 543-549)의 내용을 참고하여 자세히 설명하였다.

따라서 본 저자는 한 학기용 강의를 할 수 있고 위의 두 책과 논문의 장점을 참고하고 부족한 부분을 보충하여 다음과 같이 저술하였다.

제0장 기하학의 역사와 유클리드 공간에서는 0.3 R^2와 R^3의 대수적 구조를 제외하면 중·고등학교 때 배웠거나 1학년 때 이미 배운 내용들 중에서 앞으로 필요한 부분을 간추려 서술하였다. '0.3 R^2와 R^3의 대수적 구조'에서는 기하학 모델들의 변환에 따른 군이라 불리는 대수적 구조에 대하여 간단히 설명하였다. 따라서 1학년 과정을 충실히 마친 독자는 0.3 절만 일독하고 다음 장으로 넘어가도 좋다고 생각한다.

제1장 유클리드 평면 위에서는 벡터들을 이용하여 이미 잘 알고 있는 두 점 사이의 거리, 직선의 표현, 수직선, 평행선들을 정의하고 그들과 관련된 기본적인 성질들을 다루었다. 더 나아가서, 기하학적인 합동을 공부하기 위하여 반사, 대칭군, 이동, 회전들을 정의하고 이에 관련된 성질들과 등장사상의 성질들을 설명하였다. 특히, 이러한 변환들로부터 대칭군, 이동군, 회전군 등 대수적인 구조, 즉, 유한군과 정m각형의 상사변환과 대칭변환에 대하여 살펴보았다.

제2장 구면에서의 기하학은 비유클리드 기하학을 생각할 때 맨 처음 다루는 기하도형이다. 구면은 우리가 살고 있는 지구와 비슷하고 그 위의 직선은 관찰자가 지구 밖에서 바라볼 때 굽어 있는 곡선이지만 관찰자가 구면 위에서 바라볼 때 직선이 굽어 있는지 알 수 없다. 현대기하학인 미분기하학은 관찰자가 지구 위에서 바라볼 때에도 직선이 굽어 있다는 사실을 설명하고 있다. 이 책에서는 앞 장에서 다루었던 주제들, 즉 구면 위의 직선, 거리와 삼각부등식, 수직선, 반사, 회전, 이동, 직교사상, 선분, 각, 구면 삼각형의 사인법칙과 코사인법칙, 유한 회전군에 대하여 설명하였다.

제3장 사영평면은 멀리 보이는 경치가 우리 눈에 원근법적으로 보이는 사실을 기하학적으로 설명하는 것이다. 이는 더 이상 유클리드 기하만으로 설명할 수 없는 기하학적 성질들을 설명하고 있다. 사영평면 위의 점들과 직선을 정의하고, 한 직선 위의 네 점에 대한 복비와 좌표공간에서의 사영을 이용하여 데사르그 정리와 여러 성질들을 살펴보았다. 또한, 사영평면에서 동차좌표를 정의하고 이를 이용하여 데사르그 정리를 다른 방법으로 증명하고, 파푸스 정리도 증명하였다. 더 나아가서 사영평면 위의 두 점 사이의 거리를 정의하고, 구면에서와 유사한 등거리 변환, 반사, 회전과 이동 등에 대하여 설명하였다.

제4장 민코프스키 공간은 유클리드 내적과 다른 특수 상대성 이론에서 유도된 민코프스키 내적을 사용하여 두 벡터의 외적을 정의하고 유클리드 공간에서 성립하는 많은 성질들과 유사한 내용이 성립함을 보였고 또는 유클리드 평면에서는 성립하지 않는 전혀 다른 성질들도 살펴보았다. 또한, 두 벡터 사이의 쌍곡각을 정의하여 회전변환에 대한 성질들을 살펴보고, 평행사변형의 면적과 쌍곡 삼각함수에 대한 법칙들도 설명하였다.

제5장 쌍곡평면은 여러 형태의 모델들이 있다. 대표적으로 클라인 모형, 푸앵카레 상반평면이나 원반 모형들이 그것이다. 클라인 모형 위의 거리나 각을 바로 정의하여 기하학적 성질들을 다루기가 까다롭고 푸앵카레 모형들도 미분기하학에서 좋은 기하적 모형들이지만 여전히 쌍곡평면의 합동문제를 다루기는 쉽지 않다. 한편, 민코프스키 공간의 미래방향 단위 시간류 벡터들의 집합을 쌍곡평면으로 정의하면 이 쌍곡평면을 원점을 향하여 사영하였을 때 평면 $z=1$ 위에 나타나는 열린원판이 클라인 모형이고 쌍곡평면과 일대일 대응관계이며 이 사영사상을 등장사상이 되도록 클라인 모형 위에 내적을 정의할 수 있으나 까다로운 클라인 모형 위의 기하학 대신 쌍곡평면 위의 기하학, 즉 직선, 수직선, 거리, 그리고 등장사상인 반사, 회전, 이동을 구면에서와 같이 유사하게 다룰 수 있어 매우 편리하다.

한 학기 동안 등장사상인 반사, 회전, 이동을 중심으로 강의한다면 0.3절, 1.1~1.10절, 2.1~2.11절, 3.1~3.8절, 4.1~4.4절, 5.6~5.14절을 중점적으로 다루면 적당할 것으로 생각된다.

마지막으로 이 책을 펴내는 데 많은 도움을 주신 전남대학교 수학교실 교수님들과 좋은 수학서적 개발에 노력하시는 경문사 여러분들에게 감사 말씀을 드린다.

2011. 2.
김선부

차 례

제2장 구면 • 87

제3장 사영평면 • 131

제4장 민코프스키 공간 • 173

제5장 민코프스키 쌍곡평면 • 211

Non-Euclidean Model

제 0 장

기하학의 역사와 유클리드 공간

제0장은 단지 유클리드 논증기하학의 탄생과 제5공리의 증명에 대한 논란으로 인한 비유클리드 기하학의 필요성에 대하여 수학사적 입장에서 간단히 정리하였고, 실수 좌표공간에서 유클리드 내적을 이용한 기본적인 기하학적 그리고 대수적 성질들을 살펴보았다. 따라서 1학년 때 배우는 미분적분학을 잘 이해하는 독자들에게 가벼운 마음으로 한 번 읽어 보기를 권장한다.

0.1 유클리드 기하학

고대 수학

수학은 인류의 삶과 함께 시작되었다고 여겨진다. 2002년 고생물학자들이 남아프리카 한 동굴을 탐색하던 중 선사시대에 그렸던 것으로 판명된 놀라운 유물을 발견하였다. 문자가 없던 시기에 이미 별을 이용하여 측량을 하는 수학적인 지식이 있었음을 보여주는 그림이었다.

또한 동굴 암석을 조사하다가 약 7만년 전에 그렸을 것으로 여겨지는 기하학적인 무늬를 새긴 돌을 발견하였다. 아프리카 다른 지역에서 35,000년 전에 제작된 것으로 추정되는 기초적인 셈이 표기된 유물을 발굴하기도 하였다.

1960년 나일강의 발원지 부근인 콩고의 한 국립공원에서 발견된 선사시대의 유물 중 2만년 전에 만들어진 것으로 추정되는 **'이상고 뼈'**(Ishango bone)에는 소수를 이용한 고대 이집트의 구구법과 같은 수열이 새겨져 있다. 뼈나 돌에 28~30개의 줄을 새긴 것이다. '이상고 뼈'에 새겨진 수열에 대해서는 곱셈, 나눗셈과 같은 계산을 위한 계산판으로 쓰였다는 주장과 달력이라는 주장이 있다. 또한 이것이 6개월간의 음력을 표기한 것이라는 주장과 여성이 달의 위상을 기록하여 월경 주기를 기록한 것이라는 주장도 있다.

또한 사냥꾼이 자신이 잡은 동물의 수를 표시하기 위해 선을 새긴 것으로 보이는 유물도 발견되었다.

기원전 5000년경 전왕조 시대의 이집트에서는 기하학을 이용하여 공간을 분할하기 시작하였다. 한편, 기원전 3000년경 만들어진 잉글랜드와 스코틀랜드의 거석 구조물에는 원, 타원, 피타고라스 수와 같은 수학적 지식이 사용되었다.

기원전 3000~2600년경 고대 인도의 인더스 문명에서는 10진법을 이용한 도량법이 만들어져 비율과 함께 벽돌 건축 기술에 사용되었다. 인더스 문명의 건축가들은 자, 컴퍼스와 같은 기하학 도구를 사용하여 자신들의 도시를 설계하였다. 이로서 인더스 문명의 도시에는 직각으로 이루어진 도로가 놓이고 직육면체, 원기둥, 원뿔 등이 적용된 건물이 들어섰다. 인더스 문자가 아직 완전히 해독되지 않아 당시의 인도 수학은 일부만이 알려져 있다. 고고학적 연구결과에 따르면 인더스 문명은 8진법을 이용한 기수법을 사용하였고 고유의 π값을 사용하였다고 한다.

중국에서 3,600년 전에 문자로 기록된 역사는 상나라로부터 시작되었다. 이 시기 거북 등에 그려진 그림과 같은 마방진이 알려져 있었다.

바빌로니아 수학

4대 문명의 발상지 중에서도 가장 오래된 메소포타미아 지역에 유물들이 가장 많이 남아 있는 이유는 오랜 세월이 지나도 땅속에 묻혀 있는 점토판들이 썩지 않았기 때문이다. 이집트의 파피루스나 중국의 죽간 등은 쉽게 사라지기 때문에 많은 유물들이 사라졌을 것으로 추정된다.

기원전 3500년경 메소포타미아에서 수메르 문명이 발달하였는데, 수메르인들이 설형문자를 사용하고 옷감을 짜고 염색하였으며 2층 건축물을 만들고 경제 계약을 맺은 내용들이 점토판에서 발견되었다고 한다. 수메르인의 많은 설화들이 성경의 창세기와 겹친다는 사실은 매우 흥미롭다. 수메르 문명은 후에 바빌론 문명과 에게 문명(기원전 3000년경), 그리고 이집트 문명(기원전 3000년경)에 많은 영향을 주었을 것으로 추정하고 있다.

기원전 2000~기원전 1600년경 바빌로니아 수학은 유적 발굴에서 출토된 점토판 유물들에서 대수학의 발전이 괄목할 만한 증거로 발견되었다.

예컨대 2차방정식 $x^2+ax=b$ 또는 $x^2+b=ax$의 양수해를 구하는 문제와 **플림프톤**(Plimpton) 322 점토판에서 $a^2+b^2=c^2$을 만족하는 세 수의 쌍(피타고라스 수)들이 발견되었으며 $\pi \approx 3$을 이용한 내용뿐만 아니라 기원전 400년경에도 연립 일차방정식에 대한 연구가 발견되기도 하였다.

고대의 수치적·대수적·기하학적 방법은 기원전 1700년 바빌로니아의 함무라비 왕조까지 거슬러 올라가며, 이러한 방법은 기원전 수세기 동안 그리스가 바빌로니아를 지배하는 동안에도 존속되었다. 바빌로니아의 수학적 체계의 힘은 기원전 3000년 동안 서서히 출현한 자릿값 기수법을 바탕으로 하고 있다. 바빌로니아의 자릿값 수치는 오늘날 2.40과 40.2가 구별되는 것처럼 숫자들의 배열로 결정되었다. 그러나 바빌로니아의 자릿값 체계는 1부터 10까지 사용하는 오늘날의 10진법과 달리 1부터 60까지 사용하는 60진법이었다. 오늘날 학생들이 9×9까지 정수들의 모든 곱에 대한 표를 배우는 것처럼, 바빌로니아인들은 59×59의 모든 곱을 표로 작성했다. 15세기에 이러한 방식으로 모든 산술연산, 즉 덧셈·뺄셈·곱셈·나눗셈·제곱·제곱근이 메소포타미아·그리스·인도·이슬람 사회의 천문학자들에 의해 수행되었다.

이집트 수학

기원전 1800년경에 이집트 역시 나일강의 범람으로 토지를 재분배해야 하므로 측량술과 관련하여 기하학이 발전하였고 $\pi \approx 3.1604$를 사용하였다고 한다. 더 나아가서 이집트에서는 피라미드를 만드는 동안에 그들의 기하학에 관한 지식을 꾸준히 발전시켰다.

기원전 1650년경에 서기관인 아메스(Ahmes)가 기존의 수학 책을 베꼈다고 쓴 **'린드(수학) 파피루스'**(Rhind papyrus)라는 이집트의 수학 책에는 87개의 수학문제가 적혀 있으며 그중 열 사람에게 아홉 개의 빵을 나누는 문제는 매우 특이하다. 현대인들은 1인당 $\frac{9}{10}$조각이라고 쉽게 답하겠지만 그들은 분수 계산을 $\frac{2}{3}$를 제외하고 모두 분자가 1인 경우만을 사용하였기 때문에 $\frac{9}{10}$ 대신 $\frac{2}{3}+\frac{1}{5}+\frac{1}{30}$로 표현하였다.

피라미드의 높이를 재는 계산법도 실려 있다. 아메스는 삼각형, 사다리꼴, 직사각형의 넓이나 원기둥, 각기둥의 부피, 원의 넓이를 계산했으며, 지름과 높이가 주어진 곡물 창고의 곡물의 양을 계산하는 데 있어서 먼저 주어진 지름으로 원의 넓이를 계산하는 현대적 의미의 공식을 이용하였다.

대략 기원전 12세기 이집트 왕조시대에 쓰인(아메스의 린드 파피루스보다 더 오래되었다고 주장하는 학자도 있다) **모스크바 파피루스**에 적힌 수학 내용은 린드 파피루스와 비슷하게 25개의 문제가 수록되어 있다. 또한 삼각형의 넓이를 밑변과 삼각형의 높이로 생각되는 선의 길이를 곱한 것의 절반으로 계산하였다. 그러나 그 선이 높이인지 또는 한 변일지에 대해서는 이집트 학자도 확신하지 못했다.

중국 수학

중국 고대의 유명한 수학서인 **주비산경**의 실제 집필 시기는 불분명하지만, 하권 1부는 **여씨춘추**(기원전 3세기 집필)를 인용하므로 적어도 이 문단은 전국시대 이후에 집필된 것을 알 수 있다. 대체로 한나라(기원전 2세기~기원후 3세기) 때에 현재의 형태로 집대성된 것으로 추정된다.

'구장산술'(九章算術; Chiuchang suanshu)은 선진(先秦)에서 전한(前漢)에 이르는 수백 년 동안 이루어진 수학의 성취를 총결산한 것으로 몇 차례의 증보를 거쳐 기원전 200년에서 기원전 100년 사이에 책으로 만들어졌다. 이 책은 중국 고대 수학체계의 핵심으로 후대에 커다란 영향을 주었다. 역대의 수학자들이 이 책에 대한 주석서를 많이 썼고, 그중에서 유휘(劉

徽)와 이순풍(李淳風)의 주석이 가장 유명하다. 모두 9장으로 되어 있고 246개의 수학문제가 실려 있다. 정수와 분수의 사칙운용, 면적과 체적·세금분배·식량교환 등의 계산과 아울러 1차 연립방정식의 해법과 측량을 위한 수학 등을 모두 포괄하고 있다. 이 가운데 분수와 양·음수의 계산, 바빌로니아인들보다 훨씬 현대적인 행렬의 개념에 더 가깝게 사용하여 1차 연립방정식의 해법은 모두 세계적인 가치를 지닌 성취이다. '구장산술' 안에 들어 있는 많은 수학용어가 지금까지 계속 쓰이고 있다. 세계적으로 명성이 높은 수학서인 이 책은 이미 영어·러시아어·독일어·일어 등 여러 나라의 문자로 번역되었다.

특히, 1차 연립방정식의 해법은 2000년 이후에 가우스가 제안한 소위 '가우스 소거법'과 일치한 내용이다.

그리스 수학

현대기하학의 초석이 되는 '유클리드 기하학'(Euclidean geometry)이 완성되던 시대는 그리스였다.

그리스의 많은 수학자들은 이집트에서 기하학을, 바빌로니아에서 대수학을 배운 것으로 알려져 있다. 탈레스, 피타고라스, 플라톤도 이집트에 유학하여 기하학을 접하였다고 한다. 이집트의 기하학을 받아들이고 연구·집대성한 결과, 수학에서 불멸의 업적으로 일컬어지는 유클리드의 《**원론**》(Elements)을 비롯하여, 수학 및 과학의 천재로 잘 알려진 아르키메데스(Archimedes)의 많은 연구 업적, 아폴로니우스의 '원뿔곡선'(conic section)의 연구, 디오판투스(Diophantus)의 《산학》(Arithmetica) 등이 완성되었다.

아리스토텔레스와 플라톤 등으로 대표되는 여러 학자들의 관심사는 철학과 수학이었다. 유클리드도 아리스토텔레스와 플라톤의 영향을 많이 받았다고 알려져 있다. 그의 《원론》은 역사상 처음으로 수학을 논리적으로 정리하여 체계화한 것으로서 유럽에서는 19세기 말경까지 교과서로 쓰였다. 이 책은 공리에서 출발하여 차례대로 정리를 증명하고 체계화하는, 오늘날의 수학의 형식에 가까운 것을 이미 기원전 3세기경에 보여주었으며 그 이후 오늘날까지 수학에 끼친 영향은 대단하다.

그런데 그리스 수학은 이론적으로 매우 뛰어났으나, 수나 계산 방면에는 상대적으로 큰 진전이 없었다. 디오판투스의 《산학》에서 대수적 연구 역시 이론적인 면이 너무 강했다. 그 후, 10세기경까지의 유럽은 인도나 아라비아 지역 여러 나라에서 발전한 산술·대수를 수입하는 상태였다.

이제부터 기하학의 원론에 관련되어 잘 알려진 그리스 기하학자들을 살펴보자.

탈레스(Thales, 기원전 640~기원전 545년경)는 최초로 논리기하학을 정립하였고 한다. 기하학에서 탈레스는 5개의 정리(定理)를 발견한 인물로 알려져 왔다.

① 원은 그 지름에 의해 2분된다.
② 같은 길이의 두 변을 갖는 3각형의 밑변의 두 각은 같다.
③ 교차하는 직선의 맞꼭지각은 같다.
④ 반원에 내접하는 각은 직각이다.
⑤ 밑변과 밑변에 관계된 두 각이 주어지면 3각형이 하나 결정된다.

그러나 특별한 발견을 매우 유명한 지혜로운 사람의 공으로 돌리는 고대의 관례 때문에 그의 수학적 업적도 정확히 평가하기는 어렵다. 탈레스가 유럽 철학의 창시자라는 주장은 주로 아리스토텔레스에 근거를 두고 있다.

피타고라스(Pythagoras, 기원전 569~기원전 500년경)는 하나의 학파를 이끌면서 기하학의 발전에 많은 공헌을 했을 뿐만 아니라 종교적 예언가로서 음악과 수학을 신의 언어라 부르고 정수를 신성한 수로 규정한 나머지 $\sqrt{2}$를 악마의 수로 규정하여 인정하지 않았다는 사실은 유명하다. 이는 직각에 이웃하는 두 변의 길이가 1인 직각 삼각형에서 피타고라스 정리로부터 유도되는 대변의 길이가 $\sqrt{2}$가 되므로 난처함에 빠져 비밀에 부쳤다고 한다.

오늘날 피타고라스의 이름을 딴 정리들은 피타고라스 자신의 업적이라기보다는 제자들의 연구 결과로 보는 경향이 강하다.

히포크라테스(Hippocrates, 기원전 500~기원전 428년경)는 의학의 선조인 히포크라테스와 동시대에 태어난 기하학자로 후에 유클리드가 완성한 '기하학 원론'으로 불리는 1－4권과 7권, 9권을 거의 완성하였다고 한다.

아르키타스(Archytas, 기원전 400~기원전 350)는 기하학 원론의 8권에 해당하는 내용을 저술하였으며, 피타고라스의 2세대 추종자의 일원인 그는 피타고라스 이론을 경험적 관찰과 연결시키려고 하였다. 기하학 분야에서 3차원 모형을 만들어 정6면체를 2배로 되게 하는 문제를 풀었고, $a : b = b : c = c : d$로 표현되는 연속비례에 관해 얻은 결론을 음악적 화성에 응용함으로써 음향학에도 커다란 업적을 남겼다.

유독수스(Eudoxus, 기원전 408~기원전 355)는 아르키타스와 함께 피타고라스 학파의 일원으로 여겨지며 소리의 화음을 수로 표현했다고 한다. 기하학 원론의 5권에 해당하는 내용에서 무리수를 정립하고 6권, 12권도 저술하였다.

테아이테토스(Theaetetus, 기원전 417~기원전 369)는 아카데미에서 플라톤과 함께 공부했다고 한다. 기하학 원론의 10권과 13내용을 저술하였고, 무리수 이론(그리스 수학에 변혁을 일으킨 이론)과 정다면체 작도에 대해 연구했다고 한다. 정다면체 작도로 인해 그는 입체기하학의 창시자로 간주되고 있다.

플라톤(Plato, 기원전 427~기원전 347)은 유명한 철학자 소크라테스 제자로 잘 알려진 철학자이며 기하학자로서 수학을 통해서만 진리를 이해할 수 있다고 주장하였다. 특히, 간접증명법을 정립하였으며 자신의 강당 입구에 "기하학을 모르는 자는 들어오지 말라"는 현판을 붙였다는 일화는 너무도 유명하다.

유클리드(Euclid, 기원전 330~기원전 275년경)는 기하학자로서 위의 학자들이 연구한 기하학의 내용을 재정립하고 연구하여 마침내 《원론》 전체 13권을 완성하였다. 이 《원론》은 고대와 중세를 거쳐 비유클리드기하학이 나올 때까지 무려 2000년 동안 오직 유일한 기하학의 바이블이었다.

1600년경 이전까지는 수학(주로 정수론)과 기하학(유클리드 기하학)이 엄격히 구별되었다. 그러나 1600년 이후 **데카르트**(Descartes)가 실수와 직선을 일치시키고, 평면의 점들을 두 개의 실수축으로, 공간의 점들을 세 개의 실수축로 표현하면서 비로소 기하학이 수학으로 편입되었다. 그 후 200년이 지나고 나서 **가우스**, **볼리아이**, **로바체프스키** 등에 의하여 비유클리드 기하학(non-Euclidean geometries)이 정립되기 시작하였다.

무정의 용어

점(point), 직선(line), 위에 있다(lie on), 사이(between), 합동(congruent) 등에 대한 용어는 굳이 정의하지 않고 우리가 이미 알고 있는 개념으로 사용한다.

유클리드 원론에서 나타나는 모든 정리들은 다음 5가지 공리에 의하여 증명된다.

유클리드 공리 Ⅰ: 임의의 서로 다른 두 점 P, Q를 지나는 직선 ℓ이 유일하게 존재한다.
유클리드 공리 Ⅱ: 임의의 두 선분 AB, CD에 대하여 B가 A와 E 사이에 있고 CD와

AE가 합동이 되는 점 E가 유일하게 존재한다.

유클리드 공리 Ⅲ: 임의의 서로 다른 두 점 O, A에 대하여 중심이 O이고 반경이 OA인 원이 존재한다.

유클리드 공리 Ⅳ: 모든 직각은 서로 합동이다.

유클리드 공리 Ⅴ: 한 직선 ℓ 위에 있지 않은 점 P를 지나고 직선 ℓ과 평행인 직선 m이 유일하게 존재한다.

유클리드 평행공리의 논란

위에 주어진 5가지 유클리드 공리 중 처음 4가지는 바로 살펴볼 수 있기 때문에 인정할 수 있으나, 마지막 5번째 평행공리에서 두 직선이 무한히 평행할 것인가에 대해서는 많은 수학자들이 의문을 제기하였다.

대표적인 수학자는 그리스 수학자 **프로클루스**(Proclus, 410~485)를 비롯하여 영국의 수학자 **플레이페어**(Playfair, 1748~1819), 그리고 가우스와 동시대 수학자였던 **볼프강 볼리아이**(Wolfgang Bolyai, 1775~1856)까지 유클리드 평행공리를 다른 4가지 유클리드 공리를 이용하여 증명하려 시도하였으나 모두 실패하였다. 다음 0.2절 비유클리드 기하학의 탄생에서 알 수 있듯이 유클리드 기하학은 약간의 결함은 있으나 5가지 공리에 의하여 결정되는 하나의 기하학임이 밝혀졌다. 결국 공리(특히 평행 공리)를 어떻게 주느냐에 따라 다른 기하학도 존재한다는 것이다. 독일의 수학자 **힐베르트**(David Hilbert, 1862~1943)는 기존 5가지 유클리드 공리들을 다시 5가지 공리군으로 세분하여 유클리드 기하학의 결함을 없애고 완벽한 기하학으로 만들었다.(부록 참조)

결합기하학

만약 새로운 기하학을 만든다면 무엇부터 시작할까? 그것은 점과 직선과의 관계일 것이다. 따라서 **결합기하학**(Incidence geometry)은 점과 직선과의 관계로부터 얻을 수 있는 기하학적 성질들을 조사하기 위한 것이다. 이 책 1장부터 주로 결합기하학을 위주로 하여 등장변환들, 즉 반사, 회전, 이동변환들의 기하학적 성질들을 조사한다.

이제부터 간단한 결합기하학의 모델들을 구성해 보고 어떤 평행공리가 성립하는지도 알아보자. 주어진 집합들 위에서 그림들(그림 0.1, 0.2, 0.3)은 직선을 선분으로 표현하기는 하였으나 오직 양 끝점인 두 점만을 포함하는 선분이다. 또한 모든 점들은 두 직선들의 공통점이다. 특히, 4점 기하학과 5점 기하학의 그림들(그림 0.2, 0.3)이 입체적으로 보이는 것은 교차하지 않는 두 직선을 표현하기 위하여 점선을 이용하였기 때문이다.

- **모델1(3점 기하학)**: 세 점의 집합 $\{A,\ B,\ C\}$ 위의 직선 $\{A,\ B\}$, $\{B,\ C\}$, $\{A,\ C\}$를 주면 세 직선들은 각각 만나게 되므로 유클리드 평행공리가 성립하지 않는다. 이 경우 집합 $\{A,\ B,\ C\}$ 위의 결합기하학을 **3점 기하학**(three point geometry)이라 하고 **타원평행성질**(elliptic parallel property)을 만족한다고 말한다.

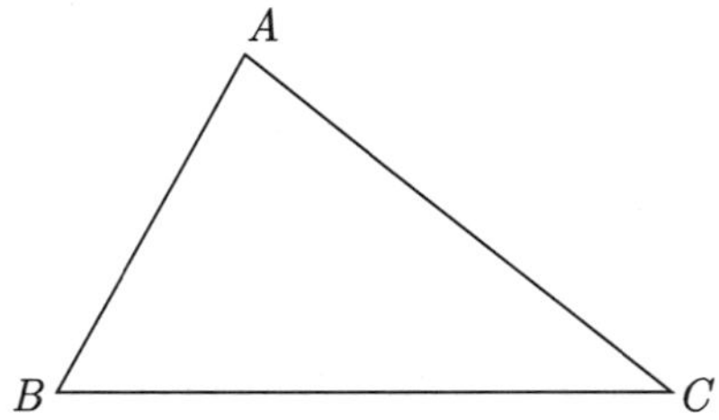

그림 0.1 3점 기하학

- **모델2(4점 기하학)**: 네 점의 집합 $\{A,\ B,\ C,\ D\}$ 위의 직선 $\{A,\ B\}$, $\{A,\ C\}$, $\{A,\ D\}$, $\{B,\ C\}$, $\{B,\ D\}$, $\{C,\ D\}$를 주면 임의의 한 직선과 그 위에 놓여 있지 않은 점을 지나는 평행선은 유일하게 하나 존재한다.
  이 경우 집합 $\{A,\ B,\ C,\ D\}$ 위의 결합기하학을 **4점 기하학**(four point geometry)이라 하고 **유클리드 평행성질**(Euclid parallel property)을 만족한다고 말한다.

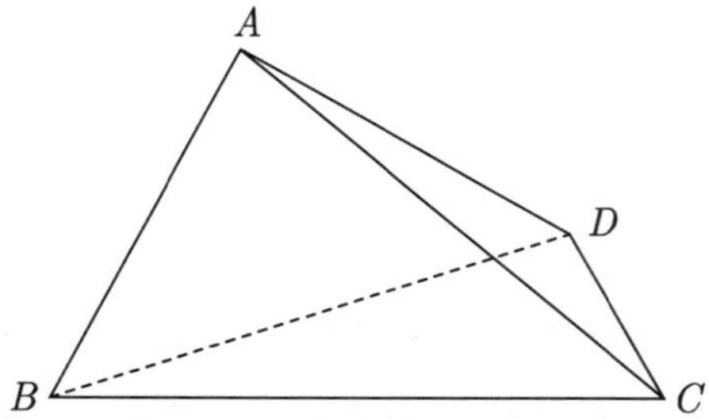

그림 0.2 4점 기하학

- **모델3(5점 기하학)**: 다섯 점의 집합 $\{A,\ B,\ C,\ D,\ E\}$ 위에 직선 $\{A,\ B\}$, $\{A,\ C\}$, $\{A,\ D\}$, $\{A,\ E\}$, $\{B,\ C\}$, $\{B,\ D\}$, $\{B,\ E\}$, $\{C,\ D\}$, $\{C,\ E\}$, $\{D,\ E\}$를 정의하

면 임의의 한 직선과 그 위에 놓여 있지 않은 점을 지나는 평행선은 두 개 존재한다. 이 경우 집합 $\{A, B, C, D, E\}$ 위의 결합기하학을 **5점 기하학**(five point geometry)이라 하고 **쌍곡 평행성질**(hyperbolic parallel pro-perty)을 만족한다고 말한다.

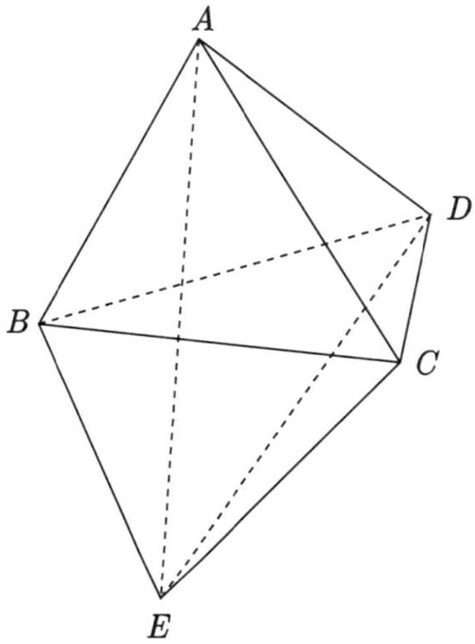

그림 0.3 5점 기하학

중립기하학

유클리드 기하학에서 힐베르트 공리군(부록 참조) 중 평행공리를 뺀 결합, 순서, 합동, 연속공리만으로 이루어진 기하학을 일컫는다. 중립기하학은 유클리드 기하학에서 평행공리의 역할을 더욱 선명하게 볼 수 있다.

0.2 비유클리드 기하학의 탄생

프로클루스(Proclus, 410~485): 유클리드 평행공리가 성립하지 않는 두 직선의 존재 가능성을 제기하였다.

월리스(John Wallis, 1616~1703): 영국 수학자로서 데카르트의 생각을 발전시켜 극한의 개념을 수학적으로 다룬 한편, 미적분법의 길을 연 《무한소산술》(1655)을 발간하였다. 교묘한 귀납법으로 원주율 π를 무한곱 $\frac{\pi}{2}=\frac{2^2 \cdot 4^2 \cdot 6^2 \cdot 8^2 \cdot 10^2}{3^2 \cdot 5^2 \cdot 7^2 \cdot 9^2 \cdot 11^2}\cdots$으로 전개하는 등의 성과를 거두었다. 또한, 원뿔곡선을 좌표에 의하여 해석적으로 논한 《원뿔곡선에 대하여》(1655)를 발표하기도 하였다. 특히 무한대에 대해 ∞의 기호를 처음으로 사용하였다고 한다.

중립기하학에 유클리드 평행공리 대신 월리스 공리를 합해도 유클리드 기하학임을 증명하였으나 후에 월리스 공리가 유클리드 평행공리와 동치임이 밝혀졌다.

사케리(Girolamo Saccheri, 1667~1733): 이탈리아의 수학자이며 밀라노의 예수회 신부이자 파비아의 예수회 신학교 교수이고 비유클리드 기하학의 선구자이다. 유클리드의 《원론》에 대한 공리계, 특히 평행선의 공준에 대해 비판적인 논문을 많이 썼다고 한다. 그의 마지막 논문 〈모든 결점이 제거된 유클리드〉는 람베르트의 논문 〈평행선 이론〉에 큰 영향을 주었다. 19세기 초 기하학자 야노스 볼리아이, 로바체프스키 등의 노력으로 비유클리드기하학이 발전하였다.

그림 0.4에서처럼 직선 l 위에 있는 두 점 A, B에서 아래 직선 m으로 수선의 발 C, D에 대하여 두 선분 AC와 BD가 합동일 때 다음 3가지 경우에 대하여 평행선의 공리를 연구하였다.

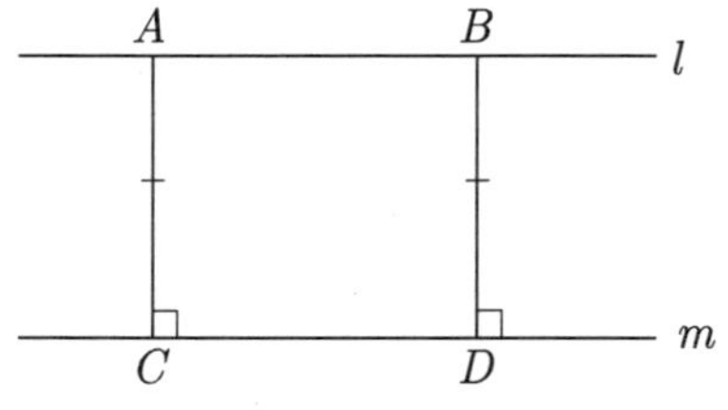

그림 0.4 사케리의 평행선 연구

경우 1: 윗각이 모두 직각인 경우는 성립하고,
경우 2: 윗각이 모두 둔각인 경우는 모순임을 보였지만,
경우 3: 윗각이 모두 예각인 경우는 모순임을 증명하지 못하였다.

람베르트(Johann Heinrich Lambert, 1728~1777): 독일의 물리학자·천문학자·수학자·철학자로서 수학에서는 '자유투시법'을 써서 화법기하학(畵法幾何學)을 도입하였고, 평행선공리문제를 연구하여 비유클리드기하학을 개척하였다. 특히 세 직각을 갖는 사변형으로부터 나머지 한 각이 예각인 경우 여러 비유클리드 명제들을 추출하였다.

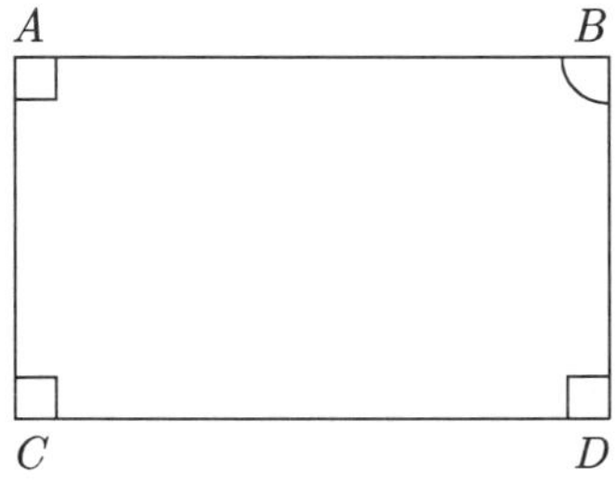

그림 0.5 람베르트의 평행선 연구

더 나아가서 람베르트 급수 도입, 쌍곡선함수 발견 등 뛰어난 업적을 남겼다. 또한 1761년에 원주율 π가 무리수라는 것을 증명하였다.

볼프강 볼리아이(Wolfgang Bolyai, 1775~1856): 헝가리 수학자로 아들 제노스(Janos)에게 평행공리에 대한 많은 영향을 주었을 것으로 생각된다. 가우스와 괴팅겐 대학 시절부터 동시대 학자로서 가우스와 친구 관계였으며 지속적으로 서신을 주고 받으며 수학 문제를 논의하였다. 생애 대부분을 평행공리를 증명하는 데 바쳤으나 실패하였다.

가우스(Carl Friedrich Gauss, 1777~1855): 독일의 수학자이자 과학자로 정수론, 통계학, 해석학, 미분기하학, 측지학, 정전기학, 천문학, 광학 등 많은 분야에서 크게 기여하였다.

1796년 괴팅겐 대학 재학 시절에 가우스는 변의 개수가 페르마 소수인 정다각형은 자와 컴퍼스만으로 작도 가능하다는 것을 보였는데 정17각형의 작도법은 그리스 수학자들이 풀지 못한 미해결 문제를 해결한 것이었다.

또한 비유클리드 기하학의 가능성을 일찍이 발견했으나 출판하지 않았고, 후에 친구 볼프강 볼리아이의 아들인 야노스 볼리아이가 똑같은 결과를 발견했다는 소식을 듣고 자신의 연구 결과를 끝까지 발표하지 않았다고 한다. 이 발견은 수학에서의 패러다임을 변화시켰다.

이것은 수학자들을 유클리드의 공리들이 기하학을 모순 없게 만드는 유일한 방법이라는 잘못된 믿음으로부터 해방시켰다. 기하학에 대한 이 연구는 제자인 리만(Riemann, 1826~1866)에게 계승되었고 현대 기하학의 모태가 된 리만기하학(Riemannian geometry)을 만들게 되었다. 또한 리만기하학은 우주를 비유클리드적으로 기술하는 아인슈타인(Albert Einstein, 1879~1955)의 일반상대성(general relativity) 이론을 비롯한 다른 많은 연구들을 이끌어내었다.

가우스는 말년에 미분기하학(differential geometry)과 곡선과 곡면을 다루는 수학 분야에 관심을 가지고 연구하였고 그 결과 1828년에는 곡률의 개념에 대한 중요한 성질을 제시하고 가우스의 위대한 정리(Theorema Egregium)라고 불리는 중요한 원리를 이끌어냈다. 그 원리는 곡면의 곡률이 측정 각들과 곡면의 거리를 결정하는 내적에 따라 완전히 결정지어질 수 있고 곡률은 곡면이 3차원 공간 위에서 어떻게 배치되어 있는지에 의존하지 않는다는 것이다.

가우스의 업적들은 오늘날까지도 수학 전공자를 위한 필수과목에서 강의되고 있다.

로바체프스키(Nokolai Ivanovich Lobachevsky, 1792~1856): 최초로 비유클리드 기하학에 대한 논문을 발표하였으나 러시아어로 작성되어 서구 학자들에게 알려지지 않았다. 10년 후에 다시 독일어로 발표하여 유일하게 가우스에게 인정을 받았다고 한다.

야노스 볼리아이(Janos Bolyai, 1802~1860): 아버지 볼프강의 뒤를 이어 평행공리를 연구하면서 비유클리드 기하학의 존재의 필요성을 알아내고 1832년 아버지의 수학책 부록에 자신의 발견을 발표하였다.

후에 로바체프스키가 1829~1830년경에 비슷한 발견을 발표했었다는 사실이 알려졌지만 언어의 장애와 새로운 발견에 대한 정보의 전파가 느렸기 때문에 로바체프스키의 논문이 서유럽에 알려지는 데는 몇 년이 더 걸렸다.

벨트라미(Eugenio Beltrami, 1835~1900): 이탈리아의 수학자로서 미분기하학을 연구하여 음의 곡률을 갖고 로바체프스키의 비유클리드 기하학의 모델로서 의구를 제시하였다. 1868년의 논문 〈비유클리드 기하학의 해석 시론〉에 기술한 이 내용은 초수학적 정리라 불리는 '유클리드 기하학에 모순이 없다면 쌍곡기하학에도 모순이 없다'라는 내용으로 로바체프스키 기하학의 무모순성을 나타낸 것으로서 비유클리드기하학의 진보에 크게 기여하였다.

클라인(Felix Klein, 1849~1925): 독일의 수학자로서 군론, 비유클리드 기하학 등 여러 분야에 지대한 공헌을 하였으며, 특히 수학의 서로 다른 분야인 군론과 기하학을 연결하는 데

공헌하였다.

초수학적 정리의 다른 증명을 보였으며 쌍곡기하학의 한 모델인 클라인 모델(또는 벨트라미-클라인 모델)을 제시하였다.

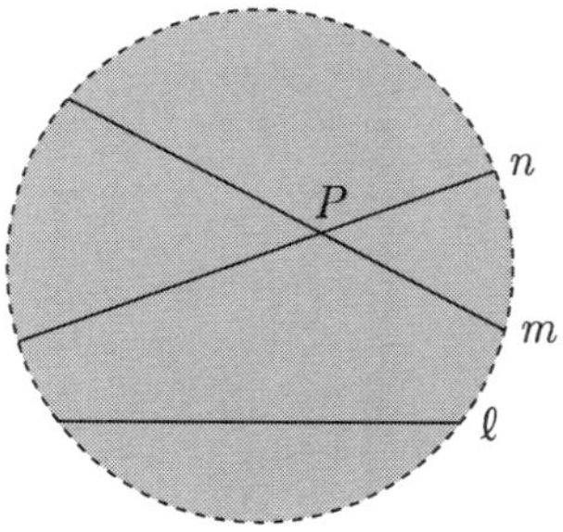

그림 0.6 클라인 모델

푸앵카레(Jules Henri Poincare, 1854~1912): 수학과 물리학 또한 과학 철학 등 여러 분야에서 많은 업적을 이루었다. 특히, 오늘날까지 유명한 위상수학 분야의 '푸앵카레 추측'(2003년 페럴만이 미분기하의 성질을 이용하여 해결)으로 잘 알려졌으며 비유클리드 기하학에서 쌍곡평면의 모델로서 푸앵카레의 원반 모형이나 상반평면 등이 유명하다.

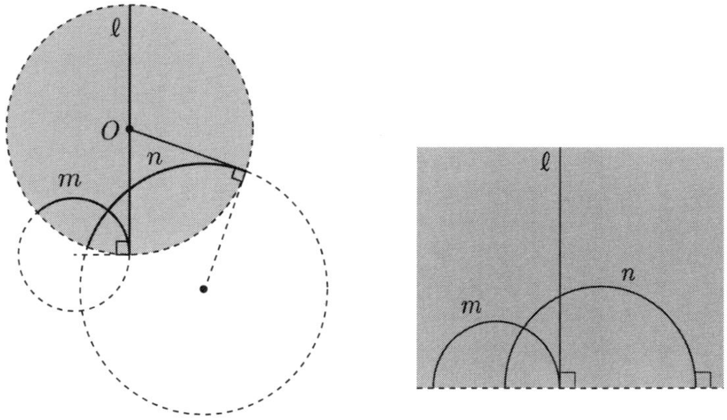

그림 0.7 푸앵카레의 원반 모형과 상반평면 모형

5장에서 위의 세 모델이 기하학적으로 서로 동형임을 보여준다.

민코프스키(Hermann Minkowski, 1864~1909): 러시아 태생의 독일 수학자이다. 수론의 문제를 기하학적인 방법을 사용하여 푸는 기하학적 수론, 수리물리학, 상대론 등에 업적을 남졌다.

민코프스키는 n개의 변수를 갖는 2차식(quadratic forms)이 n차원 공간의 기하학적 성질과 관련되어 있음을 알아내고 1896년 출판한 저서 《수의 기하학》에서 수론의 문제들을 기하학적인 방법과 연관시킨다.

1905년에 아인슈타인이 발표한 특수상대성 이론이 '민코프스키 공간'이라 불리는 비유클리드 공간을 이용해 기하학적으로 쉽게 이해될 수 있다는 사실을 1907년에 발표한다. 민코프스키 공간에서 시간과 공간은 서로 상관없는 두 개체가 아니라, 합쳐져 4차원 시공간을 이루며, 이를 통해 특수 상대론이 잘 표현된다. 이 기하학적인 방법은 리만기하학과 함께 물리학만으로 일반 상대성 이론을 설명할 수 없었던 아인슈타인에게 절대적인 영향을 미쳤으며, 따라서 오늘날에도 상대성 이론을 정확히 이해하기 위해서는 꼭 알아야 하는 기하학이 되었다.

0.3 R^2와 R^3의 대수적 구조

대수적 구조의 모델 중 하나인 군은 기하학과 밀접한 관계가 있다. 1장에서 주어진 유클리드 평면에서 반사변환, 회전변환, 이동변환으로부터 반사군, 회전군, 이동군을 만들 수 있다.

벡터공간 R^3의 구조

1학년 교양수학과목인 미분적분학에서 실수집합 R, 실수평면 R^2, 실수공간 R^3가 벡터공간임을 배웠다. 이제 $R^3 = \{(x,\ y,\ z) | x,\ y,\ z \in R\}$가 R 위의 벡터공간임을 복습해 보자.

먼저, 두 점 $X,\ Y \in R^3$에 대해서, $X = (x_1,\ x_2,\ x_3)$, $Y = (y_1,\ y_2,\ y_3)$라 하면, 두 점 사이의 합(+)에 대한 연산을

$$X + Y := (x_1 + y_1,\ x_2 + y_2,\ x_3 + y_3)$$

으로 정의하고 실수 $s \in R$에 대해서 실수와 점 사이의 곱에 대한 연산을

$$sX = (sx_1,\ sx_2,\ sx_3)$$

으로 정의한다.

그러면, 임의의 세 점 $X,\ Y,\ Z \in R^3$와 임의의 두 실수 $s,\ t \in R$에 대하여 다음 8가지 성질을 만족한다.

(1) (결합법칙) $(X+Y)+Z = X+(Y+Z)$

(2) (항등원) 임의의 점 $X \in R^3$에 대하여 $X+O = X = O+X$를 만족하는 점 $O \in R^3$가 유일하게 존재한다. 이 점을 R^3의 항등원이라 한다.

(3) (역원) 각 점 $X \in R^3$에 대하여 $X+Y = O = Y+X$를 만족하는 오직 한 점 $Y \in R^3$가 존재한다. 이 점을 $Y = X^{-1}$로 표시하고 X의 역원이라 한다.

(4) (교환법칙) 임의의 두 점 $X,\ Y \in R^3$에 대하여 $X+Y = Y+X$를 만족한다.

(5) $s(X+Y) = sX + sY$

(6) $(s+t)X = sX + tX$

(7) $(st)X = s(tX) = t(sX)$

(8) $1X = X$

이때 세 가지 성질 (1), (2), (3)을 만족하는 R^3는 합의 연산(+)에 대하여 **군**(group)의 구조를 갖는다고 한다. 또한, 네 가지 성질 (1), (2), (3), (4)를 만족하는 R^3는 합의 연산(+)에 대하여 **가환군**(commutative group) 또는 **아벨군**(Abelian group)의 구조를 가지고 있다고 한다.

일반적으로, 어떤 집합 G가 적당한 연산에 대하여 (1) (결합법칙), (2) (항등원), (3) (역원)을 만족할 때 G를 **군**(group)이라 부르고, (4) (교환법칙)까지 만족하면 **가환군**(commutative group)이라 한다. 더 나아가서, 군 G의 원소가 유한개일 때 G를 **유한군**(finite group)이라 한다. 더 나아가서, 8가지 성질 모두를 만족하면 G를 실수 R 위의 **벡터공간**(vector space)이라 한다.

예 0.3.1

정수집합 Z는 연산 $+$에 대하여 가환군이다.

풀이 임의의 두 정수의 합이 정수이므로 $+$는 정수집합 Z에 닫혀 있는 연산이다. 또한, 항등원이 0이고 역원은 주어진 정수의 $-$값임을 알 수 있다. 더 나아가서, 두 정수의 합의 순서를 바꾸어도 그 값은 변함이 없다. ✤

예 0.3.2

유리수 집합 $Q-\{0\}$은 곱의 연산에 대하여 가환군이다.

풀이 0이 아닌 두 유리수의 곱도 0이 아닌 유리수이므로 곱은 닫혀 있는 연산이고 1이 항등원이고 주어진 유리수의 역수가 역원임을 알 수 있다. 더 나아가서, 0이 아닌 두 유리수의 곱의 순서를 바꾸어도 그 값은 변함이 없다. ✤

예 0.3.3

집합 $\{f \mid f: R \to R$은 일대일 대응함수$\}$는 함수들 사이의 합성(composition)을 연산으로 줄 때 군의 구조를 갖는다.

풀이 항등함수가 항등원이고 역함수가 역원이다. 그러므로 이 집합은 군의 구조를 가지고 있다. 그러나, f와 g가 일대일 대응함수일 때 $f \circ g$와 $g \circ f$도 일대일 대응함수이지만 일반적으로 $f \circ g$와 $g \circ f$가 일치하지는 않는다. 예컨대, $f(x)=2x+1$, $g(x)=3x$일 때 $(g \circ f)(x)=3(2x+1)=6x+3$이지만 $(f \circ g)(x)=2(3x)+1$ $=6x+1$이므로 가환군은 아니다. ✤

예 0.3.4

실수 집합 $(R, +)$는 R 위의 벡터공간이다.

풀이 먼저 가환군임을 보이고 나머지 3가지 조건을 보이면 된다. ✤

예 0.3.5

집합 $\{f|f: R \to R$ 연속함수$\}$는 두 함수의 곱과 실수 곱을 연산으로 갖는 벡터공간이다. 즉, 임의의 $x \in R$에 대하여 두 연산은

(a) $(f+g)(x)=f(x)+g(x)$

(b) $(kf)(x)=kf(x)$, $k \in R$

으로 주어진다.

풀이 먼저 가환군임을 보이고 나머지 3가지 조건을 보이면 된다. ✤

부분군

집합 G가 연산 *에 대하여 군이 될 때 $(G, *)$으로 나타내자. G의 부분집합 H가 다음 조건을 만족하면 $(H, *)$를 $(G, *)$의 **부분군**(subgroup)이라 한다.

(i) $a, b \in H$일 때 $a*b \in H$.

(ii) G의 항등원 I가 H에도 포함된다. 즉, 임의의 $a \in H$에 대하여 $a*I=a=I*a$를 만족한다.

(iii) $a \in H$이면 $a^{-1} \in H$이다. 즉, $a*a^{-1}=I=a^{-1}*a$를 만족한다.

예 0.3.6

0이 아닌 고정된 정수 m에 대하여 집합 $mZ=\{\mathrm{ma}|\mathrm{a} \in \mathrm{Z}\}$를 정의하자. 그러면

$(mZ, +)$는 정수군 $(Z, +)$의 부분군이다.

풀이 (i) 임의의 ma, $mb \in mZ$에 대하여 $ma + mb = m(a+b) \in mZ$이다.

(ii) Z의 항등원 0에 대하여 $m0 = 0$이므로 $0 \in mZ$이다.

(iii) $ma \in mZ$이면 $-ma = m(-a) \in mZ$이다. ✤

두 군을 연결하는 함수

두 군 G_1, G_2에 대하여 함수 $f: G_1 \to G_2$가 임의의 두 점 X, $Y \in G_1$에 대하여

$$f(X+Y) = f(X) + f(Y)$$

를 만족할 때 함수 f를 (군의) **준동형사상**((group) homomorphism)이라 한다. 여기서 $X+Y$는 G_1의 연산 $+$에 대한 값이고 $f(X)+f(Y)$는 G_2의 연산 $+$에 대한 값이므로 엄밀하게 말하자면 두 연산은 서로 다른 연산이다. 만약 f가 일대일이고 위로의 함수이면 f를 (군의) **동형사상**((group) isomorphism)이라 한다.

또한 G_1의 항등원 0에 대하여 $f(0) = f(0+0) = f(0) + f(0)$이므로 $f(0) = 0$임을 알 수 있다. 즉, f는 G_1의 항등원 0을 항상 G_2의 항등원 0으로 보낸다.

예 0.3.7

집합 $\ker f = \{x \in G_1 \mid f(x) = 0\}$는 G_1의 부분군이고, $\ker f = \{0\}$일 필요충분조건은 f가 일대일함수이다.

풀이 G_1의 연산 $+$에 대하여 x, $y \in G_1$가 $\ker f$의 임의의 두 점일 때 $f(x+y) = f(x) + f(y) = 0 + 0 = 0$이므로 $x + y \in \ker f$이다. G_1의 항등원 0에 대하여 $f(0) = 0$이므로 $0 \in \ker f$이다. 마지막으로, 임의의 $x \in \ker f$에 대하여 $-x$는 G_1에서 x의 역원이므로 $0 = f(0) = f(x-x) = f(x) + f(-x)$에서 $f(-x) = -f(x)$임을 알 수 있다. $f(x) = 0$이므로 $f(-x) = 0$이다. 따라서 $-x \in \ker f$이다. 그러므로 $\ker f$는 G_1의 부분군이다.

이제 $\ker f = 0$일 필요충분조건은 f가 일대일함수임을 보이자. 먼저, x, $y \in G_1$에 대하여 $f(x) = f(y)$라 하고 $\ker f = 0$라 하자. $0 = f(x) - f(y) = f(x-y)$이므로 $x - y \in \ker f = \{0\}$이다. 따라서 $x - y = 0$이고 $x = y$이다. 역으로, f가 일대일함수

라 하고 $\ker f \neq \{0\}$이라 가정하자. 그러면 $x-y \in \ker f$이고 $x-y \neq 0$을 만족하는 두 점 $x, y \in G_1$가 존재한다. $f(x-y)=0$이므로 $f(x)-f(y)=0$이다. f가 일대일 함수이므로 $x-y=0$이다. 이는 모순이다. 따라서 $\ker f=\{0\}$이어야 한다. ✤

예 0.3.8

정수집합 Z는 연산 $+$에 대하여 가환군임을 안다. 함수 $f: Z \to Z$가 $f(x)=-x$로 정의되는 함수이면 f는 동형사상이다. 왜냐하면, 임의의 $x, y \in Z$에 대하여 $f(x+y)=-(x+y)=-x+(-y)=f(x)+f(y)$이므로 f는 준동형사상이다. f가 일대일대응함수임은 쉽게 증명되므로 f는 동형사상이다. ✤

벡터공간의 기저

세 벡터 $\boldsymbol{i}=(1, 0, 0)$, $\boldsymbol{j}=(0, 1, 0)$, $\boldsymbol{k}=(0, 0, 1)$가 R^3에서 표준기저일 때 R^3의 임의의 점 $X=(x_1, x_2, x_3) \in R^3$는

$$
\begin{aligned}
X &= (x_1, 0, 0)+(0, x_2, 0)+(0, 0, x_3) \\
&= x_1(1, 0, 0)+x_2(0, 1, 0)+x_3(0, 0, 1) \\
&= x_1\boldsymbol{i}+x_2\boldsymbol{j}+x_2\boldsymbol{k}
\end{aligned}
$$

로 쓸 수 있다.

이제 V가 한 벡터공간이라 하자. 임의의 벡터 $v \in V$에 대하여 $v=v_1e_1+v_2e_2+v_3e_3$이고 e_1, e_2, e_3가 일차독립이면 $\{e_1, e_2, e_3\}$를 벡터공간 V의 **기저**(basis)라 한다. 벡터공간의 차원은 기저의 개수로 결정되므로 V는 3차원 벡터공간이다.

행렬과 벡터

2×2(또는 3×3) 행렬들의 집합 $M_2(R)$(또는 $M_3(R)$)에서 두 2×2 행렬

$$
A=(a_{ij})=\begin{pmatrix} a_{11} & a_{12} \\ a_{21} & a_{22} \end{pmatrix}, \quad B=(b_{ij})=\begin{pmatrix} b_{11} & b_{12} \\ b_{21} & b_{22} \end{pmatrix}
$$

또는 두 3×3 행렬

$$A=(a_{ij})=\begin{pmatrix} a_{11} & a_{12} & a_{13} \\ a_{21} & a_{22} & a_{23} \\ a_{31} & a_{32} & a_{33} \end{pmatrix},\ B=(b_{ij})=\begin{pmatrix} b_{11} & b_{12} & b_{13} \\ b_{21} & b_{22} & b_{23} \\ b_{31} & b_{32} & b_{33} \end{pmatrix}$$

의 합을 $A+B := (a_{ij}+b_{ij})$으로 정의한다.

임의의 실수 $k \in R$에 대해서 실수 곱을 $kA=(ka_{ij})$로 정의하면 집합 $M_2(R)$(또는 $M_3(R)$)이 벡터공간임을 보일 수 있다. 따라서 행렬 A, B도 벡터가 된다.

선형사상

두 벡터공간 V, W에 대해서 함수 $f: V \to W$가 임의의 v_1, $v_2 \in V$와 임의의 $k \in R$에 대해서

(1) $f(v_1+v_2)=f(v_1)+f(v_2)$
(2) $f(kv_1)=kf(v_1)$

을 만족할 때 f를 **선형함수**(linear function), **선형사상**(linear map), 또는 **일차변환**(linear transformation)이라 한다.

예 0.3.9

$f: R^2 \to R^2$, $f(X)=-X$는 선형사상이다.

풀이 $f(X+Y)=-(X+Y)=-X-Y=f(X)+f(Y)$
$f(kX)=-kX=k(-X)=kf(X)$ ✤

예 0.3.10

$f: R^3 \to R^2$, $f(X)=f(x_1, x_2, x_3)=(x_1, x_2)$는 선형사상이다.

풀이 임의의 두 점 $X=(x_1, x_2, x_3)$와 $Y=(y_1, y_2, y_3)$에 대하여

$$f(X+Y)=f(x_1+y_1,\ x_2+y_2,\ x_3+y_3)=(x_1+y_1,\ x_2+y_2)$$
$$=(x_1,\ x_2)+(y_1,\ y_2)=f(X)+f(Y)$$

이고, 임의의 실수 $k\in R$에 대하여

$$f(kX)=f(kx_1,\ kx_2,\ kx_3)=(kx_1,\ kx_2)=k(x_1,\ x_2)=kf(X)$$

이기 때문이다. ✤

예 0.3.11

함수 $f_\theta: R^2 \to R^2$는 $f_\theta(X)$가 원점 O를 중심으로 X를 시계 반대방향으로 θ만큼 회전한 점으로 정의한 선형함수이다.

풀이 그림 0.8처럼 $f_\theta(X+Y)$는 $X+Y$를 시계 반대방향으로 θ만큼 회전한 점이고 이는 $f_\theta(X)$와 $f_\theta(Y)$를 더한 점과 일치한다. 또한, $f_\theta(kX)$는 kX를 시계 반대방향으로 θ만큼 회전한 점이고 X를 시계 반대방향으로 θ만큼 회전한 점 $f_\theta(X)$에 k배 한 점과 일치한다. ✤

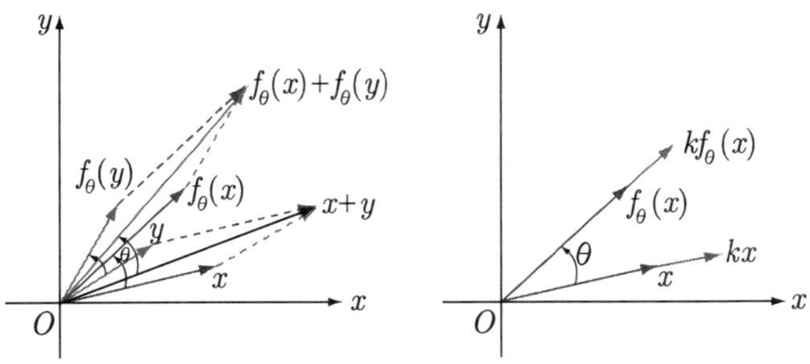

$f_\theta(x+y)=f_\theta(x)+f_\theta(y)$　　　　$f_\theta(kx)=kf_\theta(x)$

그림 0.8 회전변환의 선형성

선형사상과 행렬과의 관계

선형사상 $f: R^2 \to R^3$과 R^2의 표준기저 $i=(1,\ 0)$, $j=(0,\ 1)$에 대해서 $x=(x_1,\ x_2)=x_1i+x_2j$이므로

$$f(x) = f(x_1,\ x_2) = f(x_1 i + x_2 j) = x_1 f(i) + x_2 f(j)$$

로 나타낼 수 있다. 또한, $f(i)$, $f(j)$를 열벡터로 나타내면

$$f(i) = \begin{pmatrix} a_{11} \\ a_{21} \\ a_{31} \end{pmatrix},\ f(j) = \begin{pmatrix} a_{12} \\ a_{22} \\ a_{32} \end{pmatrix}$$

이므로

$$f(x) = x_1 \begin{pmatrix} a_{11} \\ a_{21} \\ a_{31} \end{pmatrix} + x_2 \begin{pmatrix} a_{12} \\ a_{22} \\ a_{32} \end{pmatrix} = \begin{pmatrix} a_{11}x_1 + a_{12}x_2 \\ a_{21}x_1 + a_{22}x_2 \\ a_{31}x_1 + a_{32}x_2 \end{pmatrix} = \begin{pmatrix} a_{11} & a_{12} \\ a_{21} & a_{22} \\ a_{31} & a_{32} \end{pmatrix} \begin{pmatrix} x_1 \\ x_2 \end{pmatrix} = Ax$$

이고 $A = \begin{pmatrix} a_{11} & a_{12} \\ a_{21} & a_{22} \\ a_{31} & a_{32} \end{pmatrix}$를 선형사상 f의 **대응행렬**(또는 **표현행렬**)이라 한다.

예 0.3.12

$f(X) = -X,\ X \in R^2$로 정의된 선형사상 f의 대응행렬 A를 구하자.

풀이 $f(i) = -i = \begin{pmatrix} -1 \\ 0 \end{pmatrix}$, $f(j) = -j = \begin{pmatrix} 0 \\ -1 \end{pmatrix}$으로부터 $A = \begin{pmatrix} -1 & 0 \\ 0 & -1 \end{pmatrix}$이다. ✤

예 0.3.13

$f(x_1,\ x_2,\ x_3) = (x_1,\ x_2)$로 정의되는 사영함수는 선형사상임을 알 수 있다. 이때 f의 대응행렬 A를 구하자.

풀이 $f(i) = f\begin{pmatrix} 1 \\ 0 \\ 0 \end{pmatrix} = \begin{pmatrix} 1 \\ 0 \end{pmatrix}$, $f(j) = f\begin{pmatrix} 0 \\ 1 \\ 0 \end{pmatrix} = \begin{pmatrix} 0 \\ 1 \end{pmatrix}$, $f(k) = f\begin{pmatrix} 0 \\ 0 \\ 1 \end{pmatrix} = \begin{pmatrix} 0 \\ 0 \end{pmatrix}$으로부터 $A = \begin{pmatrix} 1 & 0 & 0 \\ 0 & 1 & 0 \end{pmatrix}$이다. ✤

예 0.3.14

평면 위에서 θ 만큼 회전하는 회전사상 $f_\theta : R^2 \to R^2$에 대한 대응행렬 A를 구하자.

풀이 그림 0.9에서 $f_\theta(\boldsymbol{i}) = \begin{pmatrix} \cos\theta \\ \sin\theta \end{pmatrix}$, $f_\theta(\boldsymbol{j}) = \begin{pmatrix} -\sin\theta \\ \cos\theta \end{pmatrix}$이므로 $A = \begin{pmatrix} \cos\theta & -\sin\theta \\ \sin\theta & \cos\theta \end{pmatrix}$이다. ✣

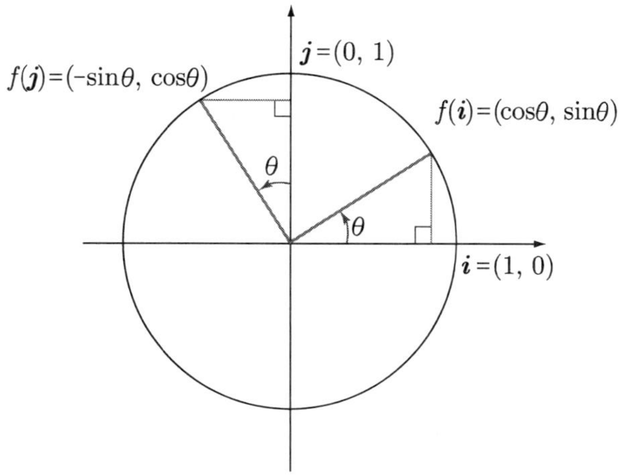

그림 0.9 회전사상의 표현행렬

역으로, 주어진 행렬 $A = \begin{pmatrix} a_{11} & a_{12} \\ a_{21} & a_{22} \\ a_{31} & a_{32} \end{pmatrix}$에 대하여 함수 $f: R^2 \to R^3$가 $f(X) = AX$로 정의될 때 함수 f가 선형사상이다. 왜냐하면,

(a) 임의의 두 벡터 X, $Y \in R^2$에 대해서

$$f(X+Y) = A(X+Y) = AX + AY = f(X) + f(Y)$$

이고

(b) 임의의 실수 $s \in R$에 대하여

$$f(sX) = A(sX) = s(AX) = sf(X)$$

이다.

0.4 벡터공간의 내적과 외적

벡터의 내적

두 벡터의 내적은 벡터의 크기, 두 벡터의 사이각, 그리고 그들을 이용한 많은 기하학적 성질들을 보이는 데 필요한 연산이다. 또한 동일한 공간에서 내적을 정의하는 내용에 따라 그 공간에서 완전히 다른 기하학적 성질들을 보여 주기도 한다. 이제 두 벡터의 내적을 정의하자.

3차원 실수공간의 두 벡터 $A=(a_1,\ a_2,\ a_3)$와 $B=(b_1,\ b_2,\ b_3)$의 내적 $A \cdot B$를 다음과 같이 정의한다.

$$A \cdot B = a_1b_1 + a_2b_2 + a_3b_3.$$

마찬가지로 2차원 실수평면에서도 두 벡터 $A=(a_1,\ a_2)$와 $B=(b_1,\ b_2)$에 대한 내적은 $A \cdot B = a_1b_1 + a_2b_2$로 정의된다. 이와 같이 정의되는 내적을 **유클리드 내적**(Euclidean inner product)이라고도 부른다. 더 나아가서, 벡터 A의 **크기**(norm)(또는 **길이**(length))는

$$|A| = \sqrt{a_1^2 + a_2^2 + a_3^2} = \sqrt{A \cdot A}$$

으로 정의한다.

예 0.4.1

$(2,\ 4) \cdot (3,\ -1) = (2)(3) + (4)(-1) = 2.$ ✤

예 0.4.2

$(-1,\ 7,\ 4) \cdot \left(6,\ 2,\ -\frac{1}{2}\right) = (-1)(6) + (7)(2) + (4)\left(-\frac{1}{2}\right) = 6.$ ✤

예 0.4.3

$(\boldsymbol{i} + 2\boldsymbol{j} - 3\boldsymbol{k}) \cdot (2\boldsymbol{j} - \boldsymbol{k}) = (1)(0) + (2)(2) + (-3)(-1) = 7.$ ✤

내적의 기본성질

A, B, $C \in R^3$(또는 R^2), 임의의 $t \in R$에 대하여

[가] $A \cdot A = |A|^2 \geq 0$이고, $A \cdot A = 0$일 필요충분조건은 $A = 0$이다.

[나] $A \cdot B = B \cdot A$.

[다] $(tA) \cdot B = t(A \cdot B) = A \cdot (tB)$.

[라] $(A+B) \cdot C = A \cdot B + A \cot C$.

두 벡터의 사이각

그림 0.10에서 삼각형 $\triangle OAB$에서 점 A로부터 변 OA로 수선을 내릴 때 수선의 발을 D라 하자. 이제 두 직각삼각형 $\triangle OAD$와 $\triangle ABD$의 공통변 AD의 길이에 대하여 피타고라스 정리를 적용하면

$$|A|^2 - |A|^2\cos^2\theta = |B-A|^2 - (|B| - |A|\cos\theta)^2$$

을 만족한다.

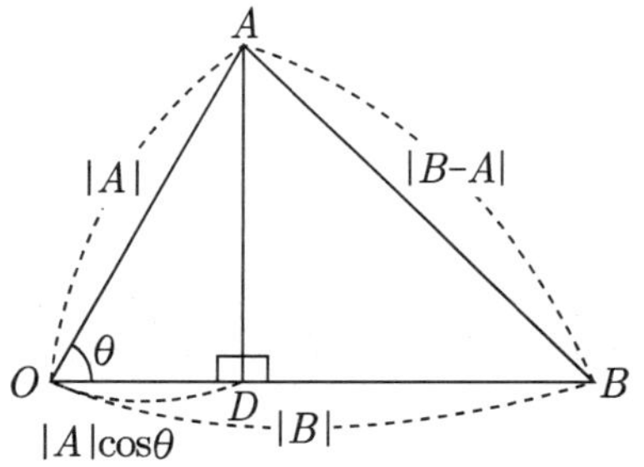

그림 0.10 제2코사인법칙

즉, $|B-A|^2 = |A|^2 + |B|^2 - 2|A||B|\cos\theta$이다. 이 등식을 **제2코사인법칙**이라 한다. 한편,

$$|B-A|^2 = (B-A) \cdot (B-A) = |B|^2 - 2A \cdot B + |A|^2$$

이므로 두 식으로부터 $A \cdot B = |A||B|\cos\theta$을 얻는다. 따라서 임의의 두 벡터 A와 B의 사이각은

$$\theta = \cos^{-1}\left(\frac{A \cdot B}{|A||B|}\right)$$

이며 두 개의 0이 아닌 벡터 A와 B가 서로 직교할 필요충분조건은 $A \cdot B = 0$이다.

예 0.4.4

벡터 $A = 2\boldsymbol{i} - \boldsymbol{j} + 2\boldsymbol{k}$와 $B = \boldsymbol{i} - \boldsymbol{j}$의 사이각을 구하자.

풀이 $A \cdot B = (2)(1) + (-1)(-1) + (2)(0) = 3$

$$|A| = \sqrt{2^2 + (-1)^2 + 2^2} = 3$$
$$|B| = \sqrt{1^2 + (-1)^2 + 0^2} = \sqrt{2}$$

으로부터 $\theta = \cos^{-1}\left(\frac{3}{3\sqrt{2}}\right) = \cos^{-1}\left(\frac{1}{\sqrt{2}}\right) = \frac{\pi}{4}$임을 알 수 있다. ✤

코시–슈바르츠 부등식

코시(Cauchy) 부등식, **코시–슈바르츠**(Cauchy-Schwarz) 부등식 또는 **코시–슈바르츠–번야코프스키**(Cauchy-Schwarz-Bunyakovskii) 부등식이라고도 한다.

코시는 1821년에, 번야코프스키는 1859년에, 슈바르츠는 1884년에 각각 독립적으로 위의 부등식을 증명하였다.

정리 0.4.5

임의의 두 벡터 A, B에 대하여 $|A \cdot B| \leq |A||B|$가 성립하고 등호가 성립할 필요충분조건은 A와 B가 서로 평행할 때이다.

증명 만일 A와 B의 어느 하나가 영벡터이면 위의 부등식의 양변이 모두 0이므로 성립한다.

만일 A와 B가 모두 영벡터가 아니면, $|\cos\theta| \leq 1$이므로

$$|A \cdot B| = |A||B||\cos\theta| \leq |A||B|$$

가 성립한다. 이제 등식이 성립할 필요충분조건을 찾아보자.

$|A \cdot B| = |A||B|$ 라 하면

$$|\cos\theta| = \frac{|A \cdot B|}{|A||B|} = 1$$

이 되어 $\theta = 0$ 또는 π이다. 따라서 A와 B는 서로 평행이다.

역으로, A와 B가 서로 평행이라고 하자. 그때 적당한 실수 t가 존재하여 $B = tA$이다. 그러면 내적의 기본성질에 의하여

$$\begin{aligned}|A \cdot B| &= |A \cdot (tA)| = |t(A \cdot A)| \\ &= |t|(A \cdot A) = |t||A|^2 = |A|(|t||A|) = |A||tA| = |A||B|\end{aligned}$$

가 성립한다. ✤

예 0.4.6

두 벡터 $A = (1,\ 3,\ 2)$와 $B = (-1,\ 1,\ 0)$에 대하여 코시-슈바르츠 부등식이 성립함을 확인해 보자.

풀이 $A \cdot B = -1 + 3 = 2$, $|A| = \sqrt{1+9+4} = \sqrt{14}$, $|B| = \sqrt{2}$ 이므로

$$A \cdot B = 2 \leq 2\sqrt{7} = |A||B|$$

가 되어 성립한다. ✤

정리 0.4.7 삼각부등식(triangle inequality)

임의의 두 벡터 A와 B에 대하여

$$|A + B| \leq |A| + |B|$$

이고, 등호가 성립하기 위한 필요충분조건은 A와 B가 같은 방향으로 나란할 때이다.

증명 내적의 기본성질에 의하여

$$|A + B|^2 = (A + B) \cdot (A + B) = |A|^2 + 2A \cdot B + |B|^2$$

코시-슈바르츠 부등식을 여기에 적용하면

$$|A+B|^2 \le |A|^2+2|A||B|+|B|^2=(|A|+|B|)^2$$

가 성립한다.

한편, 등호가 성립하면 위에서 $A \cdot B=|A||B|$인 경우이므로 $\cos\theta=1$일 때이다. 즉, θ는 0이고 A와 B는 같은 방향으로 나란할 때이다. 그 역도 쉽게 증명되므로 생략한다. ✤

공간 속의 직선

R^3의 한 점 P를 지나고 방향이 벡터 $A(\neq 0)$인 직선 ℓ 위의 임의의 한 점을 X라 하면 벡터 $X-P$는 A와 평행하므로 적당한 상수 $t\in R$에 대하여 $X-P=tA$가 성립한다.

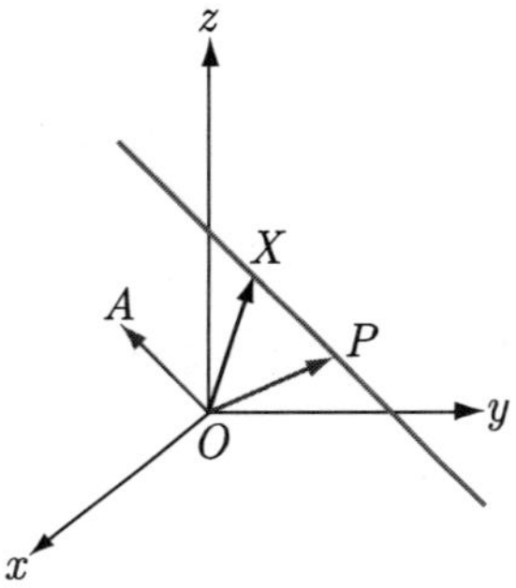

그림 0.11 공간 직선

그러므로 R^3의 한 점 P를 지나고 방향이 $A(\neq 0)$인 직선의 방정식은

$$X=X(t)=P+tA,\ t\in R$$

로 주어진다.

구체적으로 $X=(x,\ y,\ z)$라 하고, $P=(p_1,\ p_2,\ p_3)$, $A=(a_1,\ a_2,\ a_3)$라 하면 $(x,\ y,\ z)=(p_1,\ p_2,\ p_3)+t(a_1,\ a_2,\ a_3)$로부터

$$(x,\ y,\ z)=(p_1+ta_1,\ p_2+ta_2,\ p_3+ta_3)$$

이므로 $x=p_1+ta_1$, $y=p_2+ta_2$, $z=p_3+ta_3$임을 알 수 있다. 여기서 t를 소거하면

$$\frac{x-p_1}{a_1}=\frac{y-p_2}{a_2}=\frac{z-p_3}{a_3}$$

으로도 표현된다.

예 0.4.8

두 점 $P(1,\ 2,\ 3)$와 $Q(4,\ 5,\ 6)$를 지나는 직선의 방정식을 구하자.

풀이 점 $P(1,\ 2,\ 3)$는 주어진 직선 위에 있다. 그리고 이 직선의 방향은 $A=(4,\ 5,\ 6)-(1,\ 2,\ 3)=(3,\ 3,\ 3)$이므로 구하는 직선의 식은

$$(x,\ y,\ z)=P+tA=(1,\ 2,\ 3)+t(3,\ 3,\ 3)$$

또는 $x-1=y-2=z-3$이다. ✤

공간 속의 평면

R^3의 한 점 $P=(p_1,\ p_2,\ p_3)$를 지나고 벡터 $N=(n_1,\ n_2,\ n_3)(\neq 0)$에 수직인 평면을 S라 하면, S의 방정식은 $(X-P)\cdot N=0$으로 주어진다.

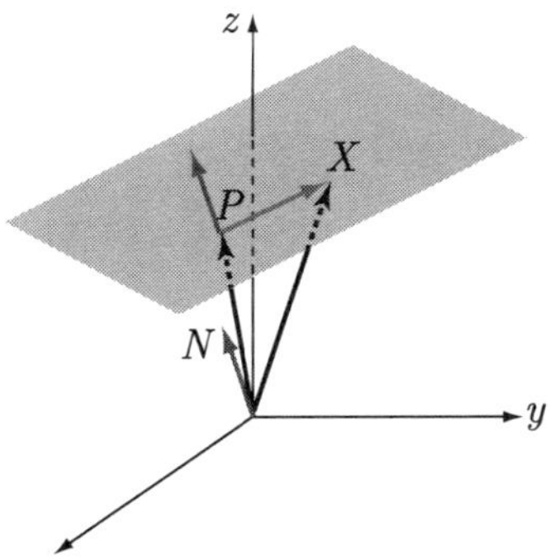

그림 0.12 공간 평면

만일 $X=(x,\ y,\ z)$, $N=(n_1,\ n_2,\ n_3)$이라 하면 위의 식은

$$n_1(x-p_1)+n_2y-p_2)+n_3(z-p_3)=0$$

또는

$$n_1x + n_2y + n_3z = d$$

으로 표현된다. 단, $d = n_1p_1 + n_2p_2 + n_3p_3$이다.

예 0.4.9

점 $(-2,\ 4,\ 5)$를 지나고 $N = 7\boldsymbol{i} - 6\boldsymbol{k}$를 법선벡터로 갖는 평면의 방정식을 구하자.

풀이 위에서 주어진 공식에 대입하면

$$((x,\ y,\ z) - (-2,\ 4,\ 5)) \cdot (7,\ 0,\ -6) = 0$$

으로부터 $7x - 6z = -44$이다. ✤

행렬식

n차 정방행렬 A의 행렬식은

$$|A| = \begin{vmatrix} a_{11} & a_{12} & \cdots & a_{1n} \\ a_{21} & a_{22} & \cdots & a_{2n} \\ \vdots & \vdots & & \vdots \\ a_{n1} & a_{n2} & \cdots & a_{nn} \end{vmatrix}$$

으로 표시한다. 여기서는 주로 2차, 3차 정방행렬에 대한 행렬식을 주로 다룬다.

먼저 2차 정방행렬과 3차 정방행렬의 행렬식을 다음과 같이 정의한다.

$$\begin{vmatrix} a_{11} & a_{12} \\ a_{21} & a_{22} \end{vmatrix} = a_{11}a_{22} - a_{12}a_{21}.$$

$$\begin{vmatrix} a_{11} & a_{12} & a_{13} \\ a_{21} & a_{22} & a_{23} \\ a_{31} & a_{32} & a_{33} \end{vmatrix} = a_{11}a_{22}a_{33} + a_{21}a_{32}a_{13} + a_{31}a_{12}a_{23} - a_{21}a_{12}a_{33} - a_{31}a_{22}a_{13} - a_{11}a_{32}a_{23}.$$

행렬식의 성질

3차 행렬식 $|A| = \begin{vmatrix} a_{11} & a_{12} & a_{13} \\ a_{21} & a_{22} & a_{23} \\ a_{31} & a_{32} & a_{33} \end{vmatrix}$ 을 다음과 같이 6가지 형태로 표현할 수 있다.

(1) $|A| = a_{11}(a_{22}a_{33} - a_{32}a_{23}) - a_{12}(a_{21}a_{33} - a_{31}a_{23}) + a_{13}(a_{21}a_{32} - a_{31}a_{22})$

$$= a_{11}\begin{vmatrix} a_{22} & a_{23} \\ a_{32} & a_{33} \end{vmatrix} - a_{12}\begin{vmatrix} a_{21} & a_{23} \\ a_{31} & a_{33} \end{vmatrix} + a_{13}\begin{vmatrix} a_{21} & a_{22} \\ a_{31} & a_{32} \end{vmatrix}$$

마찬가지 방법으로,

(2) $|A| = -a_{21}\begin{vmatrix} a_{12} & a_{13} \\ a_{32} & a_{33} \end{vmatrix} + a_{22}\begin{vmatrix} a_{11} & a_{13} \\ a_{31} & a_{33} \end{vmatrix} - a_{23}\begin{vmatrix} a_{11} & a_{12} \\ a_{31} & a_{32} \end{vmatrix}$

(3) $|A| = a_{31}\begin{vmatrix} a_{12} & a_{13} \\ a_{22} & a_{23} \end{vmatrix} - a_{32}\begin{vmatrix} a_{11} & a_{13} \\ a_{21} & a_{23} \end{vmatrix} + a_{33}\begin{vmatrix} a_{11} & a_{12} \\ a_{21} & a_{22} \end{vmatrix}$

(4) $|A| = a_{11}\begin{vmatrix} a_{22} & a_{23} \\ a_{32} & a_{33} \end{vmatrix} - a_{21}\begin{vmatrix} a_{12} & a_{13} \\ a_{32} & a_{33} \end{vmatrix} + a_{31}\begin{vmatrix} a_{12} & a_{13} \\ a_{22} & a_{23} \end{vmatrix}$

(5) $|A| = -a_{12}\begin{vmatrix} a_{21} & a_{23} \\ a_{31} & a_{33} \end{vmatrix} + a_{22}\begin{vmatrix} a_{11} & a_{13} \\ a_{31} & a_{33} \end{vmatrix} - a_{32}\begin{vmatrix} a_{11} & a_{13} \\ a_{21} & a_{23} \end{vmatrix}$

(6) $|A| = a_{13}\begin{vmatrix} a_{22} & a_{23} \\ a_{32} & a_{33} \end{vmatrix} - a_{23}\begin{vmatrix} a_{11} & a_{12} \\ a_{31} & a_{32} \end{vmatrix} + a_{33}\begin{vmatrix} a_{11} & a_{12} \\ a_{21} & a_{22} \end{vmatrix}$

위의 6가지 형태를 살펴보면, $|A|$는 한 행(또는 열)의 각 원소와 그 원소를 포함하는 행과 열을 제외한 나머지 2차 행렬식과의 일차 결합으로 전개되고 있다. 특히, 이 전개식의 각 항의 부호는 각 항의 원소의 위치가 행렬 A에서 i행 j열의 원소일 때 $i+j$가 짝수이면 양의 부호 +이고, 홀수이면 음의 부호 −이다. 그러므로 4차 행렬식도 한 행이나 열로 전개하여 계산할 수 있다.

특히, 한 행이나 열의 원소에 0이 많을수록 행렬식의 값을 계산하기가 쉬워진다. 따라서 주어진 행렬의 행렬식의 값이 변하지 않으면서 한 행이나 열에 0을 만들 수 있는 방법으로 다음 행렬식의 4가지 성질을 이용한다.

(1) 각 열(행)에 대하여 선형이다.
(2) 서로 다른 두 열(행)의 위치를 바꾸면 행렬식의 부호가 바뀐다.
(3) 서로 다른 위치의 두 열(행)이 일치하면 행렬식은 0이다.
(4) 어떤 열(행)에 다른 열(행)을 실수배하여 더해도 행렬식은 변함이 없다.

예 0.4.10

행렬 $A=\begin{pmatrix} 1 & 2 & -1 & 3 \\ 0 & 1 & 3 & 4 \\ -1 & 3 & 2 & 1 \\ 1 & -1 & 3 & 1 \end{pmatrix}$의 행렬식을 구하자.

풀이 $|A|=\begin{vmatrix} 1 & 2 & -1 & 3 \\ 0 & 1 & 3 & 4 \\ 0 & 5 & 1 & 4 \\ 0 & -3 & 4 & -2 \end{vmatrix}=\begin{vmatrix} 1 & 3 & 4 \\ 5 & 1 & 4 \\ -3 & 4 & -2 \end{vmatrix}=\begin{vmatrix} -5 & 11 & 0 \\ -1 & 9 & 0 \\ -3 & 4 & -2 \end{vmatrix}=-2\begin{vmatrix} -5 & 11 \\ -1 & 9 \end{vmatrix}$

$=-2(-45+11)=68$

이다. 첫째 등식은 1행을 3행에 더하였고, 1행에 -1배하여 4행에 더하였다. 둘째 등식은 1행에 대하여 3×3 행렬로 전개하였다. 셋째 등식은 3행에 2배하여 1행과 2행에 차례로 더하였다. 넷째 등식은 3열에 대하여 2×2 행렬로 전개하였다. ✤

역행렬

2차 정방행렬의 역행렬을 공부한다.

행렬 $A=\begin{pmatrix} a_{11} & a_{12} \\ a_{21} & a_{22} \end{pmatrix}$의 역행렬 A^{-1}를 구하기 위하여

$$A^{-1}=\begin{pmatrix} x & y \\ z & w \end{pmatrix}$$

라 하면 $AA^{-1}=I$이므로

$$\begin{pmatrix} a_{11} & a_{12} \\ a_{21} & a_{22} \end{pmatrix}\begin{pmatrix} x & y \\ z & w \end{pmatrix}=\begin{pmatrix} 1 & 0 \\ 0 & 1 \end{pmatrix}$$

이다. 따라서 다음의 연립방정식

$$\begin{cases} a_{11}x+a_{12}z=1 \\ a_{21}x+a_{22}z=0 \\ a_{11}y+a_{12}w=0 \\ a_{21}y+a_{22}w=1 \end{cases}$$

로부터 x, y, z, w를 구하면

$$A^{-1} = \begin{pmatrix} x & y \\ z & w \end{pmatrix} = \frac{1}{|A|}\begin{pmatrix} a_{22} & -a_{12} \\ -a_{21} & a_{11} \end{pmatrix}$$

임을 알 수 있다.

벡터의 외적

$A=(a_1,\ a_2,\ a_3),\ B=(b_1,\ b_2,\ b_3) \in R^3$에 대하여 **외적**(벡터곱)(cross product, or vector product) $A \times B$를 다음과 같이 정의한다.

$$\begin{aligned} A \times B &= (a_2b_3 - a_3b_2)\boldsymbol{i} - (a_1b_3 - a_3b_1)\boldsymbol{j} + (a_1b_2 - a_2b_1)\boldsymbol{k} \\ &= (a_2b_3 - a_3b_2,\ a_3b_1 - a_1b_3,\ a_1b_2 - a_2b_1). \end{aligned}$$

외적 $A \times B$는 행렬식을 사용하여

$$A \times B = \begin{vmatrix} a_2 & a_3 \\ b_2 & b_3 \end{vmatrix}\boldsymbol{i} - \begin{vmatrix} a_1 & a_3 \\ b_1 & b_3 \end{vmatrix}\boldsymbol{j} + \begin{vmatrix} a_1 & a_2 \\ b_1 & b_2 \end{vmatrix}\boldsymbol{k} = \begin{vmatrix} \boldsymbol{i} & \boldsymbol{j} & \boldsymbol{k} \\ a_1 & a_2 & a_3 \\ b_1 & b_2 & b_3 \end{vmatrix}$$

으로 표현된다.

예 0.4.11

벡터 $A=(2,\ -1,\ 3)$와 $B=(1,\ 1,\ 2)$에 대하여 외적 $A \times B$를 구하자.

풀이 위의 행렬식 표현으로부터

$$A \times B = \begin{vmatrix} \boldsymbol{i} & \boldsymbol{j} & \boldsymbol{k} \\ 2 & -1 & 3 \\ 1 & 1 & 2 \end{vmatrix} = -5\boldsymbol{i} - \boldsymbol{j} + 3\boldsymbol{k} = (-5,\ -1,\ 3)$$

이다. ✤

외적의 기본성질

임의의 벡터 A, B, C와 실수 t에 대하여 다음이 성립한다.

[가] $A\times B=-B\times A$.
[나] $A\times(B+C)=A\times B+A\times C$.
[다] $A\times A=0$.
[라] $(tA)\times B=t(A\times B)=A\times(tB)$.

위의 증명은 행렬식의 성질로부터 쉽게 증명된다.

외적의 방향

이제 외적 $A\times B$는 벡터이므로 그의 방향을 생각해 보자.
$A\times B$는 A, B 모두와 각각 직교한다. 즉,

$$(A\times B)\cdot A=(A\times B)\cdot B=0.$$

따라서, 서로 나란하지 않은 두 벡터 A와 B를 포함하는 평면 S에도 수직이다.

예 0.4.12

점 $A=(1,\ 0,\ 2)$, $B=(3,\ -1,\ 6)$ 및 $C=(5,\ 2,\ 4)$를 지나는 평면 S의 방정식을 구하자.

풀이 두 벡터 $B-A$와 $C-A$는 평면 S 위에 놓여 있으므로 두 벡터의 외적 $(B-A)\times(C-A)$는 평면 S에 수직인 벡터이다.
$(B-A)\times(C-A)=(-10,\ 12,\ 8)$이므로 점 $A=(1,\ 0,\ 2)$를 지나고 평면 S에 수직인 벡터 $N=(-10,\ 12,\ 8)$에 대하여 평면 S의 방정식은

$$(-10,\ 12,\ 8)\cdot(X-(1,\ 0,\ 2))=0$$

가 된다. 이 식을 간단히 하면 $5x-6y-4z+3=0$이다. ✤

외적의 크기

위에서 두 벡터의 외적 $A \times B$의 방향을 알았다. 이제 $A \times B$의 크기를 살펴보자. $|A \times B|$는

$$|A \times B| = |A||B|\sin\theta$$

로 주어진다. 더 나아가서 $|A \times B|$는 A, B를 두 변으로 하는 평행사변형의 면적이다.

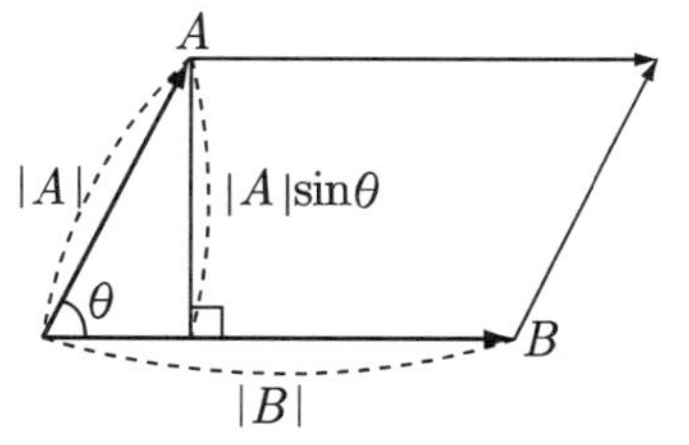

그림 0.13 벡터의 외적의 크기

예 0.4.13

두 벡터 $A = (4, -1, 0)$, $B = (-2, 1, 3)$가 만드는 평행사변형의 면적을 구하자.

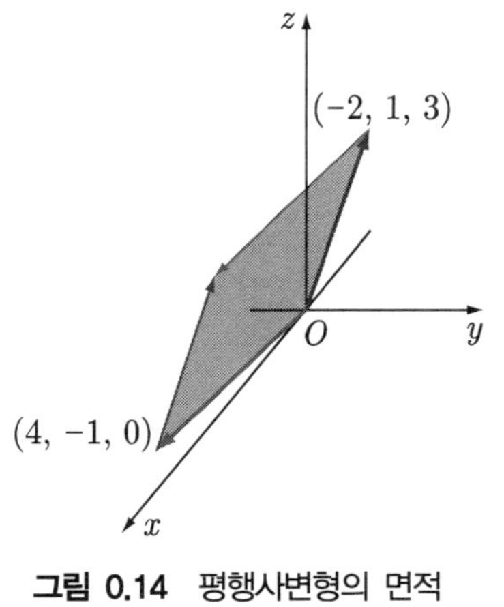

그림 0.14 평행사변형의 면적

풀이 두 벡터 A, B의 외적은 $A \times B = (-3, -12, 2)$이므로 면적은 $\sqrt{(-3)^2 + (-12)^2 + 2^2} = \sqrt{157}$ 이다. ✤

벡터의 삼중적

세 개의 벡터 $A=(a_1,\ a_2,\ a_3)$, $B=(b_1,\ b_2,\ b_3)$, $C=(c_1,\ c_2,\ c_3)$가 이루는 평행육면체의 부피는

$$|A\cdot(B\times C)|=|A||B\times C||\cos\theta|$$

이다.

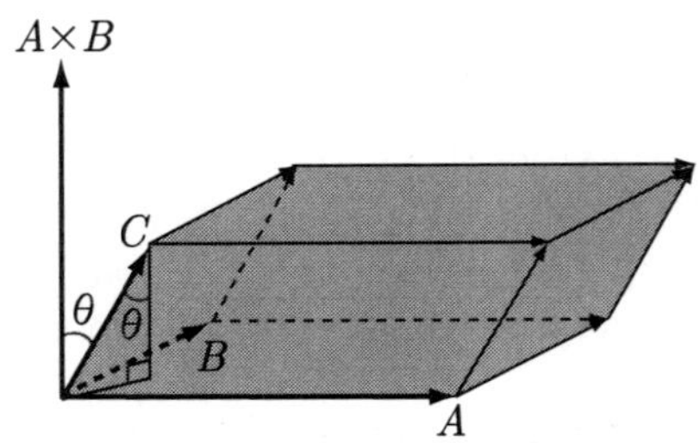

그림 0.15 평행육면체의 부피

위에서 주어진 내적 $A\cdot(B\times C)$를 세 벡터 A, B, C의 **스칼라 삼중적**(scalar triple product)이라고 한다.

여기서 평행육면체의 부피는 삼중적을 행렬식으로 바꾸어 다음과 같이 쉽게 구할 수 있다.

$$\begin{aligned}A\cdot(B\times C)&=a_1(b_2c_3-b_3c_2)+a_2(b_3c_1-b_1c_3)+a_3(b_1c_2-b_2c_1)\\&=a_1\begin{vmatrix}b_2 & b_3\\ c_2 & c_3\end{vmatrix}-a_2\begin{vmatrix}b_1 & b_3\\ c_1 & c_3\end{vmatrix}+a_3\begin{vmatrix}b_1 & b_2\\ c_1 & c_2\end{vmatrix}=\begin{vmatrix}a_1 & a_2 & a_3\\ b_1 & b_2 & b_3\\ c_1 & c_2 & c_3\end{vmatrix}.\end{aligned}$$

예 0.4.14

세 벡터 $A=(1,\ 4,\ 7)$, $B=(2,\ -1,\ 4)$ 및 $C=(0,\ -9,\ -10)$은 동일한 평면 위에 놓여 있음을 스칼라 삼중적을 이용하여 보이자.

풀이 외적 $B\times C$는 두 벡터 B와 C가 이루는 평행사변형과 수직방향이므로 $A\cdot(B\times C)=0$임을 보이면 충분하다. 그런데

$$A \cdot (B \times C) = \begin{vmatrix} 1 & 4 & 7 \\ 2 & -1 & 4 \\ 0 & -9 & -10 \end{vmatrix} = 10 - 36 + 80 - 126 = 0$$

이므로 A와 $B \times C$는 서로 수직이다. 한편, B와 C도 $B \times C$에 각각 수직이므로 A, B, C 모두 $B \times C$에 수직인 평면 위에 놓여 있음을 알 수 있다. ✤

Non-Euclidean Model

제 1 장

유클리드 평면

수학에서 유클리드 공간(또는 유클리드 평면)은 유클리드가 연구했던 평면과 공간의 성질들을 대상으로 임의의 두 점 사이의 거리를 정의하여 일반화한 것이다. 이 일반화는 유클리드가 생각했던 거리와 길이와 각도를 데카르트의 좌표계를 도입하여 설명한다.

피타고라스 정리에 따라 두 점 사이의 거리를 결정하고 이러한 거리 개념은 자연스럽게 두 벡터 사이의 유클리드 내적으로 주어진다. 이렇게 좌표 평면 또는 좌표 공간에 유클리드 내적이 주어지면 두 점 사이의 거리, 벡터의 크기, 두 벡터 사이의 각도를 정의할 수 있어 유클리드 다섯가지 공리가 더 이상 공리가 아니고 기본성질로 설명할 수 있게 되어 공리에 따라 증명했던 유클리드 기하학의 성질들이 해석적으로 쉽게 증명된다.

더 나아가서 반사변환 및 이동변환과 회전변환-역학적으로는 강체운동으로 대변되는 등장사상이 주어진 기하도형의 변환에 따라 여러 형태의 군의 구조를 갖게 되는데 수많은 군의 이론을 이용하면 기하도형의 변환들의 성질들을 직접 기하학적으로 증명하지 않더라도 알 수 있다. 그러나 현대대수학에서 배우는 군의 성질들은 이 책의 수준을 넘어가므로 단지 군의 구조를 가지고 있는지에 관심을 가지고 설명한다.

1.1 E^2 위의 거리

평면집합 R^2 위의 임의의 두 점 사이의 거리를 어떻게 정의하는가에 따라 기하학적 성질을 결정하는 평면을 만들 수 있다. 우선 우리가 잘 아는 유클리드 기하학적 성질들을 나타내는 평면을 결정하기 위하여 다음과 같은 거리함수를 정의하자.

거리함수(distance function) $d: R^2 \times R^2 \to R^+ \cup \{0\}$는

$$d(X,\ Y) := |X - Y|$$

로 정의한다.

R^2 위의 두 점 $X = (x_1,\ x_2)$, $Y = (y_1,\ y_2)$에 대해서 $X - Y = (x_1 - y_1,\ x_2 - y_2)$이므로 그림 1.1에서처럼 X와 Y 사이의 길이는 변 XY를 변으로 갖는 직각삼각형에서 피타고라스 정리를 이용하여

$$d(X,\ Y) = |X - Y| = \sqrt{(x_1 - y_1)^2 + (x_2 - y_2)^2}$$

으로 정의된다.

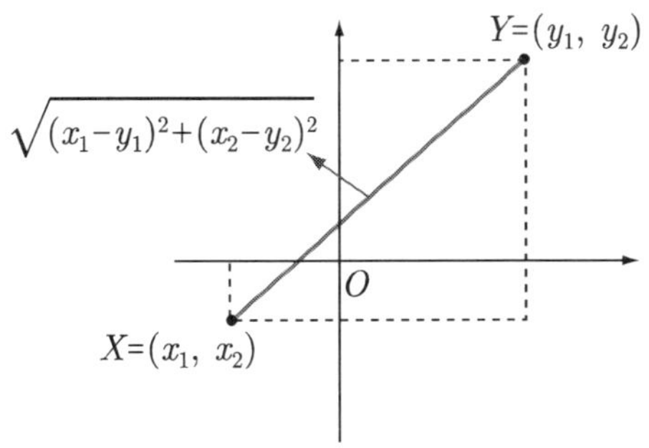

그림 1.1 유클리드 거리

유클리드 거리함수 d를 갖는 2차원 실수집합 R^2를 E^2로 표시한다. 이제 유클리드 거리가 아닌 다른 거리들에 대하여 살펴보자.

예제 1.1.1 **택시거리**

만약 두 점 $X=(x_1,\ x_2)$,$Y=(y_1,\ y_2)$의 거리함수를

$$d(X,\ Y)=|x_1-y_1|+|x_2-y_2|$$

로 정의하면 이 거리함수 d를 **택시거리**(taxicab distance)라 부른다. ✤

예제 1.1.2 **최대거리**

만약 두 점 $X=(x_1,\ x_2)$, $Y=(y_1,\ y_2)$의 거리함수를

$$d(X,\ Y)=\max\{|x_1-y_1|,\ |x_2-y_2|\}$$

로 정의하면 이 거리함수 d를 **최대거리**(maximum distance)라 부른다.

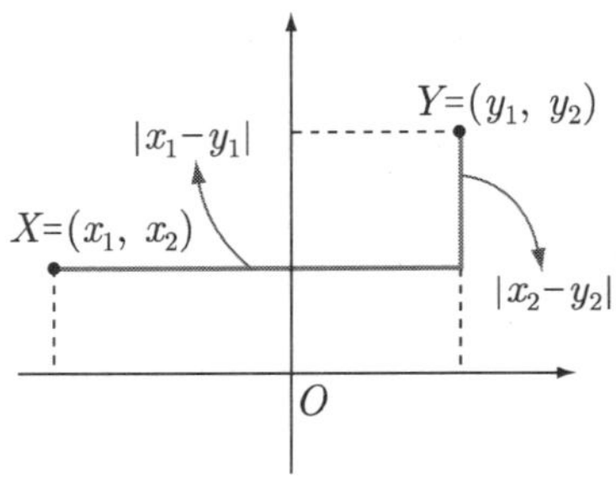

그림 1.2 택시거리와 최대거리 ✤

정리 1.1.3

$x,\ y,\ z$를 E^2 위의 점이라 하면 다음이 성립한다.

(1) $d(x,\ y)>0$.

(2) $d(x,\ y)=0 \Leftrightarrow x=y$.

(3) $d(x,\ y)=d(y,\ x)$.

(4) (삼각부등식) $d(x,\ y)+d(y,\ z)\geq d(x,\ z)$.

증명 (1), (2), (3)은 거리의 정의로부터 당연하다.

(4) 정리 0.4.7에 의하여

$$d(x,\ y)+d(y,\ z)=|x-y|+|y-z|$$
$$\geq |x-y+y-z|=|x-z|=d(x,\ z)$$

임을 알 수 있다. ✤

택시거리와 최대거리도 위 4가지 성질을 만족한다.

이제 함수 $f: E^2 \to E^2$가 **등장사상** 또는 **등거리 변환**(isometry)이라 함은 임의의 두 점 $P,\ Q \in E^2$에 대하여 $d(f(P),\ f(Q))=d(P,\ Q)$를 만족할 때이다.

따라서 정리 1.1.3 (2)에 의하여 등장사상은 항상 일대일 함수이다. 왜냐하면, 임의의 두 점 $P,\ Q \in E^2$에 대하여 만약 $P \neq Q$이면 $f(P) \neq f(Q)$이기 때문이다.

1.2 E^2 위의 직선의 표현

두 벡터 $\{v, w\}$가 유클리드 평면 E^2의 **정규직교기저**(orthonormal basis)라 함은

$$\text{(a)}\ |v|=1,\ |w|=1$$
$$\text{(b)}\ v \cdot w=0$$

을 만족할 때이다. 이때 $w=v^{\perp}$으로 나타내기도 한다.

임의의 점 $X \in E^2$에 대하여 $X=av+bv^{\perp}$이므로 양 변에 각각 v와 $v^{\perp}$를 내적하면 $a=X \cdot v,\ b=X \cdot v^{\perp}$임을 알 수 있다. 따라서

$$X=(X \cdot v)v+(X \cdot v^{\perp})v^{\perp}$$

으로 표현된다.

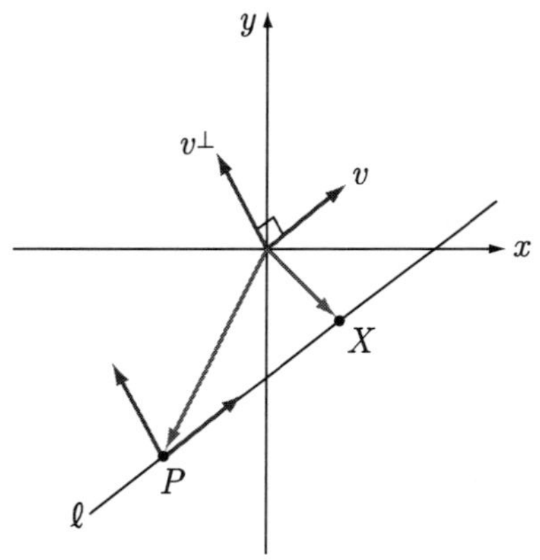

그림 1.3 직선과 방향벡터

이제 점 P를 지나고 v방향과 나란한 **직선**(line) ℓ은 $X=P+tv$을 만족하는 X들의 집합이므로 다음과 같은 집합으로 바꿀 수 있다.

$$\ell=\{X|X=P+tv,\ t \in R\}.$$

또한 직선 ℓ을 $\ell=P+[v]$으로 표현하기도 한다. 여기서 $[v]=\{tv|t \in \mathbb{R}\}$을 ℓ의 **방향**(direction)이라 한다. 그리고 v를 ℓ의 **방향벡터**(direction vector)라 하고 $v^{\perp}$를 직선 ℓ의 **극**(pole)이라 한다. 더 나아가서, 직선 ℓ을 다음과 같이 나타낼 수 있다.

정리 1.2.1

$$\ell = \{X \in E^2 \mid (X-P)\cdot v^{\perp} = 0\}.$$

증명 $X \in \ell \Leftrightarrow X = P + tv \Leftrightarrow X - P = tv$

$$\Leftrightarrow (X-P)\cdot v^{\perp} = (tv)\cdot v^{\perp} = t(v\cdot v^{\perp}) = 0$$

$$\Leftrightarrow X \in \{X \in E^2 \mid (X-P)\cdot v^{\perp} = 0\}.$$

✤

예제 1.2.2

E^2에서 직선 ℓ은 점 $(0,\ 1)$을 지나고 $x-3y+3=0$을 만족하는 직선이라 하자. 직선 $\ell = P + [v]$에 대한 E^2의 정규직교기저 $v,\ v^{\perp}$를 구하여라.

풀이 $x-3y+3=0$과 평행한 원점을 지나는 직선이 $x-3y=0$이므로 ℓ의 방향벡터 v는 $(3,1)$과 나란하고 단위벡터이므로 $v = \left(\frac{3}{\sqrt{10}}, \frac{1}{\sqrt{10}}\right)$이다. 따라서

$$v^{\perp} = \begin{pmatrix} \cos 90^\circ & -\sin 90^\circ \\ \sin 90^\circ & \cos 90^\circ \end{pmatrix}\begin{pmatrix} \frac{3}{\sqrt{10}} \\ \frac{1}{\sqrt{10}} \end{pmatrix} = \begin{pmatrix} \frac{-1}{\sqrt{10}} \\ \frac{3}{\sqrt{10}} \end{pmatrix}$$

이다. 또한 그 반대 방향도 역시 v에 수직인 단위벡터이므로

$$v^{\perp} = \pm\begin{pmatrix} \frac{-1}{\sqrt{10}} \\ \frac{3}{\sqrt{10}} \end{pmatrix}$$

이다.

✤

유클리드 기하학은 원래 눈금이 없는 직선자와 컴퍼스만을 가지고 5가지의 공리를 이용하여 많은 기하학적 성질을 증명하였다. 이제 두 점 사이에 거리를 정의하고 벡터를 이용하여 직선에 대한 방향을 결정하면 더 이상 유클리드의 공리는 필요하지 않는다. 결합공리를 증명해 보자.

정리 1.2.3 결합공리 I

임의의 서로 다른 두 점 P, Q에 대하여 P, Q를 지나는 직선은 유일하게 존재한다.

증명 점 P를 지나고 방향 $[v]$를 갖는 직선 $\ell = P + [v]$에 대하여

$$Q \in P + [v] \iff Q - P \in [v] \iff [Q - P] = [v]$$

이므로 $\ell = P + [Q - P]$은 P, Q로부터 유일하게 결정된다. ✤

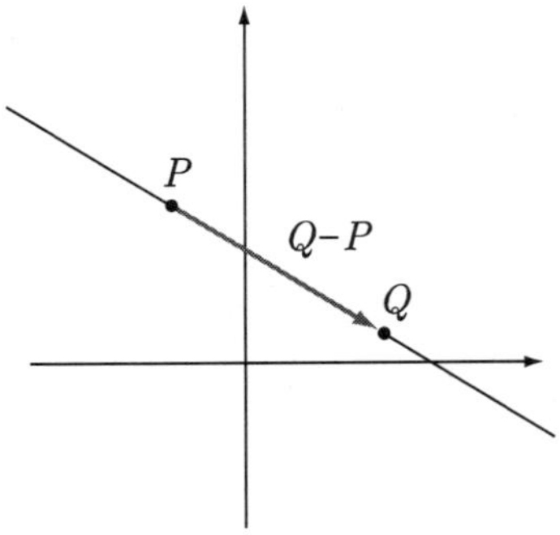

그림 1.4 두 점을 지나는 직선

정리 1.2.3에서 직선 ℓ은 $\ell = P + [Q - P]$로 표현되므로 ℓ 위의 점은 실수 t에 의하여 결정된다. 따라서 ℓ 위의 점은

$$\alpha(t) = P + t\,(Q - P) \text{ 또는 } \alpha(t) = (1 - t)P + t\,Q$$

로 표현할 수 있다. 특히, $0 \le t \le 1$에서 $\alpha(t)$는 P에서 Q로의 선분을 의미한다. 그러므로 두 점 $\alpha(t_1)$, $\alpha(t_2)$ 사이의 거리는

$$\begin{aligned} d\left(\alpha(t_1),\ \alpha(t_2)\right) &= |\alpha(t_1) - \alpha(t_2)| \\ &= |P + t_1(Q - P) - P - t_2(Q - P)| \\ &= |t_1(Q - P) - t_2(Q - P)| \\ &= |t_1 - t_2|\,|Q - P| \end{aligned}$$

로 표현된다.

1.3 E^2 위의 수직선

두 직선이 **수직**(perpendicular)이라 함은 두 방향벡터가 서로 수직일 때이다. 다음 정리는 세 꼭짓점이 주어진 삼각형의 세 변의 길이가 피타고라스 정리를 만족할 필요충분조건은 변의 길이가 짧은 두 변이 서로 수직임을 보여주고 있다.

정리 1.3.1 피타고라스 정리

서로 다른 세 점 P, Q, R에 대하여
$|R-P|^2 = |Q-P|^2 + |R-Q|^2 \Leftrightarrow \overleftrightarrow{QP}$와 $\overleftrightarrow{RQ}$가 서로 수직이다.

증명 $x = Q-P$, $y = R-Q$라 하면 $x+y = R-P$이다.

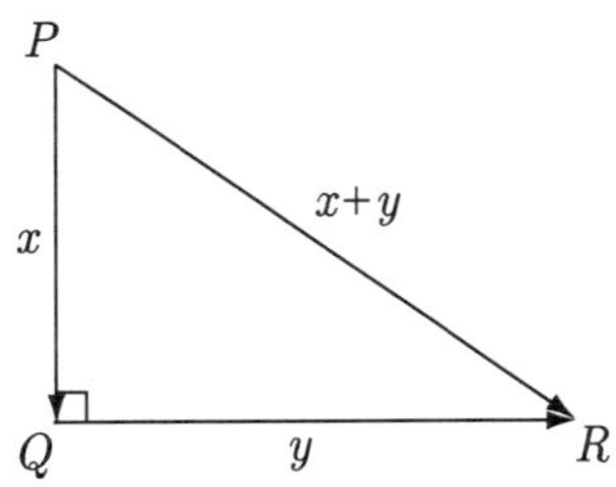

그림 1.5 피타고라스 정리

$$\begin{aligned} |x+y|^2 &= (x+y)\cdot(x+y) = x\cdot x + 2x\cdot y + y\cdot y \\ &= |x|^2 + 2x\cdot y + |y|^2 \end{aligned}$$

이므로

$$|x+y|^2 = |x|^2 + |y|^2 \Leftrightarrow x\cdot y = 0$$

이다. 즉, $|R-P|^2 = |Q-P|^2 + |R-Q|^2$ 일 필요충분 조건은 $\overleftrightarrow{QP}$와 $\overleftrightarrow{RQ}$가 서로 수직이다. ✤

두 위치벡터 A와 B에 대하여 벡터 A를 B로 사영하였을 때 벡터 B 위에 나타나는 **정사영 벡터**(projection vector) F는 A와 B 사이각을 θ라 할 때

$$F = |A| \cos\theta \frac{B}{|B|}$$

로 결정된다. $A \cdot B = |A||B| \cos\theta$이므로 $|A|\cos\theta = \dfrac{A \cdot B}{|B|}$이다. 따라서

$$F = \frac{(A \cdot B)}{|B|^2} B = \frac{(A \cdot B)}{B \cdot B} B$$

로 표현된다.

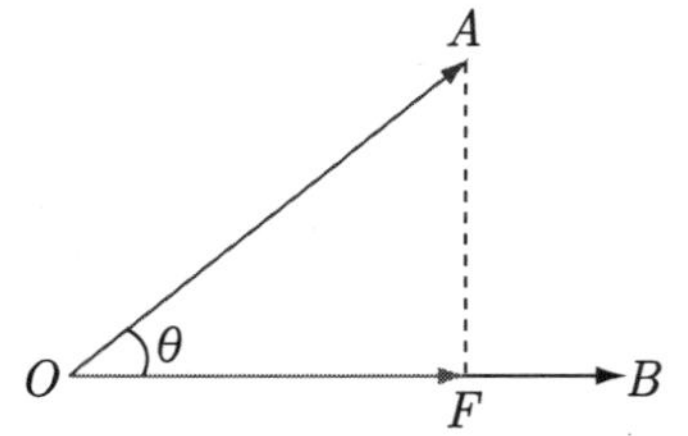

그림 1.6 정사영 벡터

다음 정리는 직선 위에 있지 않은 한 점에서 직선에 수선의 발을 내렸을 때 그 수선의 발이 주어진 점과 직선으로 어떻게 표현되는지를 보여주며 더 나아가서 점과 직선과의 거리도 알 수 있다.

정리 1.3.2

직선 ℓ은 방향벡터 v를 갖고 ℓ 위에 있지 않은 한 점 X에서 직선 ℓ 위로 사영하여 수선의 발 F를 택하면 ℓ 위의 임의의 점 P에 대하여

$$F = X - ((X-P) \cdot v^{\perp})v^{\perp}$$

이고, $|X-F| = |(X-P) \cdot v^{\perp}|$이다.

증명 v가 ℓ의 방향벡터이면 $\{v, v^{\perp}\}$가 정규직교 기저이므로 벡터 $P-X$를 벡터 $v^{\perp}$ 위로 사영하여 나타나는 정사영 벡터 $F-X$는 $v^{\perp} \cdot v^{\perp} = 1$이므로

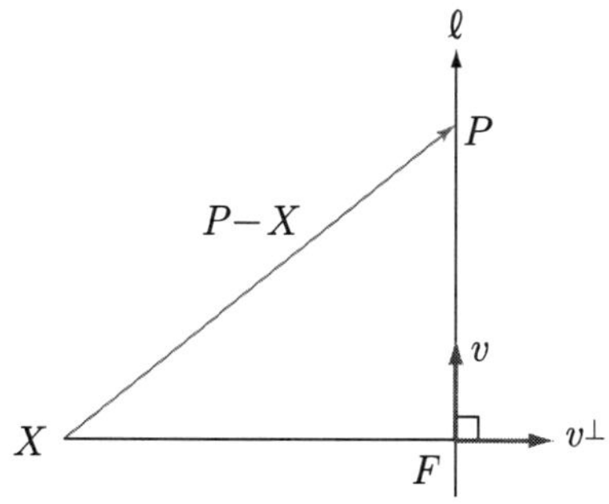

그림 1.7 직선 위의 수선의 발

$$F-X=\frac{(P-X)\cdot v^{\perp}}{v^{\perp}\cdot v^{\perp}}v^{\perp}=\left((P-X)\cdot v^{\perp}\right)v^{\perp}$$

이고

$$F-X=-\left((X-P)\cdot v^{\perp}\right)v^{\perp}$$

이다. 따라서 $|X-F|=|(X-P)\cdot v^{\perp}|$ 이고

$$F=X-\left((X-P)\cdot v^{\perp}\right)v^{\perp}$$

이다. ✤

1.4 E^2 위의 평행선

두 직선 ℓ과 m이 **평행**(parallel)하다는 것은 ℓ과 m이 교차점을 갖지 않을 때이다. 이때 $\ell // m$으로 표시한다. 다음은 서로 다른 두 직선이 서로 평행할 필요충분조건을 보여준다.

정리 1.4.1

서로 다른 두 직선 ℓ과 m에 대하여, $\ell // m$일 필요충분조건은 ℓ과 m은 같은 방향을 갖는다.

증명 먼저, $\ell = P + [v]$, $m = Q + [w]$라 하고 $[v] \neq [w]$라 가정하자.

$$u = v - \frac{v \cdot w}{w \cdot w} w$$

라 놓으면 $u \cdot w = 0$임을 알 수 있다.

따라서 $\{u, w\}$는 E^2의 기저이므로 $P - Q = tu + sw$을 만족하는 $t, s \in R$가 존재한다. 그러므로

$$P - Q = tv + \left(s - t\frac{v \cdot w}{w \cdot w}\right)w = tv + \lambda w, \ \ \lambda = s - \left(t\frac{v \cdot w}{w \cdot w}\right)$$

이고 따라서

$$P - tv = Q + \lambda w$$

이다. 위 식의 왼쪽 항은 ℓ의 한 점이고, 오른쪽 항은 m의 한 점이므로 두 직선 ℓ과 m은 교차한다. 이는 두 직선이 평행하다는 가정에 모순이다.

역으로, ℓ과 m의 교차점 F를 갖는다고 가정하자. 그러면

$$\ell = F + [v], \ \ m = F + [w]$$

이고 ℓ과 m은 서로 다른 직선이므로 $[v] \neq [w]$이어야 한다. 즉, ℓ과 m은 방향이 일치하지 않는다. ✤

위 정리 1.4.1로부터 두 평면이 평행할 필요충분조건은 두 평면에 수직한 두 벡터가 서로 평행하다는 사실과 일치한다.

1.5 E^2 위의 반사

E^2의 임의의 점 X를 직선 ℓ에 수선의 발을 내리고 ℓ에서 그 거리만큼 X와 반대 방향의 점 X'으로 대응시킬 때 점 X'은 점 X를 직선 ℓ에 대한 반사점(reflection point)이라 부른다. 이를 구체적으로 표현해 보자.

F는 정리 1.3.2에서 주어진 것처럼 다음과 같이 쓸 수 있다.

$$F = X - ((X-P) \cdot v^{\perp})v^{\perp}$$

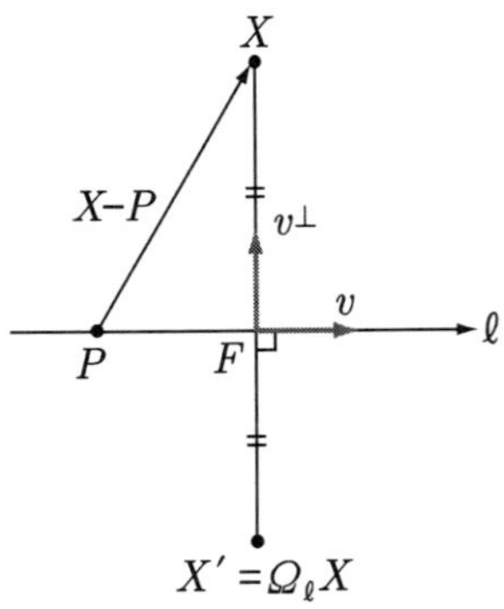

그림 1.8 직선 ℓ에 대한 반사

이제 F는 그림 1.8에서처럼 X와 X'의 중점으로 표현되므로

$$F = \frac{1}{2}(X + X')$$

임을 알 수 있다. 그러므로 두 식을 연립하면 다음과 같이 쓸 수 있다.

$$X - ((X-P) \cdot v^{\perp})v^{\perp} = \frac{1}{2}(X + X').$$

따라서

$$X' = X - 2((X-P) \cdot v^{\perp})v^{\perp}$$

을 얻는다. 그러므로 직선 ℓ에 대한 **반사**(reflection) $\Omega_\ell : E^2 \to E^2$를 다음과 같이 정의한다.

$$\Omega_\ell X = X - 2((X-P) \cdot v^{\perp})v^{\perp}$$

이렇게 정의된 직선 ℓ에 대한 반사변환 Ω_ℓ은 다음 정리에서 등장사상이고 전단사 함수임을 보여준다.

정리 1.5.1

(1) $\Omega_\ell : E^2 \to E^2$는 등장사상이다.
(2) Ω_ℓ의 역함수는 Ω_ℓ 자신이다.
(3) Ω_ℓ은 일대일 대응 함수이다.

증명 (1) $\Omega_\ell X = X - 2((X-P)\cdot v^\perp)v^\perp$이고 $\Omega_\ell Y = Y - 2((Y-P)\cdot v^\perp)v^\perp$이므로

$$d(\Omega_\ell X,\ \Omega_\ell Y) = |\Omega_\ell X - \Omega_\ell Y| = |X - Y + 2((Y-X)\cdot v^\perp)v^\perp|$$

이다. 양변을 제곱하여

$$\begin{aligned} & d(\Omega_\ell X,\ \Omega_\ell Y)^2 \\ &= (X-Y-2((X-Y)\cdot v^\perp)v^\perp)\cdot(X-Y-2((X-Y)\cdot v^\perp)v^\perp) \\ &= |X-Y|^2 - 4((X-Y)\cdot v^\perp)((X-Y)\cdot v^\perp) + 4((X-Y)\cdot v^\perp)^2|v^\perp|^2 \\ &= |X-Y|^2 = d(X,\ Y)^2 \end{aligned}$$

을 얻는다. 그러므로

$$d(\Omega_X,\ \Omega_Y) = d(X,\ Y)$$

이다.

(2) $\Omega_\ell X = X - 2((X-P)\cdot v^\perp)v^\perp$이므로

$$\begin{aligned} (\Omega_\ell X - P)\cdot v^\perp &= (X - 2((X-P)\cdot v^\perp)v^\perp - P)\cdot v^\perp \\ &= (X-P)\cdot v^\perp - 2(X-P)\cdot v^\perp \\ &= -(X-P)\cdot v^\perp \end{aligned}$$

임을 알 수 있다. 따라서

$$\begin{aligned} \Omega_\ell(\Omega_\ell X) &= \Omega_\ell X - 2((\Omega_\ell X - P)\cdot v^\perp)v^\perp \\ &= X - 2((X-P)\cdot v^\perp)v^\perp + 2((X-P)\cdot v^\perp)v^\perp = X \end{aligned}$$

이다. 즉, $\Omega_\ell \circ \Omega_\ell = I$이므로 Ω_ℓ은 Ω_ℓ 자신과 역함수 관계이다.

(3) 먼저, Ω_ℓ이 일대일(단사) 함수임을 보이자. $\Omega_\ell X = \Omega_\ell Y$라 하자. (2)로부터

$$X = IX = (\Omega_\ell \circ \Omega_\ell)X = \Omega_\ell(\Omega_\ell X) = \Omega_\ell(\Omega_\ell Y) = (\Omega_\ell \circ \Omega_\ell)Y = IY = Y$$

이다. 이제 Ω_ℓ가 위로의(전사) 함수임을 보이자. 임의의 $Y \in E^2$에 대하여, $X := \Omega_\ell Y$라 하면 $X \in E^2$이고

$$\Omega_\ell X = \Omega_\ell(\Omega_\ell Y) = (\Omega_\ell \circ \Omega_\ell)Y = IY = Y$$

이므로 Ω_ℓ이 전사함수임을 알 수 있다. ✤

더 나아가서 다음 정리는 반사변환 Ω_ℓ에 대하여 이 책의 '1.9 E^2의 등장사상의 성질'에서 정의된 E^2의 고정점(fixed point)이 무엇인가를 보여준다.

정리 1.5.2

임의의 점 $X \in E^2$에 대하여, $\Omega_\ell X = X$일 필요충분조건은 $X \in \ell$이다.

증명 직선 ℓ 위의 임의의 점 P에 대하여 $\Omega_\ell X = X - 2((X-P)\cdot v^\perp)v^\perp$이므로

$$\begin{aligned} X - 2((X-P)\cdot v^\perp)v^\perp = X \\ &\Leftrightarrow (X-P)\cdot v^\perp = 0 \\ &\Leftrightarrow X - P \in [v] \text{ or } X \in P + [v] \\ &\Leftrightarrow X \in \ell \end{aligned}$$

이다. ✤

참고 앞으로 두 함수 f와 g의 합성 $f \circ g$를 fg로 간단히 표기하기로 하고 함숫값 $f(x)$를 간단히 fx로 표기하기도 한다. 따라서 혼동하지 않는 경우에 $(f \circ g)(x)$ 대신 $(fg)x$ 또는 fgx로도 표기한다.

다음 정리는 E^2의 모든 등장사상의 집합 $\mathcal{J}(E^2)$이 제0장에서 정의하였던 군의 구조(즉, 어떤 집합이 주어진 연산에 대하여 결합법칙을 만족하고, 각 원소들에 대하여 항등원, 역원

이 존재)를 만족함을 보여준다.

정리 1.5.3

E^2의 모든 등장사상의 집합 $\mathcal{J}(E^2)$은 군의 구조를 갖는다. 이 군을 **등장군**(group of isometry)이라 한다. 즉,

(1) T와 S가 E^2의 등장사상이면 두 함수의 합성 TS도 E^2의 등장사상이다. 따라서 결합법칙도 성립한다.

(2) E^2의 항등사상은 등장사상이다.

(3) T가 E^2의 등장사상이면 T^{-1}도 E^2의 등장사상이다.

증명 (1) T와 S가 E^2의 등장사상이면 임의의 $X,\ Y \in E^2$에 대하여

$$d(TX,\ TY) = d(X,\ Y),\ d(SX,\ SY) = d(X,\ Y)$$

이다. 따라서

$$d(TSX,\ TSY) = d(SX,\ SY) = d(X,\ Y)$$

이므로 TS도 E^2의 등장사상이다. 마찬가지로, ST도 E^2의 등장사상이다.

(2) $X,\ Y \in E^2$에 대하여

$$d(IX,\ IY) = d(X,\ Y)$$

이므로 항등사상 I도 E^2의 등장사상이다.

(3) T가 E^2의 등장사상이므로 $d(TX,\ TY) = d(X,\ Y)$이다. 따라서

$$d(T^{-1}X,\ T^{-1}Y) = d(TT^{-1}X,\ TT^{-1}Y) = d(IX,\ IY) = d(X,\ Y)$$

이므로 T^{-1}도 E^2의 등장사상이다. ✤

참고 이 책에서 등장사상들, 즉 반사, 회전, 이동변환들에 대한 군의 연산은 두 변환 사이의 **합성**(composition)이다. 따라서 합성에 대한 결합법칙은 항상 성립하므로 이 책에서 함수들의 합성을 연산으로 이용한 함수들의 결합법칙에 대해서는 더 이상 증명하지 않는다.

1.6 E^2 위의 이동

직선 ℓ과 수직인 두 직선 m, n에 대하여 연달아 반사할 때, $T = \Omega_n \Omega_m$은 ℓ을 따르는 **이동**(translation)이라 한다.

이제 임의의 점 $P \in m$에 대하여 n에 수선을 내려 수선의 발을 Q라 하고 단위벡터 N을 ℓ의 방향벡터라 하면 m, n의 수직벡터이다. 이때 $\Omega_m X = X - 2((X-P) \cdot N)N$이다. 또한 $Q-P$는 단위벡터 N 방향의 벡터이므로 $Q - P = |Q-P|N$이다. 따라서

$$((Q-P) \cdot N)N = ((|Q-P|N \cdot N)N = |Q-P|N = Q-P$$

이므로

$$\begin{aligned} TX = \Omega_n(\Omega_m X) &= \Omega_m X - 2((\Omega_m X - Q) \cdot N)N \\ &= X - 2((X-P) \cdot N)N - 2(X - 2((X-P) \cdot N)N - Q) \cdot N)N \\ &= X - 2((X-P) \cdot N)N - 2(X-Q) \cdot N)N + 4((X-P) \cdot N)(N \cdot N)N \\ &= X + 2((X-P) \cdot N)N - 2((X-Q) \cdot N)N \\ &= X + 2((Q-P) \cdot N)N \\ &= X + 2(Q-P) \end{aligned}$$

임을 알 수 있다.

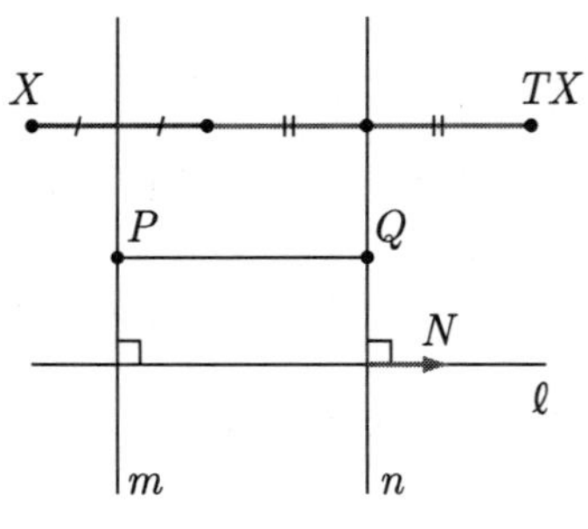

그림 1.9 직선 ℓ을 따라 이동

만약 위에서 주어진 P, Q 대신 ℓ 위의 한 점 P에 대하여 ℓ과 m의 교차점을 $P + aN$, ℓ과 n의 교차점을 $P + bN$으로 나타내면

$$TX = X + 2(P + bN - P - aN) = X + 2(b-a)N$$

이다.

여기서 $\lambda = 2(b-a)$라 하면 $TX = X + \lambda N$이고, 이 경우에 이동함수 T를 T_λ로 표기한다. 즉, $T_\lambda X = X + \lambda N$이다.

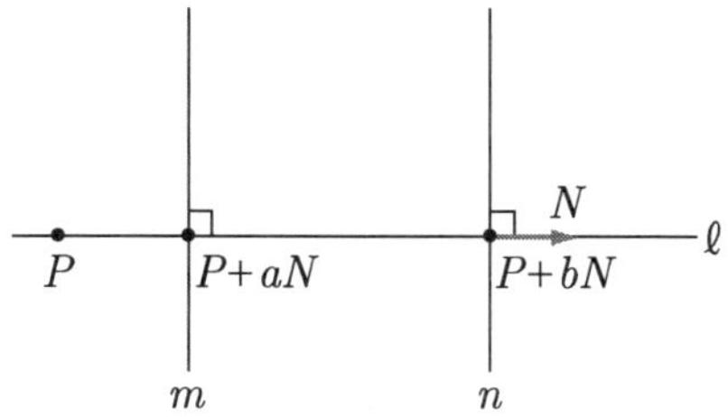

그림 1.10 이동의 다른 표현

예제 1.6.1

E^2에서 직선 ℓ은 점 $(0,\ 1)$을 지나고 $x-3y+3=0$을 만족하는 직선이라 하자. 점 $X=(-1,\ 2)\in E^2$에 대하여 직선 m이 점 $Q=(4,\ 0)$을 지나고 $m//\ell$인 경우 $\Omega_m\Omega_\ell X$를 계산하여라.

풀이 점 X의 이동은 두 직선 ℓ과 m에 수직방향으로 이동하므로 위 식으로부터 $\Omega_m\Omega_\ell X = X + 2(b-a)N$이고 예제 1.2.2로부터

$$N = v^{\perp} = \pm\left(\frac{-1}{\sqrt{10}},\ \frac{3}{\sqrt{10}}\right)$$

이다. 그러나 이 문제에서 X가 직선 ℓ에서 직선 m쪽으로 이동하므로 $N=\left(\frac{1}{\sqrt{10}},\ \frac{-3}{\sqrt{10}}\right)$으로 택한다.

점 $Q=(4,\ 0)$와 직선 $\ell: x-3y+3=0$ 사이의 거리는 $|b-a|$이므로 $|b-a| = \frac{|4-0+3|}{\sqrt{1^2+(-3)^2}} = \frac{7}{\sqrt{10}}$이고, $2(b-a) = \frac{14}{\sqrt{10}}$이다. 따라서

$$\Omega_m\Omega_\ell X = (-1,\ 2) + \frac{14}{\sqrt{10}}\left(\frac{1}{\sqrt{10}},\ \frac{-3}{\sqrt{10}}\right) = \left(\frac{2}{5},\ -\frac{11}{5}\right)$$

이다. ✤

이동군(translation group)

집합 $TRANS(\ell)=\{T_\lambda | \lambda \in R\}$은 이동함수들의 합성에 대한 연산에 대하여 군의 구조를 갖고 실수 집합 R과 일대일 대응이 됨을 다음과 같이 증명할 수 있다. 우선 ℓ을 따라 이동하는 모든 이동함수의 집합 $TRANS(\ell)$은 가환군이 됨을 보이자. 결합법칙은 더 이상 증명할 필요가 없다.

(1) (가환) $(T_\lambda T_\mu)X = T_{\lambda+\mu}X = T_{\mu+\lambda}X = (T_\mu T_\lambda)X$이다. 왜냐하면,

$$T_\lambda(T_\mu X) = T_\lambda(X+\mu N) = X+\mu N+\lambda N = X+(\mu+\lambda)N$$

이기 때문이다. 마찬가지로,

$$T_\mu(T_\lambda X) = X+(\lambda+\mu)N$$

이므로 $T_\lambda T_\mu = T_\mu T_\lambda$이다.

(2) (항등원) T_0는 $T_0 T_\lambda = T_\lambda$과 $T_\lambda T_0 = T_\lambda$을 만족하는 항등원이다. 왜냐하면,

$$T_\lambda(T_0 X) = T_\lambda(X+0N) = X+\lambda N$$

이기 때문이다. 마찬가지로,

$$T_0(T_\lambda X) = X+\lambda N$$

이다.

(3) (역원) $T_\lambda T_{-\lambda} = T_0 = T_{-\lambda}T_\lambda$를 만족하므로 $T_{-\lambda}$는 T_λ의 역원이다. 왜냐하면,

$$T_\lambda(T_{-\lambda}X) = T_\lambda(X-\lambda N) = X+(-\lambda+\lambda)N = X$$

이기 때문이다. 마찬가지로,

$$T_{-\lambda}(T_\lambda X) = X+(-\lambda+\lambda)N = X$$

이다.

다음 정리는 이동군 $TRANS(\ell)$과 실수집합 R은 대수적으로 같다는 의미이다.

정리 1.6.2

이동군 $TRANS(\ell)$은 실수집합 R과 동형이다.

증명 함수 $F: R \to TRANS(\ell)$를 $F(\lambda) = T_\lambda$로 정의하자. 이때 T_λ는 임의의 $X \in E^2$에 대하여 $T_\lambda X = x + \lambda N$을 만족하다.

(a) 함수 F의 정의에 의하여

$$F(\lambda + \mu) = T_{\lambda+\mu} = T_\lambda T_\mu = F(\lambda)F(\mu)$$

이므로 F는 준동형사상이다.

(b) 임의의 $T \in TRANS(\ell)$에 대하여 $TX = X + \lambda N$을 만족하는 $\lambda \in R$를 택할 수 있으므로 $F(\lambda) = T$를 만족한다. 그러므로 F는 전사함수이다.

또한, 임의의 $\lambda \in \ker F$에 대하여 $F(\lambda) = T_0$이고 $T_\lambda = T_0$이므로 $\lambda = 0$이다.

즉, $\ker F = \{0\}$ 이므로 F는 단사함수이다.

그러므로 (a) (b)에 의하여 F는 동형사상이다. ✤

참고 이동군 $TRANS(\ell)$은 등장군 $\mathcal{I}(E^2)$의 부분군이다. 왜냐하면, 임의의 $T_\lambda \in TRAN(\ell)$에 대하여,

$$\begin{aligned} d(T_\lambda X,\ T_\lambda Y) &= |T_\lambda X - T_\lambda Y| \\ &= |(X + \lambda N) - (Y + \lambda N)| \\ &= |X - Y| \\ &= d(X,\ Y) \end{aligned}$$

이므로 $TRANS(\ell) \subset \mathcal{I}(E^2)$이다. 또한 $T_\mu,\ T_\lambda \in TRANS(\ell)$에 대하여

$$\begin{aligned} d(T_\mu T_\lambda X,\ T_\mu T_\lambda Y) &= |T_\mu T_\lambda X - T_\mu T_\lambda Y| \\ &= |T_{\mu+\lambda} X - T_{\mu+\lambda} Y| \\ &= |X + (\mu+\lambda)N - (Y + (\mu+\lambda)N)| \\ &= |X - Y| = d(X,\ Y). \end{aligned}$$

이므로 $T_\mu T_\lambda \in \mathcal{I}(E^2)$이다. 따라서 $TRANS(\ell)$의 연산은 $\mathcal{I}(E^2)$의 연산과 함수의 합성으로 일치함을 알 수 있다.

$\mathcal{P}(\ell)$를 직선 **ℓ에 수직인 직선들의 선속**(pencil of lines perpendicular to ℓ)이라 하고 $m \in \mathcal{P}(\ell)$에 대한 반사 Ω_m들에 의하여 생성된 군 $REF(\ell)$를 직선 **ℓ에 대한 반사군**(reflection group about ℓ)이라 부른다.

다음 정리는 직선 ℓ에 수직인 서로 다른 세 직선을 반사축으로 연속 세 번 반사한 결과와 직선 ℓ에 수직인 하나의 직선이 존재하여 반사한 결과가 일치한다는 내용이다.

정리 1.6.3 이동에 대한 삼반사 정리

세 직선 $\alpha,\ \beta,\ \gamma \in \mathcal{P}(\ell)$가 직선 ℓ에 수직일 때 $\Omega_\alpha \Omega_\beta \Omega_\gamma = \Omega_\delta$를 만족하는 직선 $\delta \in \mathcal{P}(\ell)$가 유일하게 존재한다.

증명 $a,\ b,\ c$가 $P+aN \in \alpha,\ P+bN \in \beta,\ P+cN \in \gamma$을 만족하는 세 실수라 하면

$$\Omega_\alpha \Omega_\beta \Omega_\gamma x = \Omega_\alpha (\Omega_\beta \Omega_\gamma) x = \Omega_\alpha (T_{2(b-c)} x)$$

이다. 여기서 $\mu = 2(b-c)$라 하면

$$\begin{aligned}\Omega_\alpha \Omega_\beta \Omega_\gamma x &= \Omega_\alpha (T_\mu x) = \Omega_\alpha (x+\mu N)\\ &= x+\mu N - 2((x+\mu N-(P+aN)) \cdot N)N\\ &= x-2((x+2(b-c)N-(b-c)N-(P+aN)) \cdot N)N\\ &= x-2((x-P-(a-b+c)N) \cdot N)N\end{aligned}$$

이다.

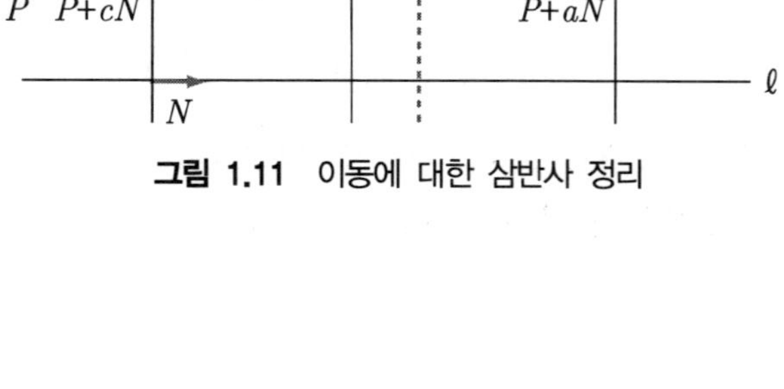

그림 1.11 이동에 대한 삼반사 정리

여기서 $d=a-b+c$라 하면

$$\Omega_\alpha\Omega_\beta\Omega_\gamma x = x-2((x-(P+dN))\cdot N)N$$

이므로, $\Omega_\delta x = x-2((x-(P+dN))\cdot N)N$을 만족하는 직선 $\delta\in\mathcal{P}(\ell)$가 유일하게 결정된다. ✤

다음 정리는 직선 ℓ에 수직인 두 직선을 반사 축으로 연속하여 반사한 결과(즉, 직선 ℓ을 따라 이동)와 직선 ℓ에 수직이고 앞에서 주어진 두 직선과도 각각 서로 다른 두 직선이 존재하여 ℓ을 따라 이동한 결과가 일치한다는 내용이다.

정리 1.6.4 이동에 대한 표현 정리

직선 ℓ에 수직인 임의의 두 반사 Ω_α와 Ω_β의 곱이 $T=\Omega_\alpha\Omega_\beta\in TRANS(\ell)$으로 표현되는 이동 T와 두 직선 m, $n\in\mathcal{P}(\ell)$에 대하여 $T=\Omega_m\Omega_{m'}=\Omega_{n'}\Omega_n$을 만족하는 직선 m', $n'\in\mathcal{P}(\ell)$이 유일하게 결정된다.

증명 세 직선 m, α, β에 대하여 이동에 대한 삼반사 정리를 적용하면 $\Omega_m\Omega_\alpha\Omega_\beta=\Omega_{m'}$을 만족하는 직선 m'이 유일하게 결정된다. 양변에 Ω_m을 작용시키면

$$(\Omega_m\Omega_m)(\Omega_\alpha\Omega_\beta)=\Omega_m\Omega_{m'}$$

이다. $\Omega_m\Omega_m=I$이고 $\Omega_\alpha\Omega_\beta=T$이므로 $T=\Omega_m\Omega_{m'}$이다. 마찬가지 방법으로, $T=\Omega_{n'}\Omega_n$도 성립한다. ✤

따름정리 1.6.5

두 직선 α, $\beta\in\mathcal{P}(\ell)$와 직선 ℓ을 따르는 두 이동변환 T_λ, T_μ에 대하여 다음이 성립한다.

(1) $\Omega_\alpha\Omega_\beta\, x = T_{2(b-c)}\, x$.

(2) $T_\lambda T_\mu\, x = T_{\lambda+\mu}\, x$.

(3) $\Omega_\alpha T_\mu\, x = \Omega_{a-\mu/2}\, x$.

(4) $T_\lambda\Omega_\beta\, x = \Omega_{b+\lambda/2}\, x$.

참고 v를 E^2의 임의의 벡터라 하자. **v에 의한 이동**(translation by v) τ_v를 $\tau_v x = x + v$로 정의한다. 모든 평행이동의 집합 $T(E^2)$는 등장군 $\mathcal{J}(E^2)$의 가환 부분군이다. 즉,

(i) $\tau_v \tau_w = \tau_{v+w}$.

(ii) $\tau_0 = I$.

(iii) $\tau_{-v} = (\tau_v)^{-1}$.

더 나아가서, 정리 1.6.2에서처럼 두 군 $T(E^2)$과 $(R^2, +)$는 대수적으로 서로 일치한다.

예제 1.6.6

정규직교기저 $\{w, w^{\perp}\}$에 대해서 두 직선 $\ell = P + [w^{\perp}]$과 $m = P - \frac{1}{2}w + [w^{\perp}]$에 대하여 평행한 직선 $m' = P + \frac{1}{2}w + [w^{\perp}]$이라 할 때, $\Omega_\ell \Omega_m = \Omega_{m'} \Omega_\ell = \tau_w$임을 보여라.

풀이 세 직선 ℓ, m, m'에 대한 반사는

$$\Omega_\ell x = x - 2((x-P)\cdot w)w,$$

$$\begin{aligned}\Omega_m x &= x - 2\left(\left(x - P + \frac{1}{2}w\right)\cdot w\right)w \\ &= x - 2\left((x-P)\cdot w + \frac{1}{2}\right)w = x - 2((x-P)\cdot w)w - w,\end{aligned}$$

$$\begin{aligned}\Omega_{m'} x &= x - 2\left(\left(x - P - \frac{1}{2}w\right)\cdot w\right)w \\ &= x - 2\left((x-P)\cdot w - \frac{1}{2}\right)w = x - 2((x-P)\cdot w)w + w\end{aligned}$$

이므로

$$\begin{aligned}\Omega_\ell \Omega_m x &= \Omega_\ell(x - 2((x-P)\cdot w)w - w) \\ &= x - 2((x-P)\cdot w)w - w - 2((x - 2((x-P)\cdot w)w - w - P)\cdot w)w \\ &= x - 2((x-P)\cdot w)w - w - 2((x-P)\cdot w - 2(x-P)\cdot w - 1)w \\ &= x - 2((x-P)\cdot w)w - w - 2(-(x-P)\cdot w - 1)w \\ &= x - 2((x-P)\cdot w)w - w + 2((x-P)\cdot w)w + 2w \\ &= x + w = \tau_w\end{aligned}$$

$$
\begin{aligned}
\Omega_{m'}\Omega_\ell x &= \Omega_{m'}(x-2((x-P)\cdot w)w) \\
&= x-2((x-P)\cdot w)w-2((x-2((x-P)\cdot w)w-P)\cdot w)w+w \\
&= x-2((x-P)\cdot w)w-2((x-P)\cdot w-2(x-P)\cdot w)w+w \\
&= x-2((x-P)\cdot w)w-2(-(x-P)\cdot w)w+w \\
&= x-2((x-P)\cdot w)w+2((x-P)\cdot w)w+w \\
&= x+w=\tau_w
\end{aligned}
$$

이다. 따라서

$$\Omega_\ell\Omega_m = \Omega_{m'}\Omega_\ell = \tau_w$$

임을 알 수 있다. ✤

1.7 E^2 위의 회전

$\{v,\ v^{-1}\}$을 E^2의 정규직교기저라 하자. 표준기저 $i=(1,\ 0)$, $j=(0.1)$에 대하여 v와 i의 사이각을 θ라 하면

$$v=(\cos\theta,\ \sin\theta),\quad v^{\perp}=(-\sin\theta,\ \cos\theta)$$

으로 표현할 수 있다.

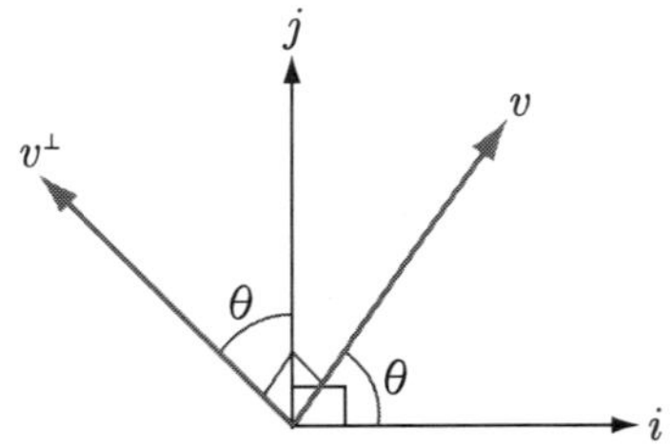

그림 1.12 v, v^{-1}의 각 θ에 의한 표현

이제 직선 $\ell=P+[v]$에 대한 반사 Ω_ℓ은 $\Omega_\ell X=X-2((X-P)\cdot v^{\perp})v^{\perp}$이므로 양변에서 P만큼 빼주면

$$\Omega_\ell X-P=X-P-2((X-P)\cdot v^{\perp})v^{\perp}$$

이다. 이 식은 X를 점 P를 지나가는 직선 ℓ에 대한 반사한 후에 $-P$ 만큼 이동한 결과이다. 그러므로 직선 ℓ 위의 점 P는 원점 O로 이동하고 직선 ℓ도 직선 $\ell_O=O+[v]$로 이동한다. 직선 ℓ_O는 원점 O를 지나가고 직선 ℓ과 평행하다.

한편, 원점 O를 지나는 직선 $\ell_O=O+[v]$에 대한 반사 Ω_{ℓ_O}에 대하여 $\Omega_{\ell_O}X=X-2(X\cdot v^{\perp})v^{\perp}$이므로

$$\Omega_{\ell_O}(X-P)=X-P-2((X-P)\cdot v^{\perp})v^{\perp}=\Omega_\ell X-P$$

이다. 그러므로

$$\Omega_\ell X=\Omega_{\ell_O}(X-P)+P=\tau_P(\Omega_{\ell_O}(X-P))=(\tau_P\,\Omega_{\ell_O}\tau_{-P})X$$

임을 알 수 있다. 즉, $\Omega_\ell = \tau_P \Omega_{\ell_o} \tau_{-P}$이다.

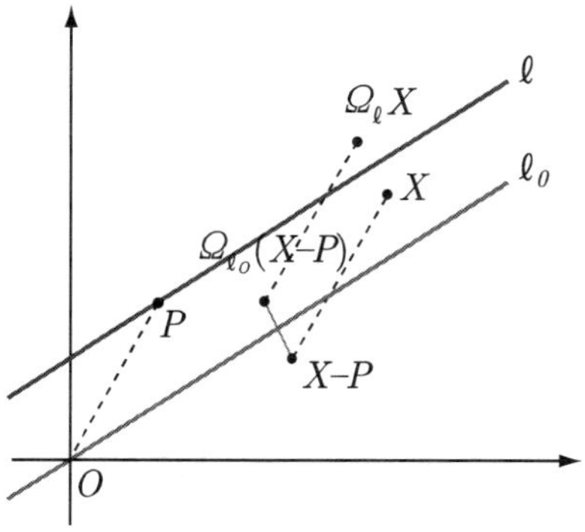

그림 1.13 이동을 이용한 회전변환

이제, $X=(x_1,\ x_2)$라고 하면

$$\begin{aligned}\Omega_{\ell_o}X &= X-2(X\cdot v^{\perp})v^{\perp}\\ &=(x_1,\ x_2)-2(-x_1\sin\theta+x_2\cos\theta)(-\sin\theta,\ \cos\theta)\\ &=(x_1-2x_1\sin^2\theta+2x_2\sin\theta\cos\theta,\ x_2+2x_1\sin\theta\cos\theta-2x_2\cos^2\theta)\\ &=\begin{pmatrix}x_1\cos2\theta+x_2\sin2\theta\\ x_1\sin2\theta-x_2\cos2\theta\end{pmatrix}\\ &=\begin{pmatrix}\cos2\theta & \sin2\theta\\ \sin2\theta & -\cos2\theta\end{pmatrix}\begin{pmatrix}x_1\\ x_2\end{pmatrix}\end{aligned}$$

이다. 이때 $ref\theta=\begin{pmatrix}\cos2\theta & \sin2\theta\\ \sin2\theta & -\cos2\theta\end{pmatrix}$로 표시하고 원점에 대한 반사변환의 표현행렬이다. 즉, 원점을 지나고 방향 $[v]$를 갖는 직선 ℓ_o에 대한 반사를 행렬로 표현한 것이다.

참고 점 P를 지나가는 직선 ℓ에 대한 반사 Ω_ℓ은 선형사상이 아니지만 원점 O를 지나가는 직선 ℓ_O에 대한 반사 Ω_{ℓ_O}는 선형사상이다.

또한, $m=P+[w]$, $|w|=1$, $m_O=O+[w]$이고 i와 w 사이각을 ϕ라 하면 $w=(\cos\phi,\ \sin\phi)$으로 표현할 수 있으므로

$$\Omega_{m_O}\Omega_{\ell_O}X=\Omega_{m_O}(\Omega_{\ell_O}X)=ref\phi\,\Omega_{\ell_O}X=ref\phi\, ref\theta\, X$$

이다. 이것은 그림 1.14에서처럼 원점을 지나는 두 직선에 대하여 반사를 두 번 적

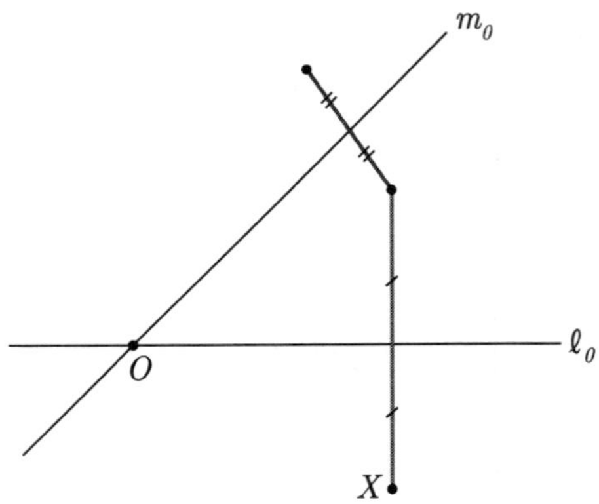

그림 1.14 원점 O에 대한 회전변환

용한 것이다. 이는 두 행렬의 곱으로 표현되며

$$\begin{aligned} ref\phi\, ref\theta &= \begin{pmatrix} \cos 2\phi & \sin 2\phi \\ \sin 2\phi & -\cos 2\phi \end{pmatrix} \begin{pmatrix} \cos 2\theta & \sin 2\theta \\ \sin 2\theta & -\cos 2\theta \end{pmatrix} \\ &= \begin{pmatrix} \cos 2(\phi-\theta) & -\sin 2(\phi-\theta) \\ \sin 2(\phi-\theta) & \cos 2(\phi-\theta) \end{pmatrix} \\ &= rot\, 2(\phi-\theta) \end{aligned}$$

으로 나타난다. 이것은 원점을 중심으로 회전을 표현한 것이다. 그러므로 $\Omega_\ell \Omega_m$은 점 P에 대하여 **회전**(rotation)이라 하고

$$\Omega_m \Omega_\ell = \tau_p \Omega_{m_O} \Omega_{\ell_O} \tau_{-p}$$

로 정의한다. 그러므로 그림 1.15는 임의의 $X \in E^2$에 대해서

$$\begin{aligned} \Omega_m \Omega_\ell X &= \tau_p \Omega_{m_O} \Omega_{\ell_O} \tau_{-p} X \\ &= \tau_p (\Omega_{m_O} \Omega_{\ell_O} \tau_{-p} X) \\ &= P + \Omega_{m_O} \Omega_{\ell_O} (X - P) \end{aligned}$$

임을 보여준다.

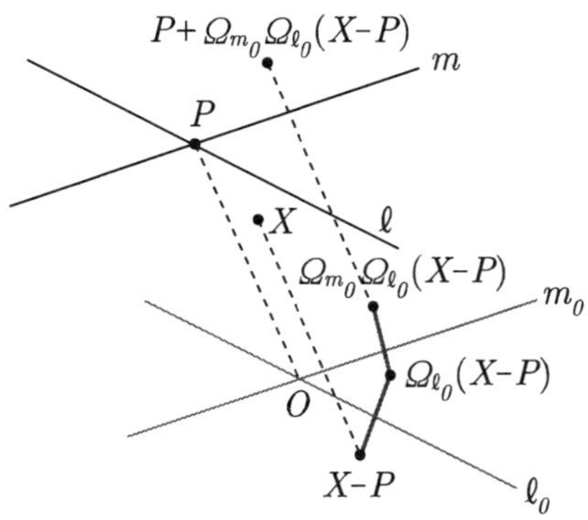

그림 1.15 점 P에 대한 회전변환

예제 1.7.1

E^2에서 ℓ은 점 $(0,\ 1)$을 지나고 $x-3y+3=0$을 만족하는 직선이라 하자. 점 $X=(-1,\ 2)$에 대하여 직선 m이 점 $Q=(1,\ 0)$를 지나고 $m\perp\ell$인 경우 $\Omega_\ell\Omega_m X$를 계산하여라.

풀이 예제 1.2.2에서 ℓ의 방향벡터 v는 $v=\left(\frac{3}{\sqrt{10}},\ \frac{1}{\sqrt{10}}\right)$이고 v에 수직인 단위벡터 $v^\perp$는 $v^\perp=\left(-\frac{1}{\sqrt{10}},\ \frac{3}{\sqrt{10}}\right)$이므로 ℓ에 수직인 직선 m의 방향벡터는 $v^\perp$이다. 따라서

$$\begin{aligned}\Omega_m X &= X-2((X-Q)\cdot v)v\\ &= (-1,\ 2)-2\left((-2,\ 2)\cdot\left(\frac{3}{\sqrt{10}},\ \frac{1}{\sqrt{10}}\right)\right)v\\ &= (-1,\ 2)+\left(\frac{8}{\sqrt{10}}\right)v=(-1,\ 2)+\left(\frac{24}{10},\ \frac{8}{10}\right)=\left(\frac{14}{10},\ \frac{28}{10}\right)\end{aligned}$$

이고

$$\begin{aligned}\Omega_\ell\Omega_m X &= \Omega_m X-2\left((\Omega_m X-P)\cdot v^\perp\right)v^\perp\\ &= \left(\frac{14}{10},\ \frac{28}{10}\right)-2\left(\left(\frac{14}{10},\ \frac{18}{10}\right)\cdot\left(-\frac{1}{\sqrt{10}},\ \frac{3}{\sqrt{10}}\right)\right)v^\perp\\ &= \left(\frac{14}{10},\ \frac{28}{10}\right)-2\left(\frac{4}{\sqrt{10}}\right)v^\perp=\left(\frac{11}{5},\ \frac{2}{5}\right)\end{aligned}$$

이다. ✤

특수직교군

원점 O에 대한 모든 회전들의 집합 $SO(2)$는 군이 된다. 즉,

(1) $rot\alpha\, rot\beta = rot(\alpha+\beta) = rot(\beta+\alpha) = rot\beta\, rot\alpha$.

(2) $rot\, 0 = I$.

(3) $rot(-\alpha) = (rot\alpha)^{-1}$.

정의 1.7.2

위에서 정의된 군 $SO(2)$를 원점 O에 대한 **특수직교군**(special orthogonal group)이라 한다.

다음 정리는 원점 O에 대한 회전변환들과 반사변환들의 합성으로 나타나는 결과들이다.

정리 1.7.3

(1) $ref\theta\, rot\phi = ref\left(\theta - \frac{\phi}{2}\right)$.

(2) $rot\theta\, ref\phi = ref\left(\phi + \frac{\theta}{2}\right)$.

(3) $ref\theta\, ref\phi\, ref\psi = ref(\theta - \phi + \psi)$.

증명 (1)
$$\begin{aligned} ref\theta\, rot\phi &= \begin{pmatrix} \cos 2\theta & \sin 2\theta \\ \sin 2\theta & -\cos 2\theta \end{pmatrix}\begin{pmatrix} \cos\phi & \sin\phi \\ \sin\phi & -\cos\phi \end{pmatrix} \\ &= \begin{pmatrix} \cos(2\theta-\phi) & -\sin(2\theta-\phi) \\ \sin(2\theta-\phi) & \cos(2\theta-\phi) \end{pmatrix} \\ &= rot\left(\theta - \frac{\phi}{2}\right). \end{aligned}$$

(2) (1)처럼 계산한다.

(3) (1)을 이용하여

$$ref\theta\, ref\phi\, ref\psi = ref\theta\, rot2(\phi-\psi) = ref(\theta-\phi+\psi)$$

을 얻는다. ✤

참고 (i) $ref\theta\, ref\phi = rot\,2(\theta - \phi)$.

(ii) $rot\,a\, rot\,b = rot(a+b)$.

정의 1.7.4

원점 O를 지나는 모든 직선들에 대한 반사들과 원점 O에 대한 모든 회전들의 집합은 군이 되고 이 군 $O(2)$를 **직교군**(orthogonal group)이라 부른다. 그러므로 특수직교군 $SO(2)$은 직교군 $O(2)$의 부분군임을 알 수 있다.
먼저 $SO(2)$가 가환군임을 증명한 후 $O(2)$의 부분군임을 보인다.

(1) $rot\,\alpha\, rot\,\beta = rot(\alpha+\beta) = rot(\beta+\alpha) = rot\,\beta\, rot\,\alpha$이다. 왜냐하면,

$$\begin{aligned} rot\alpha\, rot\beta &= \begin{bmatrix} \cos\alpha & -\sin\alpha \\ \sin\alpha & \cos\alpha \end{bmatrix} \begin{bmatrix} \cos\beta & -\sin\beta \\ \sin\beta & \cos\beta \end{bmatrix} \\ &= \begin{bmatrix} \cos\alpha\cos\beta - \sin\alpha\sin\beta & -(\sin\alpha\cos\beta + \cos\alpha\sin\beta) \\ \sin\alpha\cos\beta + \cos\alpha\sin\beta & \cos\alpha\cos\beta - \sin\alpha\sin\beta \end{bmatrix} \\ &= \begin{bmatrix} \cos(\alpha+\beta) & -\sin(\alpha+\beta) \\ \sin(\alpha+\beta) & \cos(\alpha+\beta) \end{bmatrix} \\ &= rot(\alpha+\beta) \end{aligned}$$

이기 때문이다. 마찬가지 방법으로,

$$rot\,\beta\, rot\,\alpha = rot(\beta+\alpha)$$

임을 알 수 있다.

(2) $rot\,0 = I$가 항등원이다. 왜냐하면,

$$\begin{aligned} rot\,\alpha\, rot\,0 &= \begin{bmatrix} \cos\alpha & -\sin\alpha \\ \sin\alpha & \cos\alpha \end{bmatrix} \begin{bmatrix} 1 & 0 \\ 0 & 1 \end{bmatrix} = \begin{bmatrix} \cos\alpha & -\sin\alpha \\ \sin\alpha & \cos\alpha \end{bmatrix} = rot\,\alpha \\ &= I rot\alpha = \begin{bmatrix} 1 & 0 \\ 0 & 1 \end{bmatrix} \begin{bmatrix} \cos\alpha & -\sin\alpha \\ \sin\alpha & \cos\alpha \end{bmatrix} = rot0\, rot\,\alpha \end{aligned}$$

이기 때문이다.

(3) $rot(-\alpha) = (rot\,\alpha)^{-1}$은 역원이다. 왜냐하면,

$$rot\,\alpha\, rot(-\alpha) = \begin{bmatrix}\cos\alpha & -\sin\alpha \\ \sin\alpha & \cos\alpha\end{bmatrix}\begin{bmatrix}\cos(-\alpha) & -\sin(-\alpha) \\ \sin(-\alpha) & \cos(-\alpha)\end{bmatrix} = \begin{bmatrix}1 & 0 \\ 0 & 1\end{bmatrix} = rot\,0$$

$$= \begin{bmatrix}\cos(-\alpha) & -\sin(-\alpha) \\ \sin(-\alpha) & \cos(-\alpha)\end{bmatrix}\begin{bmatrix}\cos\alpha & -\sin\alpha \\ \sin\alpha & \cos\alpha\end{bmatrix} = rot(-\alpha)\, rot\,\alpha$$

이기 때문이다.

(4) $SO(2) \subset O(2)$이다. 왜냐하면, 임의의 $rot\,\theta \in SO(2)$에 대하여,

$$rot\,\theta = ref\left(\frac{\theta}{4}\right) ref\left(-\frac{\theta}{4}\right) \in O(2)$$

이기 때문이다.

집합 $\mathcal{P}(P)$는 점 P**를 지나는 모든 직선들의 선속**(pencil of lines perpendicular through P)이라 한다.

집합 $REF(P)$는 임의의 $\ell \in \mathcal{P}(P)$에 대한 모든 반사 Ω_ℓ을 포함하는 가장 작은 등장사상들의 군이고 점 P**에 대한 반사군**(reflection group about P)이라 한다. 또한 $ROT(P)$는 P에 대한 모든 회전들의 집합이고 점 P**에 대한 회전군**(rotation group about P)이라 한다.

다음 정리는 점 P를 지나가는 모든 직선들에 대한 반사군 $REF(P)$과 원점 O를 지나는 모든 직선들에 대한 반사들과 회전들에 대한 직교군 $O(2)$는 대수적으로 서로 같다는 내용이다. 두 번째는 점 P를 지나가는 모든 직선들에 대한 회전군 $ROT(P)$과 원점 O를 지나는 모든 직선들에 대한 특수직교군 $SO(2)$도 역시 대수적으로 서로 일치한다는 내용이다.

정리 1.7.5

(1) 반사군 $REF(P)$과 직교군 $O(2)$는 서로 동형이다. 즉, $REF(P) \approx O(2)$.
(2) 회전군 $ROT(P)$과 특수직교군 $SO(2)$는 서로 동형이다. 즉, $ROT(P) \approx SO(2)$.

증명 (1) 함수 $\phi : REP(P) \to O(2)$가 동형사상임을 보이기 위하여 이동 τ_P에 대하여 $\Omega_m = \tau_P \Omega_{m_0} \tau_{-P}$를 만족하도록 $\phi(\Omega_m) = \Omega_{m_0}$로 정의하자.

(a) ϕ는 일대일 함수이다. 왜냐하면, 두 직선 $\ell,\, m \in \mathcal{P}(P)$에 대한 반사 Ω_ℓ, Ω_m에 대하여 $\phi(\Omega_\ell) = \phi(\Omega_m)$라 할 때 $0 = \phi(\Omega_\ell) - \phi(\Omega_m) = \Omega_{\ell_0} - \Omega_{m_0}$이므로 $\Omega_{\ell_0} = \Omega_{m_0}$이다. 따라서

$$\Omega_\ell = \tau_P \Omega_{\ell_0} \tau_{-P} = \tau_P \Omega_{m_0} \tau_{-P} = \Omega_m$$

임을 알 수 있다.

(b) ϕ는 위로의 함수이다. 왜냐하면, 임의의 $\Omega_{m_0} \in O(2)$과 이동 τ_P에 대하여 $\Omega_m = \tau_P \Omega_{m_0} \tau_{-P}$이므로 $\Omega_m \in REF(P)$임을 알 수 있다. 따라서 $\phi(\Omega_m) = \Omega_{m_0}$이다.

(c) ϕ는 준동형사상이다. 왜냐하면, $\Omega_m = \tau_P \Omega_{m_0} \tau_{-P}$, $\Omega_n = \tau_P \Omega_{n_0} \tau_{-P}$이므로 $\phi(\Omega_m) = \Omega_{m_0}$, $\phi(\Omega_n) = \Omega_{n_0}$이다. 더 나아가서,

$$\begin{aligned}\Omega_m \Omega_n &= (\tau_P \Omega_{m_0} \tau_{-P})(\tau_P \Omega_{n_0} \tau_{-P}) \\ &= \tau_P \Omega_{m_0} (\tau_{-P} \tau_P) \Omega_{n_0} \tau_{-P} = \tau_{-P} \Omega_{m_0} I \Omega_{n_0} \tau_P \\ &= \tau_P \Omega_{m_0} \Omega_{n_0} \tau_{-P}\end{aligned}$$

이므로 $\phi(\Omega_m \Omega_n) = \Omega_{m_0} \Omega_{n_0} = \phi(\Omega_m)\phi(\Omega_n)$이다.

(2) 함수 $\psi : ROT(P) \to SO(2)$도 (1)과 마찬가지로 증명된다. ✤

다음 두 정리는 이동에 대한 삼반사 정리 1.6.3과 이동에 대한 표현 정리 1.6.4에서 성립한 내용을 이동 대신 회전에 대해서도 성립한다는 내용이다.

정리 1.7.6 회전에 대한 삼반사 정리

세 직선 α, β, $\gamma \in \mathcal{P}(P)$에 대하여 $\Omega_\alpha \Omega_\beta \Omega_\gamma = \Omega_\delta$를 만족하는 직선 $\delta \in \mathcal{P}(P)$가 유일하게 존재한다.

정리 1.7.7 회전에 대한 표현 정리

주어진 두 직선 α, $\beta \in \mathcal{P}(P)$와 임의의 직선 $\ell \in \mathcal{P}(P)$에 대하여 회전 $T = \Omega_\alpha \Omega_\beta \in ROT(P)$는

$$T = \Omega_\ell \Omega_m = \Omega_{m'} \Omega_\ell = \Omega_{n'} \Omega_n$$

을 만족하는 직선 m, $m' \in \mathcal{P}(P)$이 유일하게 존재한다.

1.8 E^2의 대칭군

$\mathscr{F}$를 E^2 위의 한 도형이라 하면, 집합 $\mathscr{S}(\mathscr{F})=\{T \mid T\mathscr{F}=\mathscr{F},\ T$는 대칭축에 대한 반사 또는 중점에 대한 회전변환$\}$을 $\mathscr{F}$의 **대칭군**(symmetric group)이라 한다. 이 대칭군 $\mathscr{S}(\mathscr{F})$은 등장군 $\mathcal{I}(E^2)$의 부분군이다. 즉,

(a) 임의의 $T,\ S \in \mathscr{S}(\mathscr{F})$에 대하여 $TS(\mathscr{F})=\mathscr{F}$.
(b) $I(\mathscr{F})=\mathscr{F}$.
(c) $T^{-1}(\mathscr{F})=\mathscr{F}$.

예제 1.8.1 $\mathscr{F}$ =이등변 삼각형

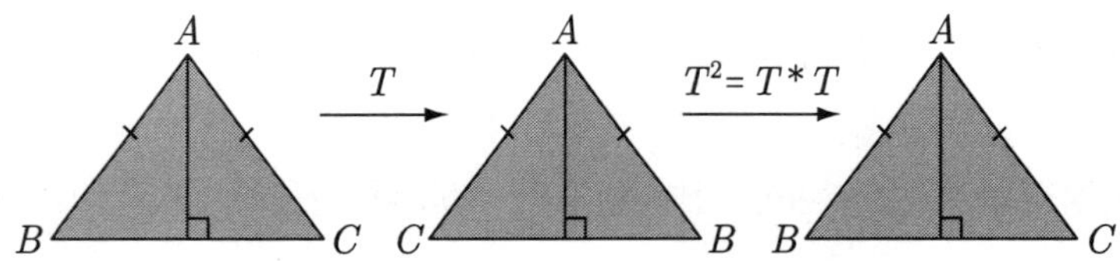

그림 1.16 이등변 삼각형의 대칭군

$\mathscr{F}$를 대칭축에 의하여 두 번 적용하면 원래의 도형으로 나타나므로 $T^2=I$은 항등함수이다.
이 경우 $\mathscr{S}(\mathscr{F})=\{I,\ T\}$는 **2차 대칭군**(symmetric group of degree 2)이라 한다.

✤

예제 1.8.2 $\mathscr{F}$ =정삼각형

세 개의 대칭축으로 반사시킬 때 $\mathscr{S}(\mathscr{F})$은 대칭군이고 원소는 그림 1.17과 같다. 꼭짓점에서 중점을 지나 아랫변으로의 수선을 대칭축이라 하자. 세 대칭축이 만나는 중점으로 0°, 120°, 240° 회전을 각각 σ_1, σ_2라 하고, 이 세 대칭축에 대한 반사를 각각 τ_1, τ_2, τ_3라 하면 $\mathscr{S}(\mathscr{F})=\{I,\ \sigma_1,\ \sigma_2,\ \tau_1,\ \tau_2,\ \tau_3\}$로 표현된다. 이때 $\sigma_2=\sigma_1^2$이므로 0°, 120°, 240° 회전은 σ_1, σ_1^2으로 표현할 수 있다. 또한, $\sigma_1^3=I$이

므로 $\sigma_2 = \sigma_1^{-1}$으로 표현할 수 있다.

그러므로 세 수직축에 대한 반사 τ_1, τ_2, τ_3에 대하여 각각 120° 회전 σ_1를 적용하여 $\mathcal{S}(\mathcal{F}) = \{I, \sigma_1, \sigma_1^{-1}, \tau_1\sigma_1, \tau_2\sigma_1, \tau_3\sigma_1\}$으로 표현할 수도 있다.

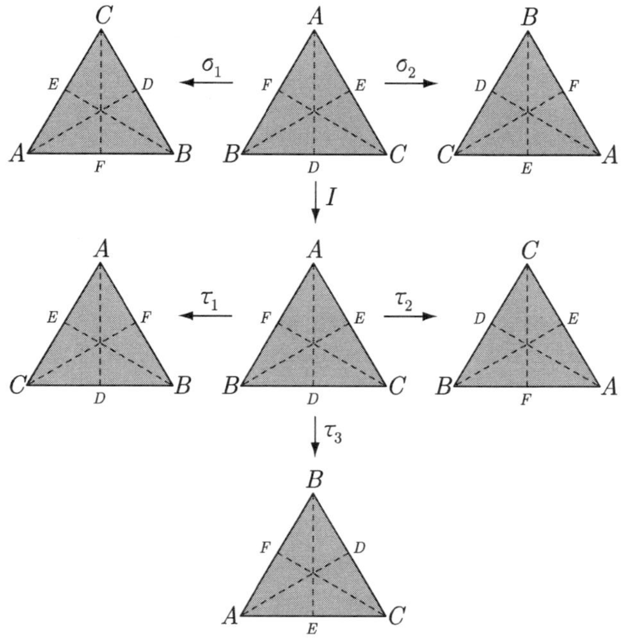

✤

그림 1.17 정삼각형의 대칭군

예제 1.8.3 $\mathcal{F}$=**직사각형**

$\mathcal{S}(\mathcal{F}) = \{I, \sigma, \tau, \rho\}$로 주어진다. 이때, I, σ는 대칭축에 대한 0°, 180° 회전을 의미하고, 두 수직축에 대한 반사를 τ, ρ라 한다. 이 대칭군을 **클라인 사원군**(Klein 4-group)이라 한다. ✤

예제 1.8.4 $\mathcal{F}$=**정사각형**

$\mathcal{S}(\mathcal{F}) = \{I, \sigma_1, \sigma_2, \sigma_3, \tau_1, \tau_2, \tau_3, \tau_4\}$으로 주어진다. 이때, I, σ_1, σ_2, σ_3는 한 대칭축에 대해 0°, 90°, 180°, 270° 회전을 의미하고, τ_1, τ_2, τ_3, τ_4는 4개의 대칭축에 대한 반사를 의미한다. ✤

1.9 E^2의 등장사상의 성질

한 등장사상 $T: E^2 \to E^2$가 존재하여 $T(P)=P$를 만족할 때 P를 E^2의 **고정점**(fixed point)이라 부른다.

다음 보조정리는 정리 1.9.3에서 E^2의 등장사상은 몇 개의 반사들의 곱으로 표현됨을 증명하는 데 이용된다.

보조정리 1.9.1

$T: E^2 \to E^2$가 $T(O)=O$인 등장사상이면

(i) 임의의 $x, y \in E^2$에 대하여 $Tx \cdot Ty = x \cdot y$.

(ii) 적당한 θ에 대하여 $T = rot\theta$ 또는 $T = ref\left(\frac{\theta}{2}\right)$.

증명 (i) 두 식

$$x \cdot y = \frac{1}{2}(|x|^2 + |y|^2 - |x-y|^2),$$

$$Tx \cdot Ty = \frac{1}{2}(|Tx|^2 + |Ty|^2 - |Tx - Ty|^2)$$

으로부터

$$|Tx| = d(O, Tx) = d(T(O), Tx) = d(O, x) = |x|$$

이다. 마찬가지로, $|Ty| = |y|$이고,

$$|Tx - Ty| = d(Tx, Ty) = d(x, y) = |x-y|$$

이므로 양변을 제곱하면 $Tx \cdot Ty = x \cdot y$가 성립함을 알 수 있다.

(ii) $\{Ti, Tj\}$도 $\{i, j\}$와 같이 E^2의 정규직교기저이므로 $x = x_1 i + x_2 j$라 하면

$$\begin{aligned} Tx &= (Tx \cdot Ti)Ti + (Tx \cdot Tj)Tj \\ &= (x \cdot i)Ti + (x \cdot j)Tj = x_1 Ti + x_2 Tj \end{aligned}$$

이다. Ti는 단위벡터이므로 $Ti = \lambda_1 i + \lambda_2 j$이라 할 때 $\lambda_1 = Ti \cdot i$이므로 코시-슈바르츠 정리에 의하여 $|\lambda_1| = |Ti \cdot i| \le |Ti||i| = 1$이다.

마찬가지 방법으로, $|\lambda_2| = |Ti \cdot j| \le |Ti||j| = 1$이다.

한편, $1 = |Ti|^2 = \lambda_1^2 + \lambda_2^2$이므로 $Ti = \cos\theta i + \sin\theta j$로 표현할 수 있다.

또한, Tj는 Ti와 수직인 단위 벡터이므로 $Tj = \pm(-\sin\theta i + \cos\theta j)$으로 표현된다. 따라서 모든 $x \in E^2$에 대하여

$$TX = \begin{pmatrix} \cos\theta & -\sin\theta \\ \sin\theta & \cos\theta \end{pmatrix}\begin{pmatrix} x_1 \\ x_2 \end{pmatrix} = (rot\theta)x,$$

또는

$$\begin{pmatrix} \cos\theta & \sin\theta \\ \sin\theta & -\cos\theta \end{pmatrix}\begin{pmatrix} x_1 \\ x_2 \end{pmatrix} = \left(ref\frac{\theta}{2}\right)x$$

이다. ✤

따름정리 1.9.2

$T(O) = O$을 만족하는 등장사상 $T: E^2 \to E^2$에 대하여 $\{v, w\}$가 E^2의 정규직교기저이면 $\{Tv, Tw\}$도 E^2의 정규직교기저임을 증명하여라.

증명 먼저 Tv, Tw가 단위 벡터이다. 왜냐하면,

$$|T(v)| = |T(v) - T(0)| = d(T(v), T(0)) = d(v, 0) = |v - 0| = |v| = 1,$$
$$|T(w)| = |T(w) - T(0)| = d(T(w), T(0)) = d(w, 0) = |w - 0| = |w| = 1$$

이기 때문이다. 이제, $Tv \cdot Tw = 0$임을 보이자.

$$v \cdot w = \frac{1}{2}(|v|^2 + |w|^2 - |v - w|^2),$$
$$|T(v) - T(w)| = d(T(v), T(w)) = d(v, w) = |v - w|$$

이고 $|T(v)| = |v|$, $|T(w)| = |w|$이므로

$$T(v) \cdot T(w) = \frac{1}{2}(|T(v)|^2 + |T(w)|^2 - |T(v) - T(w)|^2)$$

$$= \frac{1}{2}(|v|^2 + |w|^2 - |v-w|^2) = v \cdot w = 0$$

이다. ✤

다음 정리는 E^2의 등장사상이 반사, 회전 이동들의 곱으로 나타남을 보여주고 있다.

정리 1.9.3

E^2의 등장사상은 몇 개의 반사들의 곱으로 표현된다.

증명 **$T(O) = O$인 경우**

보조정리 1.9.1로부터 $T = rot\theta$, 또는 $T = ref\left(\frac{\theta}{2}\right)$이므로 $T \in O(2)$이다.

$T(P) = P$인 경우

$\tau_{-P} T \tau_P$는 O를 고정하는 등장사상이므로 앞 경우로부터 $\tau_{-P} T \tau_P = rot\theta$ 또는 $\tau_{-P} T \tau_P = ref\left(\frac{\theta}{2}\right)$이다. 따라서 $T = \tau_P rot\theta\, \tau_{-P}$ 또는 $T = \tau_P ref\left(\frac{\theta}{2}\right) \tau_{-P}$이다.

T가 고정점을 갖지 않은 경우

$P = T(O)$라 하면 $\tau_{-P} T$는 O를 고정하므로 $\tau_{-P} T = rot\,\theta$ 또는 $\tau_{-P} T = ref\left(\frac{\theta}{2}\right)$이다.

따라서 $T = \tau_P rot\theta$ 또는 $T = \tau_P ref\left(\frac{\theta}{2}\right)$이다. ✤

다음 정리는 평행이동, 회전변환, 반사변환 그리고 항등변환들이 갖는 고정점들을 보여준다.

정리 1.9.4

(1) 항등변환이 아닌 평행이동은 고정점을 갖지 않는다.
(2) 항등변환이 아닌 회전은 회전의 중심을 단 하나의 고정점으로 갖는다.
(3) 반사는 반사의 축을 고정점으로 갖는다.
(4) 항등변환은 평면 전체를 고정점으로 갖는다.

증명 (1) T가 항등변환이 아닌 평행이동으로 고정점을 갖는다 가정하자. T는 O가 아닌 점 P에 대하여 $Tx = \tau_P x$이고 $Tx = x$를 만족한다. 즉, $x = \tau_P x = x + P$이므로 $P = O$이다. 이는 가정에 모순이므로 T는 고정점을 갖지 않는다.

(2) T가 항등변환이 아닌 회전이라 하자. T는 O가 아닌 점 P에 대하여 $T = \tau_P rot\theta \tau_{-P}$를 만족한다. x가 T의 고정점일 필요충분조건은

$$x = Tx = P + rot\theta(x - P)$$

이므로 $(I - rot\theta)(x - P) = O$이다. $\det(I - rot\theta) \neq 0$이므로 $x - P = O$이다.

(3) 정리 1.5.2로부터 증명된다.

(4) 명백하다. ✤

1.10 E^3의 직교사상

함수 $T: E^3 \to E^3$가 다음을 만족할 때 **직교사상**(orthogonal map, 직교함수, 또는 직교변환)이라 한다.

(a) T는 선형사상이다.

(b) 임의의 $x,\ y \in E^3$에 대해서 $Tx \cdot Ty = x \cdot y$이다.

다음 정리는 T가 직교사상일 동치조건으로 T의 표현행렬 A가 식 $A^tA = I$을 만족할 때임을 보여준다.

정리 1.10.1

선형사상 T가 직교사상일 필요충분조건은 T의 표현행렬 A가 $A^tA = I$을 만족할 때이다.(이때 $A^tA = I$를 만족하는 행렬 A를 **직교행렬**(orthogonal matrix)이라 한다.)

증명 ($\Rightarrow$) $\{e_1,\ e_2,\ e_3\}$를 E^3의 한 정규직교기저라 하면

$$Te_1 = a_{11}e_1 + a_{21}e_2 + a_{31}e_3,$$
$$Te_2 = a_{12}e_1 + a_{22}e_2 + a_{32}e_3,$$
$$Te_3 = a_{13}e_1 + a_{23}e_2 + a_{33}e_3$$

라 할 때

$$Te_i \cdot Te_j = \sum_{k=1}^{3} a_{ki}e_k \cdot \sum_{\ell=1}^{3} a_{\ell j}e_\ell = \sum_{k,\ \ell=1}^{3} a_{ki}a_{\ell j}e_k \cdot e_\ell$$
$$= \sum_{k=1}^{3} a_{ki}a_{kj} = (A^tA)_{ij}$$

이고 $Te_i \cdot Te_j = e_i \cdot e_j$이므로 $A^tA = I$이다.

($\Leftarrow$) $A^tA = I$이므로 위의 계산식으로부터 $Te_i \cdot Te_j = e_i \cdot e_j$를 얻을 수 있다.
$x,\ y \in E^2$에 대하여 $x = \sum_{i=1}^{3} x_ie_i,\ y = \sum_{j=1}^{3} y_je_j$라 하면

$$Tx = \sum_{i=1}^{3} x_i Te_i, \quad Ty = \sum_{j=1}^{3} y_j Te_j$$

이므로 내적의 선형성에 의하여 $Tx \cdot Ty = x \cdot y$이다. ✤

참고로 A가 직교행렬이면 $A^t A = I$이므로 $A^{-1} = A^t$이다.
따라서 $AA^t = AA^{-1} = I$이다.
또한 $1 = \det(I) = \det(A^t A) = (\det A)^2$이므로 $\det A = \pm 1$이다.

다음 정리는 E^3의 모든 직교사상들의 집합 $O(3)$는 군의 구조를 갖는다. 또한 표현행렬의 행렬식이 $+1$인 모든 직교사상들의 집합 $SO(3)$는 $O(3)$의 부분군임을 보여주고 있다.

정리 1.10.2

(1) E^3의 모든 직교사상들의 집합 $O(3)$는 군의 구조를 갖는다.(이때 $O(3)$를 **직교군**(orthogonal group)이라 부른다.)
(2) 표현행렬의 행렬식이 $+1$인 모든 직교사상들의 집합 $SO(3)$는 $O(3)$의 부분군이다.(이때 $SO(3)$를 **특수직교군**(special orthogonal group)이라 한다.)

증명 (1) 임의의 A, $B \in O(3)$에 대하여

$$(AB)^t AB = B^t A^t AB = B^t B = I$$

이므로 $AB \in O(3)$이다. 또한 임의의 $A \in O(3)$에 대하여

$$IA = AI = A$$

인 단위행렬 I는 $I^t I = I$이므로 $I \in O(3)$이다.
마지막으로, 각 $A \in O(3)$에 대하여

$$(A^{-1})^t A^{-1} = (A^t)^t A^t = AA^t = I$$

이므로 $A^{-1} \in O(3)$이다.
(2) 임의의 A, $B \in SO(3)$에 대하여

$$\det(AB) = \det(A)\det(B) = 1.1 = 1$$

이므로 $AB \in SO(3)$이다. 또한 직교군 $O(3)$에 대한 단위행렬 I는 $\det(I) = 1$ 이므로 $I \in SO(3)$이다.

마지막으로, 각 $A \in SO(3)$에 대하여

$$\det(A^{-1}) = \det(A^t) = \det(A) = 1$$

이므로 $A^{-1} \in SO(3)$이다. ✤

1장 연습문제

1. 단위원 $S^{'}=\{X\in R^2 | d(X,\ O)=1\}$과 점 $(2,\ 2)$ 사이의 거리를 R^2 위에서 (a) 유클리드 거리, (b) 택시거리, (c) 사각거리로 주어질 때, 각각을 구하여라.

2. 두 직선 $\alpha,\ \beta\in\mathbb{P}(\ell)$와 $T_\lambda,\ T_\mu\in T(E^2)$에 대하여 다음을 증명하여라.

(1) $\Omega_\alpha T_\lambda X=\Omega_{\alpha-\mu/2}X$

(2) $T_\lambda\Omega_\beta X=\Omega_{\beta-\lambda/2}X$

(3) $\Omega_\alpha T_\mu x=\Omega_{a-\frac{\mu}{2}}x$

(4) $T_\lambda\Omega_\beta X=\Omega_{b+\frac{\lambda}{2}}X$

3. (a) 직선 $\ell: 2x+y=1$에 수직인 직선 m이 점 $Q=(2,\ 1)$을 지나갈 때 점 $X=(3,\ 2)$의 $\Omega_\ell\Omega_m X$와 $\Omega_m\Omega_\ell X$를 구하여라.

(b) E^2에서 ℓ은 점 $(0,\ 1)$을 지나고 기울기가 $\frac{1}{4}$인 직선이라 하자. 점 $X=(1,\ -2)$에 대하여 직선 m이 점 $Q=(1,\ 0)$을 지나고 $m//\ell$(평행)인 경우 $\Omega_\ell\Omega_m X$를 계산하여라.

(c) E^2에서 ℓ은 점 $(0,\ 1)$을 지나고 기울기가 $\frac{1}{2}$인 직선이라 하자. 점 $X=(1,\ -2)$에 대하여 직선 m이 점 $Q=(1,\ 0)$을 지나고 $m//\ell$(평행)인 경우 $\Omega_\ell\Omega_m X$를 계산하여라.

4. (a) E^2 위의 기하도형 $\mathscr{F}$가 예 1.8.3과 예 1.8.4와 같을 때 이들의 대칭군을 구하고 그림으로 설명하여라. 또한 $\mathscr{F}$가 정오각형일 때도 설명하여라.

(b) 이등변 사다리꼴의 대칭군 $S(F_1)$을 만들고 이등병 삼각형의 대칭군 $S(F_2)$와 동형임을 설명여라.

5. (a) 직선 ℓ은 점 $(0,\ 1)$을 지나고 $x-3y+3=0$을 만족하는 직선이라 하자. 세 점 $(-1,\ 0)$, $\left(\frac{1}{2},\ 0\right)$, $(1,\ 0)$을 지나가고 ℓ에 수직인 세 직선 α, β, γ에 대하여 $\Omega_\alpha \Omega_\beta \Omega_\gamma = \Omega_\delta$을 만족하는 직선 $\delta \in P(\ell)$을 구하여라.

(b) 직선 ℓ은 점 $(0,\ 1)$을 지나고 $x-y+1=0$을 만족하는 직선이라 하자. 세 점 $(-1,\ 0)$, $(0,\ 0)$, $\left(\frac{3}{2,}\ 0\right)$을 지나가고 ℓ에 수직인 세 직선 α, β, γ에 대하여 $\Omega_\alpha \Omega_\beta \Omega_\gamma = \Omega_\delta$을 만족하는 직선 $\delta \in \mathrm{P}(\ell)$을 구하여라.

(c) 직선 ℓ은 점 $(0,\ 1)$을 지나고 x축과 평행한 직선이라 하자. 세 점 $(-1,\ 0)$, $(0,\ 0)$, $(2,\ 0)$을 지나가고 ℓ에 수직인 세 직선 α, β, γ에 대하여 $\Omega_\alpha \Omega_\beta \Omega_\gamma = \Omega_\delta$을 만족하는 직선 $\delta \in \mathrm{P}(\ell)$를 구하여라.

6. 점 P에 대한 회전군 $ROT(P)$와 특수 직교군 $SO(2)$가 대수적 동형임을 보여라.

7. 함수 $F: E^2 \to E^2$가 준동형사상일 때 $KerF = \{0\} \Leftrightarrow F$는 $1-1$ 함수임을 증명하여라.

8. 모든 평행이동의 집합 $T(E^2) = \{\tau_v \mid \tau_v(x) = x+v,\ v \in E^2\}$가

(a) 등장군 $J(E^2)$ 의 가환부분군이고,

(b) $(R^2, +)$과 동형임을 보여라.

9. 정리 1.7.6과 정리 1.7.7을 증명하여라.

(a) 정리 1.7.6(회전에 대한 삼반사 정리)

(b) 정리 1.7.7(회전에 대한 표현 정리)

10. 이동군 $TRANS(\ell)$은 등장군 $I(E^2)$의 부분군임을 보여라.

Non-Euclidean Model

제 2 장

구면

구면은 타원기하의 대표적인 기하모형이고 더 나아가서, 리만 기하학의 한 모델이다. 타원기하는 제0장에서 기술한 비유클리드 기하에서 평행선이 존재하지 않는 기하학이고 따라서 여기서는 타원기하 내용을 구면기하로 대신하여 조사한다.

구면기하는 지구가 둥글다고 생각하는 학자들이 처음 시작했다고 생각된다. 처음 말한 사람은 사실 누가 가장 먼저 말했는지는 모르지만 그리스 수학자 피타고라스(기원전 569년경~기원전 497년경)라고 나오는 책자도 있고 또한 많은 사람들이 아리스토텔레스(기원전 384~기원전 322)로 알고 있다. 피타고라스는 후세에 전해지는 저서가 없어 그가 지구가 둥글다고 주장했는지가 불분명하지만 아리스토텔레스는 월식을 관찰하면서 지구가 둥글다는 사실을 주장하고, 지구의 크기도 측정했다고 한다. 그러나 정확한 역사적 근거에 의하면 그리스 수학자였던 에라토스테네스(Eratosthenes, 기원전 273~기원전 192)이다. 그가 그 당시 지구의 둘레를 직접 계산하였는데 같은 자오선 위에 있다고 생각되는 두 지역 시에네와 메로웨 사이의 거리를 측정하여, 해시계로 지구 둘레의 길이를 처음으로 계산하였다고 한다. 그가 그 당시 지구의 둘레를 직접 계산한 값은 대략 4만 5000km(정확한 거리는 약 4만 km)라는 근사값을 얻었다고 한다.

2.1 S^2 위의 직선

여기서는 단위 구면(sphere) $S^2=\{X\in R^3 | X\cdot X=1\}$ 위에서 직선을 정의하고 그들의 기하학적 성질을 살펴본다. 이 절에서는 단위 구면을 간단히 '구면'이라고 부르기로 한다. 먼저 유클리드 평면 E^2 위에서 직선의 표현을 살펴보자. 정리 1.2.1에서 직선 ℓ은 극 $v^{\perp}$에 대하여

$$\ell=\{X\in E^2 | (X-P)\cdot v^{\perp}=0\}$$

으로 표현하였다. 한편, 구면과 원점을 지나는 평면과의 교집합을 구면 위의 **대원**(great circle)이라 하고, 원점을 포함하지 않는 평면과의 교집합을 **소원**(small circle)이라 하자. 이 대원은 다음과 같이 표현할 수 있다.

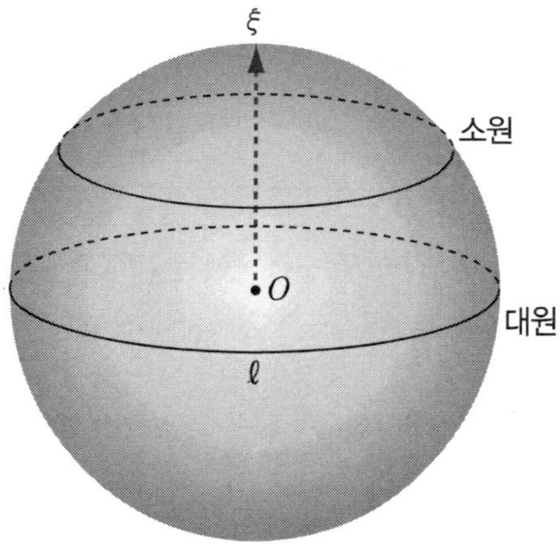

그림 2.1 구면 위의 대원

고정된 단위벡터 ξ에 대하여 집합

$$\ell=\{X\in S^2 | (X-O)\cdot\xi=0\}=\{X\in S^2 | X\cdot\xi=0\}$$

은 원점을 포함하고 구면과 ξ에 수직인 평면과의 교집합이므로 S^2 위의 대원이다. 일반적으로 이 대원을 S^2 위의 **측지선**(geodesic)이라 부르고 S^2 위의 직선으로 정의한다. 이때 ξ를 직선 ℓ의 **극**(polar)이라 부른다.

두 점 $P,\ Q\in S^2$가 $P=-Q$이면 $P,\ Q$는 서로 **대척적**(antipodal)이라 하고 Q는 P의 **대**

척점(antipodal point)이라 부른다. 그러므로 다음 성질들을 쉽게 알 수 있다.

(1) ξ가 직선 ℓ의 극이면 $-\xi$도 직선 ℓ의 극이다.

(2) P가 ℓ 위의 점이면 $-P$도 ℓ 위의 점이다.

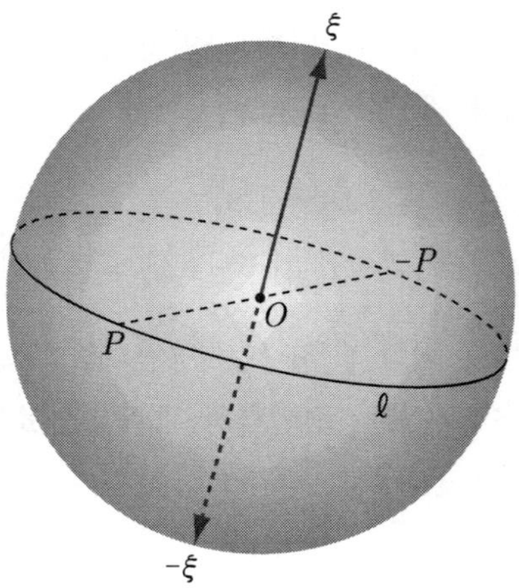

그림 2.2 구면직선의 극

예제 2.1.1

두 점 $(0,\ 0,\ 0),\ (3,\ 4,\ 5) \in E^3$를 지나는 E^3의 직선과 나란한 S^2 위의 점 $\xi = (x_1,\ x_2,\ x_3)$를 구하고 ξ를 극으로 하는 직선 ℓ의 식을 구하여라.

풀이 $(0,\ 0,\ 0)$과 $(3,\ 4,\ 5)$를 지나는 직선의 방향벡터를

$$(3,\ 4,\ 5) - (0,\ 0,\ 0) = (3,\ 4,\ 5)$$

로 택할 수 있다. 그러면 이 직선의 식은

$$m : x = (0,\ 0,\ 0) + t(3,\ 4,\ 5) = (3t,\ 4t,\ 5t)$$

이다. 이때, S^2 위의 점으로 생각해야 하므로, $(3t)^2 + (4t)^2 + (5t)^2 = 1$을 만족한다. 즉, $t = \pm\dfrac{1}{\sqrt{50}}$이다. 따라서 $\xi = \pm\left(\dfrac{3}{\sqrt{50}},\ \dfrac{4}{\sqrt{50}},\ \dfrac{5}{\sqrt{50}}\right)$이다. 이제 ξ를 극으로 갖는 직선 ℓ의 방정식은 $\ell = \{X \in S^2 | X \cdot \xi = 0\}$이므로

$$X \cdot \xi = (x,\ y,\ z) \cdot \left(\frac{3}{\sqrt{50}},\ \frac{4}{\sqrt{50}},\ \frac{5}{\sqrt{50}}\right) = 0,$$

즉, $3x+4y+5z=0$이므로

$$\ell=\{(x,\ y,\ z)\in S^2 \mid 3x+4y+5z=0\}$$

이다. ✣

유클리드 기하학에서 첫 번째 공리인 점과 직선과의 결합관계(즉, 두 점이 주어지면 두 점을 잇는 직선이 오직 하나 존재한다)를 구면 S^2 위에서 보여준다.

정리 2.1.2 결합공리 I

두 점 $P,\ Q\in S^2$에 대하여, P가 Q의 대척점이 아닐 때, P와 Q를 지나는 직선 $\ell=\overleftrightarrow{PQ}$가 유일하게 존재한다.

증명 $P\times Q$는 P와 Q에 각각 수직이므로 $\xi=\pm\dfrac{P\times Q}{|P\times Q|}$도 P와 Q에 각각 수직인 단위벡터이다. 따라서 ξ를 극으로 갖는 직선 ℓ은 점 P와 Q를 지난다.

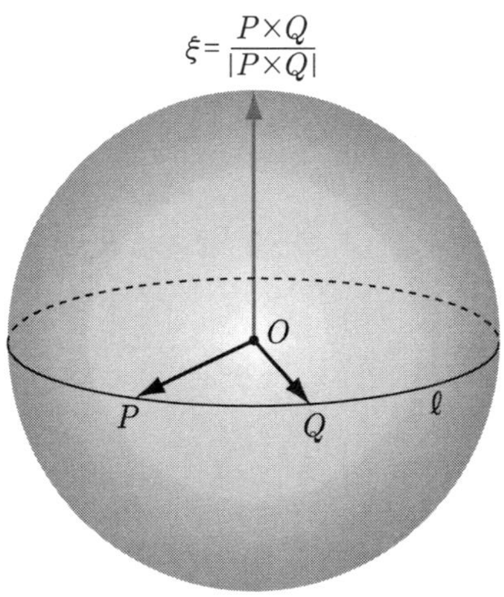

그림 2.3 구면의 결합공리 I

만약, P와 Q를 지나는 직선 m이 존재한다고 가정하고 그 극을 η라 하면 $P\cdot\eta=Q\cdot\eta=0$이므로 η는 $P\times Q$와 나란하다. 그러므로

$$\eta = \pm \frac{P \times Q}{|P \times Q|} = \xi$$

이고, 따라서 $\ell = m$ 이다. ✤

비유클리드 기하학은 타원평행공리를 만족하는 타원기하와 쌍곡평행공리를 만족하는 쌍곡기하로 분류할 수 있다. 다음 정리는 S^2가 타원기하의 모델임을 보여주고 있다.

정리 2.1.3 S^2의 타원 평행 공리

S^2 위의 임의의 두 직선 ℓ, $m(l \neq m)$은 오직 두 점에서 만나고, 그 두 점은 서로 대척적이다.

증명 ξ와 η를 각각 ℓ과 m의 극이라 하면 ξ와 η는 서로 대척적일 수 없다. $\xi \times \eta$는 ξ와 η에 수직이므로

$$\pm \frac{\xi \times \eta}{|\xi \times \eta|} \cdot \xi = \pm \frac{\xi \times \eta}{|\xi \times \eta|} \cdot \eta = 0$$

이다. 그러므로 $\pm \frac{\xi \times \eta}{|\xi \times \eta|} \in \ell \cap m$ 이다. 이제 P를 ℓ, m의 또 다른 교차점이라 하면 $P \cdot \xi = P \cdot \eta = 0$이므로

$$P = \pm \frac{\xi \times \eta}{|\xi \times \eta|}$$

이다. ✤

2.2 S^2 위의 거리와 삼각부등식

두 점 P, $Q \in S^2$에 대하여,

$$P \cdot Q = |P||Q|\cos\theta = \cos\theta \quad (0 \le \theta \le \pi)$$

이므로 $\theta = \cos^{-1}(P \cdot Q)$이다.

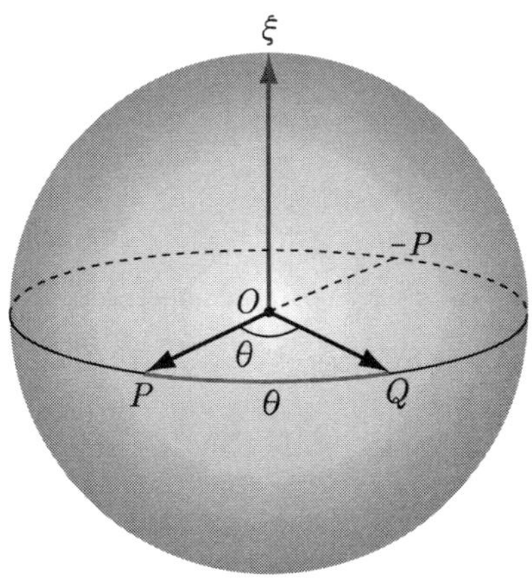

그림 2.4 구면 위의 거리

한편, 원점 O에 대하여 $\theta = \sphericalangle(POQ)$는 P와 Q를 지나는 대원 위의 호 $\widehat{PQ}$의 길이이다. 그러므로 두 점 P, $Q \in S^2$의 **거리**(distance)를

$$d(P,\ Q) = \cos^{-1}(P \cdot Q),\ (0 \le \theta \le \pi)$$

으로 정의한다.

유클리드 평면에서 두 점을 잇는 직선이란 두 점 사이의 거리가 가장 짧은 경로이다. 그러면 구면 S^2 위에서 두 점 사이의 가장 짧은 경로는 어떤 모습인가를 다음 정리는 보여주고 있다.

정리 2.2.1

S^2 위의 두 점 A, B 사이의 가장 짧은 경로는 A, B를 지나는 S^2의 곡선들 중에서 A, B를 지나는 대원의 한 호이다.

증명 점 A를 S^2의 북극점으로 가정하고, 두 점 A와 B를 잇는 구면 위의 매개곡선 $\sigma : [a,\ b] \to S^2$,

$$\sigma(t) = (x(t),\ y(t),\ z(t)),\ a \le t \le b$$

가 $\sigma(a) = A$, $\sigma(b) = B$를 만족하면 σ의 길이 $\ell(\sigma)$는

$$\ell(\sigma) = \int_a^b |\sigma'(t)|\,dt = \int_a^b \sqrt{x'(t)^2 + y'(t)^2 + z'(t)^2}\,dt$$

로 주어진다.

또한, 두 점 A와 B 사이의 한 점 P에 대하여 $\measuredangle(AOP) = \phi$, 호 $\widehat{AP}$를 xy-평면에 사영한 직선과 x-축과의 사이각을 θ라 하면 점 P에 대한 구면좌표로부터 A와 B 사이의 매개곡선 $c(t) = (x(t),\ y(t),\ z(t))$는

$$x(t) = \sin\phi(t)\cos\theta(t),\ y(t) = \sin\phi(t)\sin\theta(t),\ z(t) = \cos\phi(t),\ a \le t \le b$$

으로 표현된다.

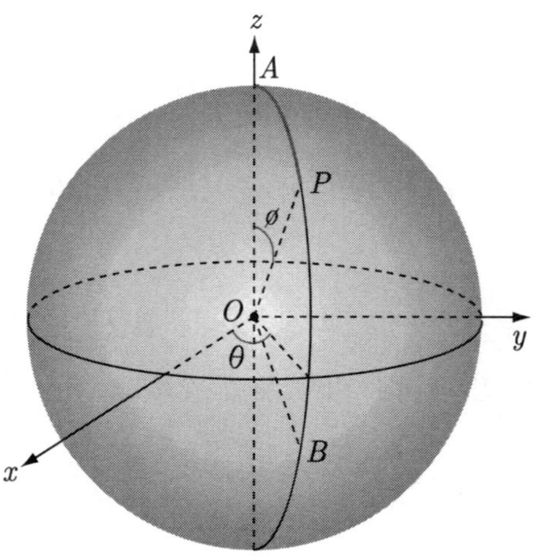

그림 2.5 가장 짧은 거리의 호

이때 $\phi(a)=0$, $\phi(b)=\measuredangle(AOB)$이다. 따라서

$$\begin{aligned}
x'(t) &= \cos\phi(t)\cos\theta(t)\phi'(t)-\sin\phi(t)\sin\theta(t)\theta'(t),\\
y'(t) &= \cos\phi(t)\sin\theta(t)\phi'(t)-\sin\phi(t)\cos\theta(t)\theta'(t),\\
z'(t) &= -\sin\phi(t)\phi'(t).
\end{aligned}$$

그러므로

$$\begin{aligned}
\ell(\sigma) &= \int_a^b |c'(t)|\,dt = \int_a^b \sqrt{x'(t)^2+y'(t)^2+z'(t)^2}\,dt\\
&= \int_a^b \sqrt{\phi'(t)^2+\sin^2\phi(t)\theta'(t)^2}\,dt\\
&\geq \int_a^b \phi'(t)dt = \phi(b)-\phi(a)\\
&= \measuredangle(AOB) = d(A,\ B)
\end{aligned}$$

이다. 이는 모든 t에 대하여 $\theta'(t)=0$이거나 $\sin^2\phi(t)=0$인 경우, 즉 σ가 호 $\widehat{AB}$ 위에 있는 경우에는 등식이 성립한다. ✤

유클리드 평면에서 두 점 사이의 거리는 다음과 같이 네 가지 성질을 만족한다는 사실을 잘 알고 있다. 이제 구면 S^2 위에서 두 점 사이의 거리도 똑같이 네 가지 성질을 만족함을 보여준다.

정리 2.2.2

세 점 P, Q, $R\in S^2$에 대하여

(1) $d(P,\ Q)\geq 0$.

(2) $d(P,\ Q)=0 \Leftrightarrow P=Q$.

(3) $d(P,\ Q)=d(Q,\ P)$.

(4) (삼각부등식) $d(P,\ Q)+d(Q,\ R)\geq d(P,\ R)$. 즉, 두변의 길이의 합은 한변의 길이보다 크거나 같다.

증명 (1), (2), (3)은 정의로부터 당연하다. 이제 (4)를 증명한다.

$$d(P,\ Q)=r,\ d(Q,\ R)=p,\ d(P,\ R)=q$$

라 하자. 거리의 정의로부터

$$\cos r = P \cdot Q,\ \cos p = Q \cdot R,\ \cos q = P \cdot R$$

이다. 두 벡터 $P \times Q$, $Q \times R$은 E^3의 벡터이므로 코시-슈바르츠 부등식을 적용하면

$$|(P \times Q) \cdot (Q \times R)| \leq |P \times Q||Q \times R|$$

이다. 부등식의 좌변식은

$$\begin{aligned}((P \times Q) \cdot (Q \times R))^2 &= ((P \cdot Q)(Q \cdot R) - (P \cdot R)(Q \cdot Q))^2 \\ &= (\cos r \cos p - \cos q)^2\end{aligned}$$

이고, 우변식은

$$|P \times Q|^2 |Q \times R|^2 = \sin^2 r \sin^2 p$$

이다. 따라서 $(\cos r \cos p - \cos q)^2 \leq \sin^2 r \sin^2 p$ 이다.

먼저, $\cos r \cos p - \cos q \leq \sin r \sin p$인 경우에는

$$\cos q \geq \cos p \cos r - \sin p \sin r = \cos(p+r)$$

이다. cos 함수는 $[0,\ \pi]$ 에서 감소함수이므로 $q \leq p+r$ 이다.

이제, $-(\cos r \cos p - \cos q) \leq \sin r \sin p$인 경우에는

$$\cos q \leq \cos p \cos r + \sin p \sin r = \cos(p-r)$$

이다. 위와 마찬가지로, $q \geq p-r$ 이므로 $p \leq q+r$이다.

그러므로 두 경우 모두 삼각부등식을 만족한다. ✤

따름정리 2.2.3

위 정리 (4)에서 등식이 성립할 필요충분조건은 $P \times Q$와 $Q \times R$가 평행이고, 따라서 P, Q, R은 S^2 위에서 공선적이다. 즉, 한 직선 위에 있다.

증명 코시-슈바르츠 정리로부터 등식이 성립할 필요충분조건은 $P \times Q // Q \times R$이므로, 만약 $P \times Q \neq 0$인 경우,

$$\xi = \frac{P\times Q}{|P\times Q|} = \pm\frac{Q\times R}{|Q\times R|}$$

이다. P, Q, R은 모두 ξ에 수직이므로 ξ를 극으로 하는 한 직선 위에 있다.
반면, $P\times Q=0$인 경우, $Q\times R=0$이므로 $P//Q$, $Q//R$이다.
이는 세 점 P, Q, R이 서로 대척적이므로 여전히 한 직선 위에 있다. ✤

2.3 S^2 위의 수직선

두 직선 ℓ과 m이 S^2 위에서 **수직**(perpendicular)이란 ℓ의 극 ξ와 m의 극 η가 서로 수직일 때이다.

유클리드 평면에서는 서로 평행하지 않은 다른 두 직선에 공통으로 수직인 직선은 존재하지 않는다. 그러나 다음 정리는 S^2 위에서 서로 다른 두 직선은 항상 공통 수직선을 갖는다는 내용이다.

정리 2.3.1

서로 다른 두 직선 ℓ, m에 수직인 직선 n이 유일하게 존재한다.

증명 P와 Q가 두 직선 ℓ과 m의 극이라 하자. ℓ과 m은 서로 다른 직선이므로 극 P와 Q는 서로 평행하지 않는다. 한편, ℓ과 m은 두 점에서 만나고 두 교차점은 대척점이므로 그 교차점을 ξ, $-\xi$라 하면

$$\xi \cdot P = 0,\ \xi \cdot Q = 0,\ -\xi \cdot P = 0,\ -\xi \cdot Q = 0$$

이다. 그러므로 $\xi // P \times Q$이고 따라서 극

$$\xi = \pm \frac{P \times Q}{|P \times Q|}$$

이다. ξ를 극으로 하는 직선을 n이라 하자. ξ는 P와 수직이고 Q와 수직이므로 따라서 n은 ℓ과 m에 수직이다. 따라서 P와 Q는 대척점이 아니므로 ξ는 P와 Q에 의하여 결정되고 이를 극으로 하는 n은 유일하다. ✤

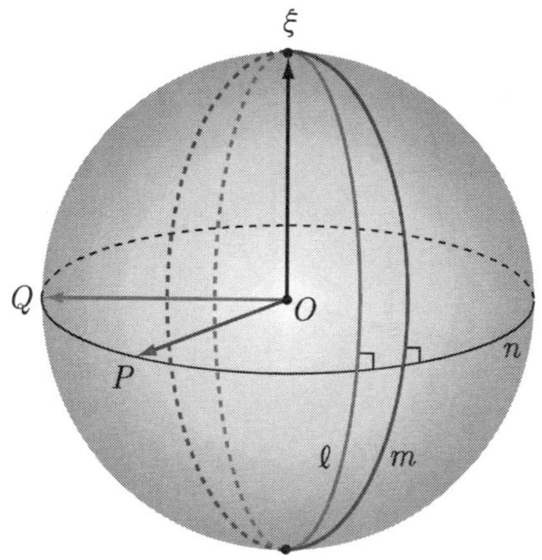

그림 2.6 구면 위의 공통수직선

유클리드 평면에서 직선 ℓ 위에 있지 않은 점 P에 대하여 P를 지나고 ℓ에 수직인 직선이 유일하게 존재한다는 사실은 잘 알고 있다. 이제. 구면 S^2 위에서도 마찬가지 성질이 성립함을 보여주고 있다.

정리 2.3.2

ℓ 위에 있지 않고 ℓ의 극이 아닌 점 P에 대하여 P를 지나고 ℓ에 수직인 직선이 유일하게 존재한다.

증명 ξ를 ℓ의 극이라 하자. 그러므로 P와 ξ를 지나는 직선 m은 유일하게 존재한다. $P\times\xi$는 m의 극 $\pm\dfrac{P\times\xi}{|P\times\xi|}$와 평행하고 ξ와 수직이므로 ℓ과 m은 수직이다.

✤

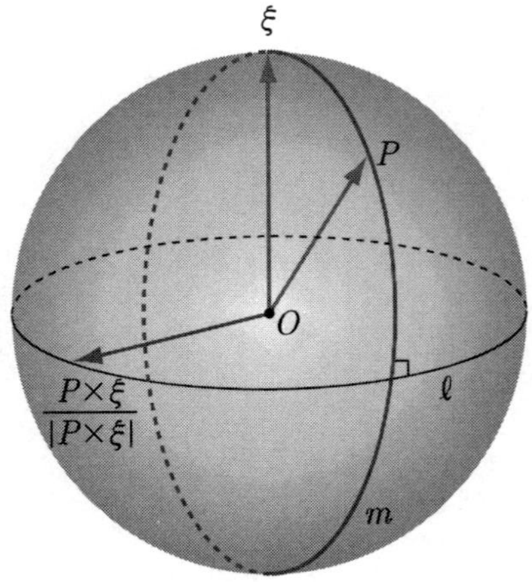

그림 2.7 구면에서 수선의 생성

2.4 S^2 위의 반사

구면 S^2 위에서 극 ξ를 갖는 한 직선 ℓ에 대한 **반사**(reflection) Ω_ℓ은

$$\Omega_\ell X := X - 2(X \cdot \xi)\xi \in S^2$$

로 정의한다.

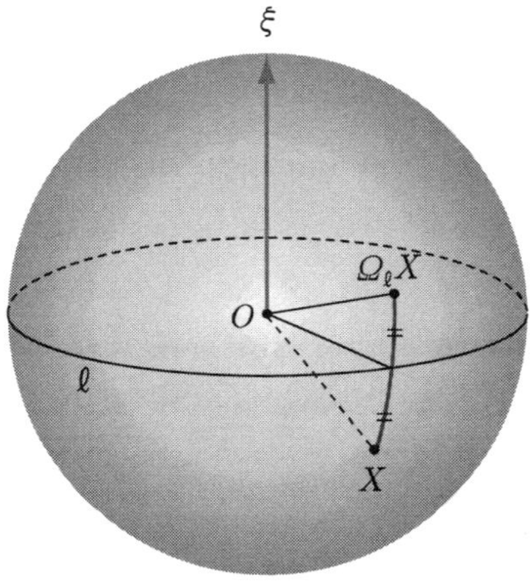

그림 2.8 구면 위의 반사

구면 S^2 위에서 두 직선이 같은 조건은 무엇일까? 다음 정리는 두 직선을 축으로 하는 반사변환이 일치할 때임을 보여주고 있다.

정리 2.4.1

S^2 위에서 $\Omega_l = \Omega_m$이면 $\ell = m$임을 보여라.

증명 직선 ℓ과 m의 극을 각각 ξ와 η라 하면, 임의의 점 $X \in S^2$에 대하여

$$\Omega_\ell X = X - 2(X \cdot \xi)\xi,$$
$$\Omega_m X = X - 2(X \cdot \eta)\eta$$

이므로

$$\begin{aligned}\Omega_\ell X = \Omega_m X &\Rightarrow X - 2(X\cdot\xi)\xi = X - 2(X\cdot\eta)\eta \\ &\Rightarrow 2\{(X\cdot\eta)\eta - (X\cdot\xi)\xi\} = 0 \\ &\Rightarrow (X\cdot\eta)\eta = (X\cdot\xi)\xi \\ &\Rightarrow \xi // \eta \\ &\Rightarrow l = m\end{aligned}$$

이다. ✤

유클리드 평면에서 직선에 대한 반사변환은 일반적으로 선형사상이 아니다. 그럼에도 다음 정리는 구면 S^2 위에서 직선에 대한 반사변환은 일반적으로 선형사상임을 보여준다. 더 나아가서 반사변환은 내적을 보존하는 사상, 즉 직교함수임을 보여준다.

정리 2.4.2

(1) $\Omega_\ell : S^2 \to S^2$은 선형사상이다.

(2) 임의의 $X,\ Y \in S^2$에 대하여 $\Omega_\ell X \cdot \Omega_\ell Y = X \cdot Y$이다.

증명 (1) 임의의 $X,\ Y \in S^2$에 대하여

$$\begin{aligned}\Omega_\ell(X+Y) &= X+Y-2((X+Y)\cdot\xi)\xi \\ &= X-2(X\cdot\xi)\xi + Y - 2(Y\cdot\xi)\xi = \Omega_\ell X + \Omega_\ell Y\end{aligned}$$

이다. 또한, 임의의 $k \in R$에 대하여,

$$\begin{aligned}\Omega_\ell(kX) &= kX - 2((kX)\cdot\xi)\xi \\ &= k(X - 2(X\cdot\xi)\xi) = k\Omega_\ell(X)\end{aligned}$$

이므로 $\Omega_\ell : S^2 \to S^2$은 선형사상이다.

(2) $$\begin{aligned}\Omega_\ell X \cdot \Omega_\ell Y &= (X-2(X\cdot\xi)\xi)\cdot(Y-2(Y\cdot\xi)\xi) \\ &= X\cdot Y - 4(X\cdot\xi)(Y\cdot\xi) + 4(X\cdot\xi)(Y\cdot\xi) \\ &= X\cdot Y\end{aligned}$$

이므로 Ω_ℓ은 내적을 보존하는 함수이다. ✤

(1)처럼 어떤 선형사상이 (2)처럼 내적을 보존하는 함수이면 **직교함수**(orthogonal map)라 부른다. 따라서 $\Omega_\ell : S^2 \to S^2$은 위 정리에서 두 가지 성질을 만족하므로 직교함수이다.

더 나아가서 다음 정리에서 Ω_ℓ은 거리를 보존할 뿐만 아니라 유클리드 평면에서처럼 전단사 함수이고 역함수는 그 자신임을 보여준다.

정리 2.4.3

(1) Ω_ℓ은 거리를 보존한다. 즉, $d(\Omega_\ell X,\ \Omega_\ell Y) = d(X,\ Y)$이므로 등장사상이다.

(2) $\Omega_\ell : S^2 \to S^2$은 전단사 함수이다.

(3) Ω_ℓ의 역함수는 그 자신이다. 즉, $\Omega_\ell \Omega_\ell = I$.

증명 (1) $d(\Omega_\ell X,\ \Omega_\ell Y) = \cos^{-1}(\Omega_\ell X \cdot \Omega_\ell Y)$

$$= \cos^{-1}(X \cdot Y) = d(X,\ Y).$$

(2) 먼저 Ω_ℓ이 등장사상이므로 Ω_l은 단사함수, 즉 일대일 함수이다.

이제, Ω_ℓ이 전사함수임을 보이자. 임의의 $Y \in S^2$에 대해서 $X := \Omega_\ell Y$라 하면 $X \in S^2$이고, $\Omega_\ell X = \Omega_\ell \Omega_\ell Y = Y$이므로 Ω_ℓ은 위로의 함수이다.

(3) 임의의 $X \in S^2$에 대하여

$$\begin{aligned}\Omega_\ell \Omega_\ell X &= \Omega_\ell (X - 2(X \cdot \xi)\xi) = \Omega_\ell X - 2(X \cdot \xi)\Omega_\ell \xi \\ &= X - 2(X \cdot \xi)\xi - 2(X \cdot \xi)(\xi - 2(\xi \cdot \xi)\xi) \\ &= X - 2(X \cdot \xi)\xi - 2(X \cdot \xi)(-\xi) = X\end{aligned}$$

이므로 $\Omega_\ell \Omega_\ell = I$이다. ✤

유클리드 평면 E^2에서 직선 ℓ에 대한 반사 Ω_ℓ이 고정점을 가질 조건이 구면 S^2 위에서도 성립한다.

정리 2.4.4

$\Omega_\ell X = X$일 필요충분조건은 $X \in \ell$이다.

증명 먼저, $\Omega_\ell X = X$라 하고 ξ를 ℓ의 극이라 하면 $X - 2(X \cdot \xi)\xi = X$이므로 $X \cdot \xi = 0$이다. 따라서 $X \in \ell$이다.

반대로, $X \in \ell$이면 $X \cdot \xi = 0$이므로

$$\Omega_\ell X = X - 2(X \cdot \xi)\xi = X$$

임을 알 수 있다. ✤

다음 정리는 유클리드 평면에서도 성립하는 성질의 하나로, 주어진 두 점에 대하여 한 점을 다른 점으로 반사시키는 반사축이 유일하게 존재함을 보여주고 있다.

정리 2.4.5

S^2 위의 서로 다른 두 점 P, Q에 대하여 $\Omega_\ell P = Q$인 직선 ℓ이 유일하게 존재한다.

증명 $\xi = \dfrac{P-Q}{|P-Q|}$을 극으로 갖는 직선 ℓ을 택하면

$$\begin{aligned}\Omega_\ell P &= P - 2(P \cdot \xi)\xi = P - 2P \cdot \left(\frac{P-Q}{|P-Q|}\right)\frac{P-Q}{|P-Q|} \\ &= P - 2(P \cdot P)\frac{P-Q}{|P-Q|^2} + 2(P \cdot Q)\frac{P-Q}{|P-Q|^2}\end{aligned}$$

이다. 한편,

$$|P-Q|^2 = (P-Q) \cdot (P-Q) = P \cdot P - 2P \cdot Q + Q \cdot Q = 2(1 - P \cdot Q)$$

이므로 원식은

$$\begin{aligned}P - \frac{P-Q}{1-P \cdot Q} + \frac{P-Q}{1-P \cdot Q}(P \cdot Q) &= P - \frac{P-Q}{1-P \cdot Q}(1 - P \cdot Q) \\ &= P - (P-Q) = Q\end{aligned}$$

이다.

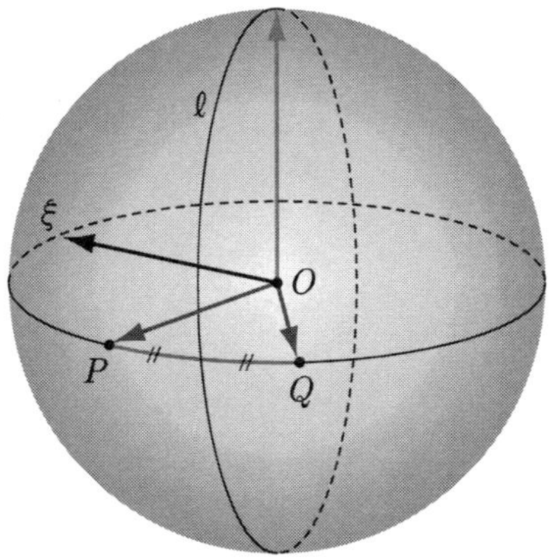

그림 2.9 두 점 사이의 반사축

이제 극 η를 갖는 또 다른 직선 m이 $\Omega_m P = Q$을 만족하다고 하면

$$\Omega_\ell \Omega_m P = P, \ \Omega_\ell \Omega_m Q = Q$$

임을 알 수 있다.

$Q \neq -P$ **인 경우**: $\Omega_\ell \Omega_m = I$. 역함수는 자기 자신이므로 $\Omega_\ell = \Omega_m$ 이다.
정리 2.4.1로부터 $\ell = m$이다.

$Q = -P$ **인 경우**: $\Omega_\ell P = -P$. $P - 2(P \cdot \xi)\xi = -P$ 이므로 $P = (P \cdot \xi)\xi$.
즉, $P // \xi$이다. 따라서 ℓ은 극 P를 갖는 직선이다. 마찬가지로,

$$Q = \Omega_m P = P - 2(P \cdot \eta)\eta = -Q - 2(-Q \cdot \eta)\eta$$

이므로 $Q = (Q \cdot \eta)\eta$이다. 즉, $Q // \eta$. 따라서 m은 극 Q를 갖는 직선이다. $P // Q$이므로 ℓ과 m은 같은 극을 갖는다. 그러므로 $\ell = m$이다. ✤

예제 2.4.6

두 점 $P = \left(\frac{1}{\sqrt{2}}, \frac{1}{\sqrt{2}}, 0\right)$과 $Q = (0, 0, 1)$을 지나는 S^2 위의 직선 ℓ을 구하고, $\Omega_m P = Q$인 직선 m을 구하여라.

풀이 (i) 두 점 $P = \left(\frac{1}{\sqrt{2}}, \frac{1}{\sqrt{2}}, 0\right)$과 $Q = (0, 0, 1)$을 지나는 S^2 위의 직선 ℓ의 극을 구하자.

$$P\times Q=\begin{vmatrix} \boldsymbol{i} & \boldsymbol{j} & \boldsymbol{k} \\ \frac{1}{\sqrt{2}} & \frac{1}{\sqrt{2}} & 0 \\ 0 & 0 & 1 \end{vmatrix}=\left(\frac{1}{\sqrt{2}},\ -\frac{1}{\sqrt{2}},\ 0\right),$$

$$|P\times Q|=\sqrt{\frac{1}{2}+\frac{1}{2}}=1$$

이므로 직선 ℓ은 $\xi=\pm\dfrac{P\times Q}{|P\times Q|}=\pm\left(\dfrac{1}{\sqrt{2}},\ -\dfrac{1}{\sqrt{2}},\ 0\right)$을 극으로 갖는다. 따라서

$$\ell=\left\{X\in S^2 \mid \frac{1}{\sqrt{2}}x-\frac{1}{\sqrt{2}}y=0\right\}=\left\{X\in S^2 \mid -\frac{1}{\sqrt{2}}x+\frac{1}{\sqrt{2}}y=0\right\}$$

이다.

(ii) $\Omega_m P=Q$인 직선 m은

$$\eta=\pm\frac{P-Q}{|P-Q|}=\pm\left(\frac{1}{2},\ \frac{1}{2},\ -\frac{1}{\sqrt{2}}\right)$$

을 극으로 갖는 유일한 직선이다. 왜냐하면 정리 2.4.5로부터

$$P-Q=\left(\frac{1}{\sqrt{2}},\ \frac{1}{\sqrt{2}},\ 0\right)-(0,\ 0,\ 1)=\left(\frac{1}{\sqrt{2}},\ \frac{1}{\sqrt{2}},\ -1\right),$$

$$|P-Q|=\sqrt{\frac{1}{2}+\frac{1}{2}+1}=\sqrt{2},$$

$$\begin{aligned}\eta&=\pm\frac{P-Q}{|P-Q|}=\pm\frac{1}{\sqrt{2}}\left(\frac{1}{\sqrt{2}},\ \frac{1}{\sqrt{2}},\ -1\right)\\&=\pm\left(\frac{1}{2},\ \frac{1}{2},\ -\frac{1}{\sqrt{2}}\right)\end{aligned}$$

이므로,

$$\begin{aligned}m&=\left\{X\in S^2 \mid \frac{1}{2}x+\frac{1}{2}y-\frac{1}{\sqrt{2}}z=0\right\}\\&=\left\{X\in S^2 \mid -\frac{1}{2}x-\frac{1}{2}y+\frac{1}{\sqrt{2}}z=0\right\}\end{aligned}$$

이다. ✣

2.5 S^2 위의 회전

구면 S^2 위의 서로 다른 두 직선 ℓ, m이 극 ξ, η를 갖는다 하고, P를 이 두 직선의 교점이라 하면 정리 2.3.1에 의하여 점 P를 극으로 갖고 ℓ, m에 수직인 직선(즉, 공통 수선) n이 존재한다.

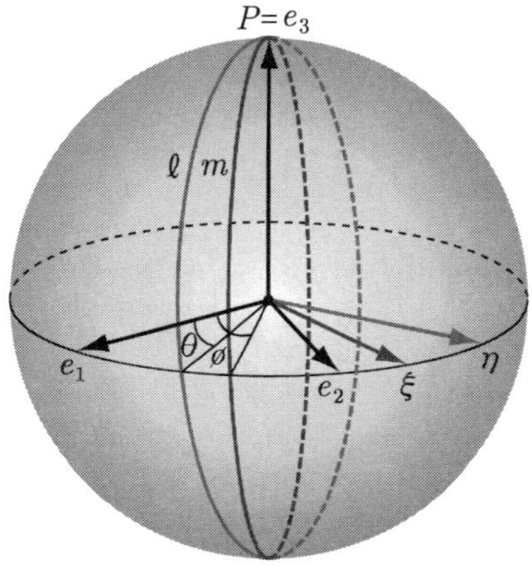

그림 2.10 구면 위의 회전

$e_3 = P$라 하면 E^3의 정규직교 기저 $\{e_1, e_2, e_3\}$가 존재한다. 이때 e_1과 e_2를 포함하는 평면 위에 ξ, η가 놓여 있다. 이제 직선 ℓ과 공통수선 n의 교점을 Q라 하고, 직선 m과 n의 교점을 R이라 하면 Q와 R은 n을 포함하는 평면 위에 있다. 각 θ를 e_1과 Q의 사이각이라 하고, ϕ는 e_1과 R과의 사이각이라 하면

$$\xi = \cos(\theta + \pi/2)e_1 + \sin(\theta + \pi/2)e_2 = -\sin\theta e_1 + \cos\theta e_2$$
$$\eta = \cos(\phi + \pi/2)e_1 + \sin(\phi + \pi/2)e_2 = -\sin\phi e_1 + \cos\phi e_2$$

이므로

$$\begin{aligned}\Omega_\ell e_1 &= e_1 - 2(e_1 \cdot \xi)\xi \\ &= e_1 - 2(e_1 \cdot (-\sin\theta e_1 + \cos\theta e_2))(-\sin\theta e_1 + \cos\theta e_2) \\ &= e_1 - 2(-\sin\theta)(-\sin\theta e_1 + \cos\theta e_2) \\ &= (1 - 2\sin^2\theta)e_1 + 2\sin\theta\cos\theta e_2\end{aligned}$$

$$= \cos 2\theta e_1 + \sin 2\theta e_2 + 0e_3$$

이다. 마찬가지 방법으로,

$$\Omega_\ell e_2 = \sin 2\theta e_1 - \cos 2\theta e_2 + 0e_3,$$
$$\Omega_\ell e_3 = 0e_1 + 0e_2 + e_3$$

이므로 Ω_ℓ를 행렬 A로 표현하면

$$A = \begin{pmatrix} \cos 2\theta & \sin 2\theta & 0 \\ \sin 2\theta & -\cos 2\theta & 0 \\ 0 & 0 & 1 \end{pmatrix} = \begin{pmatrix} ref\theta & 0 \\ 0 & 1 \end{pmatrix}.$$

마찬가지로, Ω_m의 표현행렬은 $\begin{pmatrix} ref\phi & 0 \\ 0 & 1 \end{pmatrix}$이다. 따라서

$$T = \Omega_\ell \cdot \Omega_m = \begin{pmatrix} ref\theta & 0 \\ 0 & 1 \end{pmatrix}\begin{pmatrix} ref\phi & 0 \\ 0 & 1 \end{pmatrix} = \begin{pmatrix} ref\theta\, ref\phi & 0 \\ 0 & 1 \end{pmatrix} = \begin{pmatrix} rot\, 2(\theta-\phi) & 0 \\ 0 & 1 \end{pmatrix}$$

이다. 이때,

$$ref\theta\, ref\phi = \begin{pmatrix} \cos 2\theta & \sin 2\theta \\ 2\sin 2\theta & -\cos 2\theta \end{pmatrix}\begin{pmatrix} \cos 2\phi & \sin 2\phi \\ \sin 2\phi & -\cos 2\phi \end{pmatrix}$$
$$= \begin{pmatrix} \cos 2(\theta-\phi) & -\sin 2(\theta-\phi) \\ \sin 2(\theta-\phi) & \cos 2(\theta-\phi) \end{pmatrix}$$

을 만족하므로 이는 $2(\theta-\phi)$만큼 회전하는 선형변환이다. 그러므로 이 T를 점 $P = e_3$에 대한 **회전**(rotation)이라 한다.

만약 $P = e_1$, $P = e_2$에 대한 회전은 $\begin{pmatrix} 1 & 0 \\ 0 & ref\phi \end{pmatrix}$, $\begin{pmatrix} \cos\theta & 0 & -\sin\theta \\ 0 & 1 & 0 \\ \sin\theta & 0 & \cos\theta \end{pmatrix}$으로 각각 표현된다.

예제 2.5.1

S^2 위에서 e_3를 극으로 갖는 직선 n에 수직인 두 직선 ℓ과 m의 극을 각각 ξ와 η라 하자. E^3의 정규직교기저 $\{e_1, e_2, e_3\}$에 대하여 e_1과 ℓ과 n의 교점과의 사이각은 $\frac{\pi}{3}$이고 e_1과 m과 n의 교점과의 사이각이 $\frac{\pi}{6}$일 때, 점 $P = \frac{1}{\sqrt{2}}e_1 + \frac{1}{\sqrt{2}}e_3$에 대하여 회전 $TP = \Omega_\ell \Omega_m P$를 구하여라.

풀이 Ω_ℓ과 Ω_m의 표현행렬을 각각 $\begin{pmatrix} ref\theta & 0 \\ 0 & 1 \end{pmatrix}$과 $\begin{pmatrix} ref\phi & 0 \\ 0 & 1 \end{pmatrix}$이라 하면 회전 T는

$$T = \Omega_\ell \Omega_m = \begin{pmatrix} ref\theta & 0 \\ 0 & 1 \end{pmatrix}\begin{pmatrix} ref\phi & 0 \\ 0 & 1 \end{pmatrix} = \begin{pmatrix} ref\theta\, ref\phi & 0 \\ 0 & 1 \end{pmatrix} = \begin{pmatrix} rot2(\theta-\phi) & 0 \\ 0 & 1 \end{pmatrix}$$

이므로 $\theta = \frac{\pi}{3}$, $\phi = \frac{\pi}{6}$일 때

$$T = \Omega_\ell \Omega_m = \begin{pmatrix} rot2(\frac{\pi}{3} - \frac{\pi}{6}) & 0 \\ 0 & 1 \end{pmatrix} = \begin{pmatrix} rot(\frac{\pi}{3}) & 0 \\ 0 & 1 \end{pmatrix} = \begin{pmatrix} \cos(\frac{\pi}{3}) & -\sin(\frac{\pi}{3}) & 0 \\ \sin(\frac{\pi}{3}) & \cos(\frac{\pi}{3}) & 0 \\ 0 & 0 & 1 \end{pmatrix}$$

이다. $P = \frac{1}{\sqrt{2}}e_1 + \frac{1}{\sqrt{2}}e_3 = \left(\frac{1}{\sqrt{2}},\ 0,\ \frac{1}{\sqrt{2}}\right)\begin{pmatrix} e_1 \\ e_2 \\ e_3 \end{pmatrix}$이므로

$$TP = rot\frac{\pi}{3}P = \begin{pmatrix} \frac{1}{2} & -\frac{\sqrt{3}}{2} & 0 \\ \frac{\sqrt{3}}{2} & \frac{1}{2} & 0 \\ 0 & 0 & 1 \end{pmatrix}\begin{pmatrix} \frac{1}{\sqrt{2}} \\ 0 \\ \frac{1}{\sqrt{2}} \end{pmatrix} = \begin{pmatrix} \frac{1}{2\sqrt{2}} \\ \frac{\sqrt{3}}{2\sqrt{2}} \\ \frac{1}{\sqrt{2}} \end{pmatrix}$$

이다. 따라서

$$TP = \Omega_m \Omega_\ell P = \left(\frac{1}{2\sqrt{2}},\ \frac{\sqrt{3}}{2\sqrt{2}},\ \frac{1}{\sqrt{2}}\right)$$

임을 알 수 있다. ✤

점 P에 대한 구면 S^2 위의 모든 회전들의 집합 $ROT(P)$을 S^2 위의 **회전군**(rotation group)이라 부른다. 즉, 집합 $ROT(P)$는 다음 세 성질을 만족하므로 가환군임을 알 수 있다.

정리 2.5.2

임의의 T_1, T_2가 S^2 위의 회전에 대하여

(1) $T_1T_2 = T_2T_1$.(가환)

(2) $T_1I = IT_1 = T_1$인 항등원I가 존재한다.

(3) $T_1T_1^{-1} = I = T_1^{-1}T_1$인 역원 T_1^{-1}가 존재한다.

증명 (1) $T_1T_2=\begin{pmatrix} rot\theta & 0 \\ 0 & 1 \end{pmatrix}\begin{pmatrix} rot\phi & 0 \\ 0 & 1 \end{pmatrix}$

$$=\begin{pmatrix} rot\theta\, rot\phi & 0 \\ 0 & 1 \end{pmatrix}=\begin{pmatrix} rot(\theta+\phi) & 0 \\ 0 & 1 \end{pmatrix}=T_2T_1.$$

(2) $I=\begin{pmatrix} rot\,0 & 0 \\ 0 & 1 \end{pmatrix}=\begin{pmatrix} 1 & 0 & 0 \\ 0 & 1 & 0 \\ 0 & 0 & 1 \end{pmatrix}$이고 $T_1I=T_1=IT_1$.

(3) $T_1^{-1}=\begin{pmatrix} rot(-\theta) & 0 \\ 0 & 1 \end{pmatrix}$이면 $T_1T_1^{-1}=I=T_1^{-1}T_1$. ✤

예제 2.5.3

E^3의 정규직교기저 $\{e_1,\ e_2,\ e_3\}$에 대하여, S^2 위에서 회전축 e_3에 대한 회전 α의 표현행렬 $\begin{pmatrix} rot\left(\frac{2\pi}{3}\right) & 0 \\ 0 & 1 \end{pmatrix}$과 회전축 e_1에 대한 반회전(π 만큼 회전) β의 표현행렬 $\begin{pmatrix} 1 & 0 & 0 \\ 0 & -1 & 0 \\ 0 & 0 & -1 \end{pmatrix}$가 (1) $\alpha^3=I,\ \beta^2=I,\ \ \beta\alpha=\alpha^{-1}\beta$를 만족하고, (2) 군을 생성함을 보여라.

풀이 (1) α의 표현행렬을 $\begin{pmatrix} rot\left(\frac{2\pi}{3}\right) & 0 \\ 0 & 1 \end{pmatrix}$라 할 때 α^2의 표현행렬은

$$\begin{pmatrix} rot\left(\frac{2\pi}{3}\right) & 0 \\ 0 & 1 \end{pmatrix}\begin{pmatrix} rot\left(\frac{2\pi}{3}\right) & 0 \\ 0 & 1 \end{pmatrix}=\begin{pmatrix} rot\left(\frac{4\pi}{3}\right) & 0 \\ 0 & 1 \end{pmatrix}$$

이고 α^3의 표현행렬은

$$\begin{pmatrix} rot\left(\frac{4\pi}{3}\right) & 0 \\ 0 & 1 \end{pmatrix}\begin{pmatrix} rot\left(\frac{2\pi}{3}\right) & 0 \\ 0 & 1 \end{pmatrix}=\begin{pmatrix} rot2\pi & 0 \\ 0 & 1 \end{pmatrix}=\begin{pmatrix} 1 & 0 & 0 \\ 0 & 1 & 0 \\ 0 & 0 & 1 \end{pmatrix}$$

으로 I의 표현행렬과 일치한다. 즉, $\alpha^3=I$.

β의 표현행렬을 $\begin{pmatrix} 1 & 0 & 0 \\ 0 & -1 & 0 \\ 0 & 0 & -1 \end{pmatrix}$라 할 때 β^2의 표현행렬은

$$\begin{pmatrix} 1 & 0 & 0 \\ 0 & -1 & 0 \\ 0 & 0 & -1 \end{pmatrix}\begin{pmatrix} 1 & 0 & 0 \\ 0 & -1 & 0 \\ 0 & 0 & -1 \end{pmatrix}=\begin{pmatrix} 1 & 0 & 0 \\ 0 & 1 & 0 \\ 0 & 0 & 1 \end{pmatrix}$$

으로 I의 표현행렬과 일치한다. 즉, $\beta^2 = I$. 따라서

$$\beta\alpha = \begin{pmatrix} 1 & 0 & 0 \\ 0 & -1 & 0 \\ 0 & 0 & -1 \end{pmatrix} \begin{pmatrix} rot\left(\frac{2\pi}{3}\right) & 0 \\ 0 & 1 \end{pmatrix}$$

$$= \begin{pmatrix} 1 & 0 & 0 \\ 0 & -1 & 0 \\ 0 & 0 & -1 \end{pmatrix} \begin{pmatrix} \cos\left(\frac{2}{3}\pi\right) & -\sin\left(\frac{2}{3}\pi\right) & 0 \\ \sin\left(\frac{2}{3}\pi\right) & \cos\left(\frac{2}{3}\pi\right) & 0 \\ 0 & 0 & 1 \end{pmatrix}$$

$$= \begin{pmatrix} -\frac{1}{2} & -\frac{\sqrt{3}}{2} & 0 \\ -\frac{\sqrt{3}}{2} & \frac{1}{2} & 0 \\ 0 & 0 & -1 \end{pmatrix}$$

이다. 한편,

$$\alpha\alpha^2 = \begin{pmatrix} rot\left(\frac{2\pi}{3}\right) & 0 \\ 0 & 1 \end{pmatrix} \begin{pmatrix} rot\left(\frac{4\pi}{3}\right) & 0 \\ 0 & 1 \end{pmatrix} = \begin{pmatrix} 1 & 0 & 0 \\ 0 & 1 & 0 \\ 0 & 0 & 1 \end{pmatrix} = I$$

이므로 $\alpha^{-1} = \alpha^2$이다. 또한

$$\alpha^{-1}\beta = \begin{pmatrix} rot\left(\frac{4\pi}{3}\right) & 0 \\ 0 & 1 \end{pmatrix} \begin{pmatrix} 1 & 0 & 0 \\ 0 & -1 & 0 \\ 0 & 0 & -1 \end{pmatrix}$$

$$= \begin{pmatrix} \cos\left(\frac{4}{3}\pi\right) & -\sin\left(\frac{4}{3}\pi\right) & 0 \\ \sin\left(\frac{4}{3}\pi\right) & \cos\left(\frac{4}{3}\pi\right) & 0 \\ 0 & 0 & 1 \end{pmatrix} \begin{pmatrix} 1 & 0 & 0 \\ 0 & -1 & 0 \\ 0 & 0 & -1 \end{pmatrix}$$

$$= \begin{pmatrix} -\frac{1}{2} & -\frac{\sqrt{3}}{2} & 0 \\ -\frac{\sqrt{3}}{2} & \frac{1}{2} & 0 \\ 0 & 0 & -1 \end{pmatrix}$$

이므로 $\beta\alpha = \alpha^{-1}\beta$이다.

(2) $\langle\{\alpha, \beta\}\rangle = \{I, \alpha, \alpha^2, \beta, \beta\alpha, \beta\alpha^2\}$ $(\beta\alpha = \alpha^{-1}\beta = \alpha^2\beta,\ \beta\alpha^2 = \alpha\beta)$

$\circ$	I	α	α^2	β	$\beta\alpha$	$\beta\alpha^2$
I	I	α	α^2	β	$\beta\alpha$	$\beta\alpha^2$
α	α	α^2	I	$\beta\alpha^2$	β	$\beta\alpha$
α^2	α^2	I	α	$\beta\alpha$	$\beta\alpha^2$	β
β	β	$\beta\alpha$	$\beta\alpha^2$	I	α	α^2
$\beta\alpha$	$\beta\alpha$	$\beta\alpha^2$	β	α^2	I	α
$\beta\alpha^2$	$\beta\alpha^2$	β	$\beta\alpha$	α	α^2	I

① 행렬의 곱은 결합법칙이 성립하므로, $\langle\{\alpha,\ \beta\}\rangle$ 안의 임의의 두 원소의 곱이 다시 $\langle\{\alpha,\ \beta\}\rangle$의 원소가 됨을 보이는 것으로 충분하다. 이는 위의 표를 보면 모든 원소의 곱이 닫혀있음을 알 수 있다.

② $\langle\{\alpha,\ \beta\}\rangle$ 안의 모든 원소 x에 대하여 $Ix = xI = x$를 만족하므로 항등원 I가 존재한다.

③ $\langle\{\alpha,\ \beta\}\rangle$ 안의 모든 원소 x에 대하여 $xx^{-1} = x^{-1}x = I$를 만족하는 원소 x^{-1}가 $\langle\{\alpha,\ \beta\}\rangle$ 안에 존재한다.

위의 표에 의해, $I^{-1} = I,\ \alpha^{-1} = \alpha^2,\ (\alpha^2)^{-1} = \alpha,\ \beta^{-1} = \beta,\ (\beta\alpha)^{-1} = \beta\alpha,$ $(\beta\alpha^2)^{-1} = \beta\alpha^2$이므로 ①, ②, ③에 의하여 $\langle\{\alpha,\ \beta\}\rangle$는 군이다. ✤

유클리드 평면에서 반사를 이용한 회전에 대한 삼반사 정리와 표현 정리가 성립하였다. 다음 두 정리는 마찬가지로 구면 S^2 위에서도 여전히 성립함을 보여준다.

정리 2.5.4 회전에 대한 삼반사 정리

$\alpha,\ \beta,\ \gamma$가 점 P를 지나는 세 직선일 때 $\Omega_\alpha\Omega_\beta\Omega_\gamma = \Omega_\delta$를 만족하는 P를 지나는 직선 δ가 유일하게 존재한다.

증명 $\Omega_\alpha = \begin{pmatrix} ref\theta & 0 \\ 0 & 1 \end{pmatrix},\ \Omega_\beta = \begin{pmatrix} ref\phi & 0 \\ 0 & 1 \end{pmatrix},\ \Omega_\gamma = \begin{pmatrix} ref\psi & 0 \\ 0 & 1 \end{pmatrix}$이면

$$\Omega_\alpha\Omega_\beta\Omega_\gamma = \begin{pmatrix} ref\theta\, ref\phi\, ref\psi & 0 \\ 0 & 1 \end{pmatrix} = \begin{pmatrix} ref(\theta-\phi+\psi) & 0 \\ 0 & 1 \end{pmatrix}$$

이다. 여기서 $\theta-\phi+\psi=d$라 하고 P를 지나는 직선 δ에 대한 반사를 $\Omega_\delta=\begin{pmatrix} ref\,d & 0 \\ 0 & 1\end{pmatrix}$로 정의하면 $\Omega_\alpha\Omega_\beta\Omega_\gamma=\Omega_\delta$이다. ✤

정리 2.5.5 회전에 대한 표현 정리

점 P를 지나는 임의의 두 직선 α, β에 대한 회전 $T=\Omega_\alpha\Omega_\beta\in ROT(P)$와 점 P를 지나는 직선 ℓ에 대하여, $T=\Omega_\ell\Omega_m=\Omega_{m'}\Omega_\ell$을 만족하는 점 P를 지나는 두 직선 m, m'이 유일하게 결정된다.

2.6 S^2 위의 이동

구면 S^2 위의 주어진 직선 ℓ과 수직인 두 직선 m, n에 대하여 $T=\Omega_m\Omega_n$은 ℓ을 따르는 **이동**(translation)이라 한다. 다음 정리는 S^2 위에서 극 ξ를 갖는 직선 ℓ을 따르는 모든 이동들의 집합은 가환군이고 또한 회전군과 일치함을 말해주고 있다.

정리 2.6.1

S^2 위에서 극 ξ를 갖는 직선 ℓ을 따르는 모든 이동들의 집합 $TRANS(\ell)$은 가환군이고 회전군 $ROT(\xi)$와 일치한다.

증명 ℓ에 수직인 두 직선 m, n의 교점을 P라 하면 P는 직선 ℓ의 극 ξ와 일치한다. 그러므로 $T=\Omega_m\Omega_n$은 ℓ을 따르는 이동이고 점 P에 대한 회전과 일치함을 알 수 있다. ✤

그러므로 다음 두 정리는 회전에서처럼 이동에 대한 삼반사 정리와 표현 정리를 증명할 수 있다.

정리 2.6.2 이동에 대한 삼반사 정리

S^2 위에서 세 직선 α, β, $\gamma\in\mathcal{P}(\ell)$가 직선 ℓ에 수직일 때 $\Omega_\alpha\Omega_\beta\Omega_\gamma=\Omega_\delta$를 만족하는 직선 $\delta\in\mathcal{P}(\ell)$가 유일하게 존재한다.

정리 2.6.3 이동에 대한 표현 정리

S^2 위에서 임의의 α, $\beta\in\mathcal{P}(\ell)$에 대한 반사 $T=\Omega_\alpha\Omega_\beta\in TRANS(\ell)$과 임의의 두 직선 m, $n\in\mathcal{P}(\ell)$에 대하여 $T=\Omega_m\Omega_{m'}=\Omega_{n'}\Omega_n$를 만족하는 직선 m', $n'\in\mathcal{P}(\ell)$가 유일하게 결정된다.

다음 정리는 구면 위의 한 직선 위에 두 점이 주어지면 한 점을 그 직선을 따라 다른 점으로 이동할 수 있다는 내용이다.

정리 2.6.4

S^2 위의 주어진 직선 ℓ 위의 두 점 P, Q에 대하여 P를 Q로 옮기는 ℓ을 따르는 이동이 유일하게 존재한다.

증명 점 $P=e_1$으로 표시하면 정규직교기저 $\{e_1, e_2, e_3\}$가 존재한다. 따라서, P와 Q의 사이각을 $\theta\in[0, \pi]$라 하면 $Q=\cos\theta\, e_1+\sin\theta\, e_2$이다. 한편, $T\in TRANS(\ell)$이면 정규직교기저 $\{e_1, e_2, e_3\}$에 대하여

$$T=\begin{pmatrix}\cos\phi & -\sin\phi & 0\\ \sin\phi & \cos\phi & 0\\ 0 & 0 & 1\end{pmatrix}$$

인 각 $\phi\in[0, \pi]$가 존재한다.

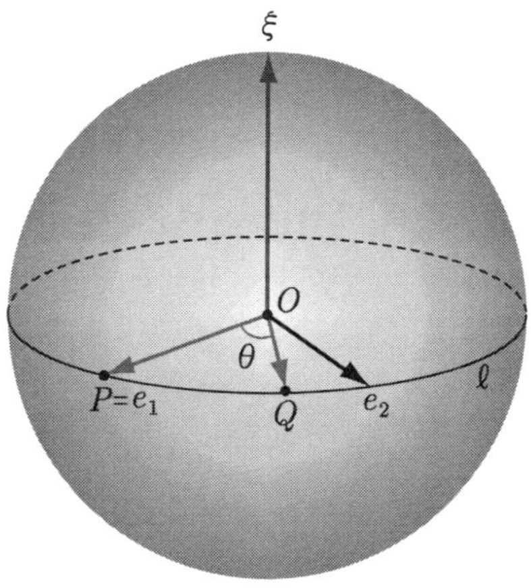

그림 2.11 두 점 사이의 이동

만약 T가 P를 Q로 옮기는 이동이면 $Q=Te_1=\cos\phi\, e_1+\sin\phi\, e_2$이므로 결국 $\theta=\phi$이어야 한다. ✤

2.7 S^2 위의 선분

S^2 위의 대척적이 아닌 두 점 P, Q를 지나는 유일한 직선 ℓ은 매개변수 t에 대하여 $\ell=\{\alpha(t)\mid 0\le t\le 2\pi\}$로 표현된다. 다음 정리는 구면 위에 두 점이 주어지면 두 점을 잇는 선분이 두 개 존재함을 보여주고 있다.

정리 2.7.1

S^2 위의 대척적이 아닌 두 점 A, B에 대하여, $s_1\cup s_2=\overleftrightarrow{AB}$, $s_1\cap s_2=\{A, B\}$을 만족하는 두 선분 s_1, s_2가 존재한다.

증명 $\xi=\pm\dfrac{A\times B}{|A\times B|}$에 대하여 $Q=\xi\times A$라 하면 $\{A, Q, \xi\}$는 E^3의 정규직교기저이고 $B=(\cos L)A+(\sin L)Q$를 만족하는 $L\in[0, 2\pi]$이 존재한다. 따라서

$$\begin{aligned} s_1 &= \{(\cos t)A+(\sin t)Q\mid 0\le t\le L\},\\ s_2 &= \{(\cos t)A+(\sin t)Q\mid 0\le t\le 2\pi-L\}\\ &= \{(\cos t)A+(\sin t)Q\mid L\le t\le 2\pi\} \end{aligned}$$

는 A, B를 끝점으로 갖고 $s_1\cup s_2=\overleftrightarrow{AB}$을 만족한다. ✣

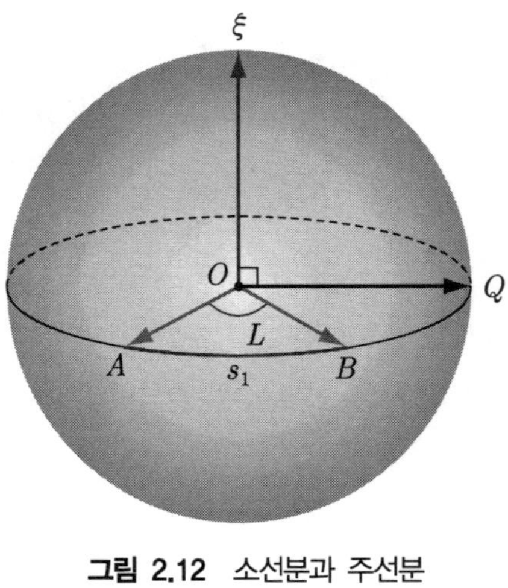

그림 2.12 소선분과 주선분

이때 두 선분 s_1, s_2의 길이가 작은 선분을 **소선분**(minor segment), 길이가 큰 선분을 **주선분**(major segment)이라 한다.

PQ를 길이 L인 소선분이라 하면 $\overleftrightarrow{PQ}$ 위에서 P와 수직인 S^2 위의 벡터 $\tilde{P}$에 대해서 소선분 $PQ=\{(\cos t)P+(\sin t)\tilde{P} \mid 0 \le t \le L\}$로 나타낸다.

다음 정리는 구면의 한 직선 위에서 서로 대척적이지 않은 두 점을 택하자. 두 점을 잇는 소선분에 대하여 직선 위의 어떤 점이 소선분에 속할 필요충분조건을 보여주고 있다.

정리 2.7.2

S^2의 한 직선 위의 서로 다른 세 점 P, Q, X에 대하여 PQ가 서로 대척적이지 않으면 소선분 PQ에 대하여 $X \in PQ$일 필요충분조건은

$$d(P, X) + d(X, Q) = d(P, Q)$$

이다.

증명 PQ를 길이 $d(P, Q) = L$인 소선분이라 하면 P와 수직인 S^2 위의 벡터 $\tilde{P}$에 대해서 소선분 PQ는

$$PQ = \{(\cos t)P + (\sin t)\tilde{P} \mid 0 \le t \le L\}$$

로 표현되므로, $X \in PQ$이면 $X = (\cos\phi)P + (\sin\phi)\tilde{P}$을 만족하는 각 $\phi \in [0, L]$가 존재한다.

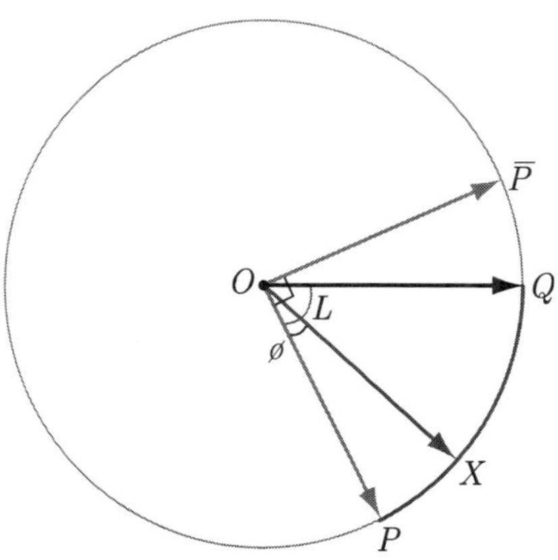

그림 2.13 소선분의 매개 표현

따라서

$$d(P,\ X) = \cos^{-1}(P \cdot X) = \cos^{-1}(\cos\phi) = \phi,$$
$$d(X,\ Q) = \cos^{-1}(X \cdot Q) = \cos^{-1}(\cos(L-\phi)) = L-\phi$$

이다. 그러므로

$$d(P,\ X) + d(X,\ Q) = \phi + L - \phi = L = d(P,\ Q)$$

임을 알 수 있다.

역으로, $d(P,\ X)+d(X,\ Q)=d(P,\ Q)$이면 따름정리 2.2.3으로부터 삼각부등식의 등식이 성립할 필요조건은 P, Q, X가 한 직선 위에 있다.

만약 X가 주선분 PQ에 포함된다면, $X=(\cos\phi)P+(\sin\phi)\widetilde{P}$을 만족하는 각 $\phi\in[L,\ 2\pi]$가 존재한다. 그러나

$$d(P,\ X)+d(X,\ Q) = \phi + 2\pi - L - \phi = 2\pi - L = 2\pi - d(P,\ Q)$$

이므로 주어진 등식을 만족하지 않는다. 따라서 X는 소선분 PQ에 포함되어야 한다. ✤

2.8 S^2 위의 각

S^2 위의 소선분 PQ에서 **반직선**(ray) $\overrightarrow{PQ}$는

$$\overrightarrow{PQ}=\{(\cos t)P+(\sin t)\widetilde{P}\,|\,0\le t<\pi\}$$

를 의미한다.

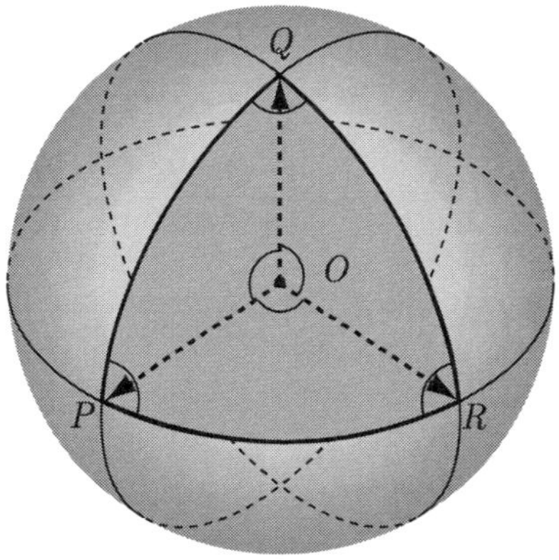

그림 2.14 구면삼각형

S^2 위의 공선적이 아닌 서로 다른 세 점 P, Q, R과 세 선분 PQ, QR, PR에 대하여, **구면삼각형**(spherical triangle) $\triangle PQR$은 세 꼭짓점 P, Q, R과 세 변 PQ, QR, PR로 이루어진 삼각형이다. 여기서 원점 O에서 나타나는 세 각 $\sphericalangle(POQ)$, $\sphericalangle(POR)$, $\sphericalangle(QOR)$를 **선각**(arc angle)이라 부르고 각각

$$\sphericalangle(POQ)=\sphericalangle(P,\ Q),\quad \sphericalangle(POR)=\sphericalangle(P,\ R),\quad \sphericalangle(QOR)=\sphericalangle(Q,\ R)$$

을 의미한다. 또한, 꼭짓점 P, Q, R에서 나타나는 세 각 $\sphericalangle(RPQ)$, $\sphericalangle(PQR)$, $\sphericalangle(QRP)$를 **꼭지각**(vertex angle), 또는 **라디안 각**(radian angle)이라 부른다. 이때, 꼭지각 $\sphericalangle(PQR)$을 이루는 두 반직선 $\overrightarrow{QP}$과 $\overrightarrow{QR}$를 라디안 각의 **팔**(arm)이라 부른다.

꼭지각 $\sphericalangle(PQR)$은 점 Q에서 호 $\widehat{PQ}$의 접선과 호 $\widehat{QR}$의 접선과의 사이각이다. 호 $\widehat{PQ}$의 접선은 두 벡터 P, Q를 포함하고 원점을 지나는 평면에 속하고 호 $\widehat{QR}$의 접선은 두 벡터 Q, R을 포함하고 원점을 지나는 평면에 속하므로, 꼭지각 $\sphericalangle(PQR)$은 이 두 평면이 교차하는 각이다. 더 나아가서, 이 교차각은 두 평면에 각각 수직인 벡터 $P\times Q$와 $Q\times R$과의

사이각이다. 따라서 세 꼭지각 $\sphericalangle(PQR)$, $\sphericalangle(QRP)$, $\sphericalangle(RPQ)$들은 각각

$$\sphericalangle(PQR)=\sphericalangle(P\times Q,\ Q\times R),$$
$$\sphericalangle(QRP)=\sphericalangle(Q\times R,\ R\times P),$$
$$\sphericalangle(RPQ)=\sphericalangle(R\times P,\ P\times Q)$$

임을 의미한다. 더 나아가서, 선각들의 크기는 각각

$$\sphericalangle(POQ)=d(P,\ Q),\ \sphericalangle(POR)=d(P,\ R),\ \sphericalangle(QOR)=d(Q,\ R)$$

이고, 꼭지각들의 크기는 각각

$$\sphericalangle(PQR)=\cos^{-1}\left(\frac{P\times Q}{|P\times Q|}\cdot\frac{Q\times R}{|Q\times R|}\right),$$
$$\sphericalangle(QRP)=\cos^{-1}\left(\frac{Q\times R}{|Q\times R|}\cdot\frac{R\times P}{|R\times P|}\right),$$
$$\sphericalangle(RPQ)=\cos^{-1}\left(\frac{R\times P}{|R\times P|}\cdot\frac{P\times Q}{|P\times Q|}\right)$$

로 표현됨을 알 수 있다.

다음 정리는 구면 S^2 위에서 π가 삼각형의 면적에서 삼각형의 내각의 합을 뺀 값임을 보여주고 있다. 또는 구면삼각형의 넓이가 내각의 합과 π와의 차로도 나타난다. 이 결과는 기하학적으로 대단히 중요한 의미를 가지고 있다. 이는 미분기하학에서 가우스-보네 정리의 특별한 경우이다. 구면삼각형의 넓이가 양수이므로 내각의 합이 항상 π보다 크다는 사실도 알 수 있다.

정리 2.8.1

S^2 위의 구면삼각형 $\triangle PQR$의 면적 $area(\triangle PQR)$은

$$area(\triangle PQR)=\sphericalangle(RPQ)+\sphericalangle(PQR)+\sphericalangle(QRP)-\pi$$

이다.

증명 S^2 위에서 점 P와 대점 $-P$를 잇는 반직선을 꼭지각 θ만큼 회전할 때 생기는 영역을 P영역이라 하면 P영역의 넓이 $area(P\text{영역})$은

$$area(P\text{-영역}) = 4\pi\frac{\theta}{2\pi} = 2\theta$$

임을 알 수 있다. 이제 그림 2.15와 같이 구면을 적당히 회전하더라도 삼각형 $\triangle PQR$의 기하학적 성질들은 변함이 없다. P에서부터 $\widehat{PQ}$와 $\widehat{PR}$을 연장하여 $-P$를 잇는 두 반직선에 의하여 둘러싸인 영역을 P영역이라 하면

$$P\text{영역} = \triangle PQR + \triangle(-P)QR$$

임을 알 수 있다. 마찬가지로,

$$Q\text{영역} = \triangle QPR + \triangle(-Q)PR,$$
$$R\text{영역} = \triangle RPQ + \triangle(-R)PQ.$$

$\triangle(-R)PQ = \triangle R(-P)(-Q)$이므로

$$R\text{영역} = \triangle RPQ + \triangle R(-P)(-Q)$$

이다.

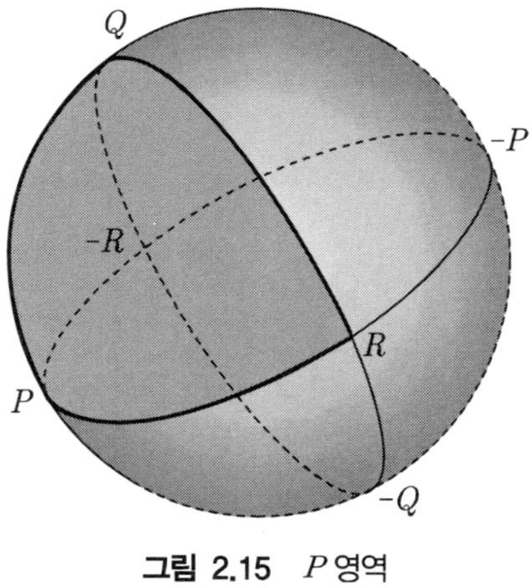

그림 2.15 P영역

따라서 P영역$+$ Q영역$+$ R영역은 반구면 위에 $\triangle PQR$가 2번 겹치므로 넓이는

$$area(P\text{영역} + Q\text{영역} + R\text{영역}) = 2area\triangle PQR + \frac{1}{2}area(S^2)$$

이다.

$$area(P\text{영역} + Q\text{영역} + R\text{영역}) = 2\sphericalangle(RPQ) + 2\sphericalangle(PQR) + 2\sphericalangle(QRP)$$

이고 $area(S^2)=4\pi$이므로

$$area(\triangle PQR)= \measuredangle(RPQ)+\measuredangle(PQR)+\measuredangle(QRP)-\pi$$

이다. ✤

다음 정리에서는 구면 위의 한 점에서 출발하는 두 반직선 사이의 각에 대하여 이 두 반직선을 서로 교환하는 반사변환이 유일하게 존재함을 설명하고 있다.

정리 2.8.2

S^2 위의 한 라디안 각 $\mathscr{A}$에 대하여 그 두 팔을 서로 교환하는 반사가 유일하게 존재한다.

증명 만약 각 $\mathscr{A}=\measuredangle(PQR)$가 0이면 P, Q, R이 반직선 $\ell=\overrightarrow{QP}=\overrightarrow{QR}$ 위에 있고 Ω_ℓ은 두 팔 $\overrightarrow{QP}$와 $\overrightarrow{QR}$을 교환한다. 또한, 각 $\mathscr{A}=\measuredangle(PQR)$가 π이면 P, Q, R이 반직선 ℓ에 수직인 직선 m에 포함되므로 Ω_ℓ은 두 팔 $\overrightarrow{QP}$과 $\overrightarrow{QR}$를 교환한다. 이제 $\mathscr{A}$가 0도 아니고 π도 아니라 하자.

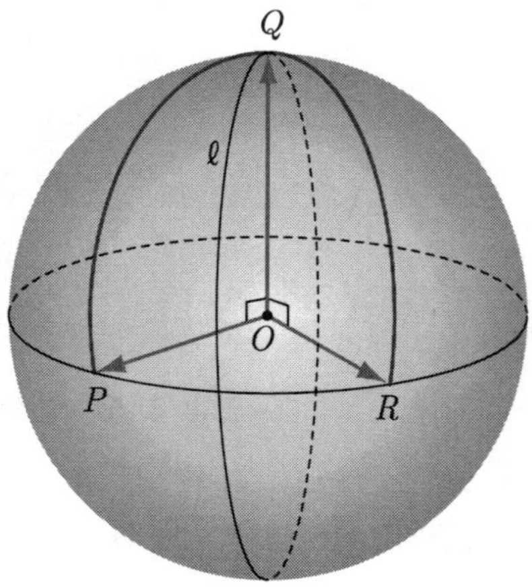

그림 2.16 두 변의 교환

두 반직선 $\overrightarrow{QP}$와 $\overrightarrow{QR}$이 $Q\cdot P=0$, $Q\cdot R=0$이고 $\dfrac{P\times R}{|P\times R|}=Q$을 만족하는 P, R을 택할 수 있다.

이제 $\xi = \dfrac{P-R}{|P-R|}$을 극으로 하는 직선 ℓ을 택하자. $Q \cdot \xi = 0$이고 $\Omega_\ell Q = Q$이므로

$$\begin{aligned}\Omega_\ell P &= P - 2(P \cdot \xi)\xi = P - 2(P \cdot (P-R))\frac{(P-R)}{|P-R|^2} \\ &= P - 2(1 - P \cdot R)\frac{P-R}{2(1-P \cdot R)} = R\end{aligned}$$

이다. 마찬가지로, $\Omega_\ell R = P$이다. 정리 2.4.4로부터 그러한 직선 ℓ은 유일하다.

✤

2.9 구면 삼각형의 사인법칙과 코사인법칙

유클리드 평면 위의 삼각형 $\triangle ABC$에 대하여 세 꼭지각

$$\measuredangle(BAC) = A,\ \measuredangle(ABC) = B,\ \measuredangle(ACB) = C$$

를 갖고, 변 $\overline{AB}$, $\overline{BC}$, $\overline{AC}$의 길이를 각각 c, a, b라 하면 사인법칙과 코사인법칙은 각각

$$\frac{\sin A}{a} = \frac{\sin B}{b} = \frac{\sin C}{c},\ c^2 = a^2 + b^2 - 2ab\cos C$$

로 주어진다.

이제 구면 S^2 위의 삼각형 $\triangle ABC$도 세 라디안 각(또는 꼭지각)

$$\measuredangle(BAC) = A,\ \measuredangle(ABC) = B,\ \measuredangle(ACB) = C$$

를 갖고, 변 $\widehat{AB}$, $\widehat{BC}$, $\widehat{AC}$의 길이를 각각 c, a, b라 하자.

구면 선분의 길이의 정의로부터 사실상 a는 B와 C의 사이각, b는 A와 C의 사이각, c는 A와 B의 사이각이다.

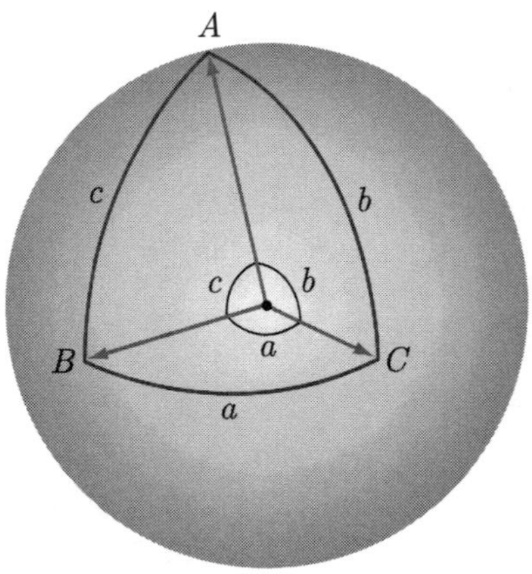

그림 2.17 사인법칙과 코사인법칙

다음 두 정리는 구면 삼각형에서 성립하는 사인법칙과 코사인법칙을 보여주고 있다.

정리 2.9.1 구면삼각형 위의 사인법칙

$$\frac{\sin A}{\sin a}=\frac{\sin B}{\sin b}=\frac{\sin C}{\sin c}.$$

증명 $|B\times C|^2=|B|^2|C|^2\sin^2 a=\sin^2 a$이므로 $|B\times C|=\sin a$이다.
마찬가지 방법으로

$$|A\times B|=\sin c,\quad |A\times C|=\sin b,$$
$$(A\times B)\cdot(A\times C)=(A\cdot A)(B\cdot C)-(A\cdot C)(A\cdot B)$$
$$=\cos a-\cos b\cos c$$

이므로 $\measuredangle(BAC)=\cos^{-1}\left(\frac{A\times B}{|A\times B|}\cdot\frac{A\times C}{|A\times C|}\right)$로부터

$$\cos A=\frac{\cos a-\cos b\cos c}{\sin b\sin c}$$

이다. 따라서

$$1-\cos A=\frac{-\cos a+\cos b\cos c+\sin b\sin c}{\sin b\sin c}$$

이다. 한편,

$$2\sin^2\frac{A}{2}=1-\cos A=\frac{\cos(b-c)-\cos a}{\sin b\sin c},$$
$$2\cos^2\frac{A}{2}=1+\cos A=\frac{\cos a-\cos(b+c)}{\sin b\sin c}$$

이므로

$$\sin^2 A=4\sin^2\frac{A}{2}cos^2\frac{A}{2}=\frac{k}{\sin^2 b\sin^2 c}$$

이다. 여기서

$$k=\cos(b-c)\cos a-\cos^2 a-\cos(b-c)\cos(b+c)+\cos a cos(b+c)$$
$$=\left(-2\sin\frac{b-c+a}{2}sin\frac{b-c-a}{2}\right)\left(-2\sin\frac{a+b+c}{2}sin\frac{a-b-c}{2}\right).$$

이제 $a+b+c=2s$ 라 하면

$$\frac{\sin^2 A}{\sin^2 a}=\frac{4\sin s\sin(s-a)\sin(s-b)\sin(s-c)}{\sin^2 a\sin^2 b\sin^2 c},$$

$$\frac{\sin A}{\sin a}=\frac{2\sqrt{\sin s\sin(s-a)\sin(s-b)\sin(s-c)}}{\sin a\sin b\sin c}$$

이다. 마찬가지 방법으로 계산하면,

$$\frac{\sin A}{\sin a}=\frac{\sin B}{\sin b}=\frac{\sin C}{\sin c}$$

임을 알 수 있다. ✤

정리 2.9.2 구면삼각형 위의 코사인법칙

$$\cos a=\cos b\cos c+\sin b\sin c\cos A.$$

증명 구면삼각형의 사인법칙의 증명으로부터

$$\cos A=\frac{A\times B}{|A\times B|}\cdot\frac{A\times C}{|A\times C|}$$

이므로

$$\cos A=\frac{\cos a-\cos b\cos c}{\sin b\sin c}$$

이다. 따라서

$$\cos a=\cos b\cos c+\sin b\sin c\cos A$$

이다. ✤

예제 2.9.3

S^2 위의 세 점 $P=(1,\ 0,\ 0)$, $Q=(0,\ 0,\ 1)$, $R=\left(\frac{1}{\sqrt{2}},\ \frac{1}{\sqrt{2}},\ 0\right)$에 대한 라디안 각 $\measuredangle(PQR)$을 구하여라. 또한 $\measuredangle(PRQ)$, $\measuredangle(QPR)$을 라디안 각의 정의를 사용하지 말고 사인법칙을 이용하여 구하여라.

풀이

$$\sphericalangle(PQR) = \cos^{-1}\left(\frac{Q\times P}{|Q\times P|}\cdot\frac{Q\times R}{|Q\times R|}\right)$$
$$= \cos^{-1}\left((0,\ 1,\ 0)\cdot\left(-\frac{1}{\sqrt{2}},\ \frac{1}{\sqrt{2}},\ 0\right)\right)$$
$$= \cos^{-1}\left(\frac{1}{\sqrt{2}}\right) = \frac{\pi}{4},$$
$$\angle QOR = \cos^{-1}\left(\frac{Q\cdot R}{|Q|\cdot|R|}\right) = \cos^{-1}(0) = \frac{\pi}{2},$$
$$\angle POR = \cos^{-1}\left(\frac{1}{\sqrt{2}}\right) = \frac{\pi}{4},$$
$$\angle POQ = \cos^{-1}(0) = \frac{\pi}{2}.$$

S^2 위의 사인법칙에 의하여

$$\frac{\sin\sphericalangle PQR}{\sin\angle POR} = \frac{\sin\sphericalangle QPR}{\sin\angle QOR} = \frac{\sin\sphericalangle PRQ}{\sin\angle POQ}$$

이므로

$$\frac{\sin\frac{\pi}{4}}{\sin\frac{\pi}{4}} = \frac{\sin\sphericalangle QPR}{\sin\frac{\pi}{2}} = \frac{\sin\sphericalangle PRQ}{\sin\frac{\pi}{2}}$$

이다. 따라서 $\sin\sphericalangle QPR = \sin\sphericalangle PRQ = 1$ 이므로 $\sphericalangle QPR = \sphericalangle PRQ = \frac{\pi}{2}$ 임을 알 수 있다. ✤

2장 연습문제

1. 원점 O와 점 $(1,\ 0,\ \sqrt{3})$을 지나가는 직선이 구면 S^2와 만나는 점을 ξ라 할 때

(a) ξ를 극으로 갖는 S^2 위의 직선 ℓ의 방정식을 구하여라.

(b) S^2 위의 점 $P=(0,\ 1,\ 0)$가 ℓ을 따라 $\frac{\pi}{3}$만큼 회전할 때 나타나는 점 Q를 구하여라.

2. ξ가 직선 ℓ의 극이면 $-\xi$도 ℓ의 극임을 보여라.

3. S^2 위의 두 점 $P=\left(\frac{1}{\sqrt{3}},\ \frac{1}{\sqrt{3}},\ \frac{1}{\sqrt{3}}\right)$와 $Q=\left(-\frac{1}{\sqrt{2}},\ 0,\ \frac{1}{\sqrt{2}}\right)$에 대하여

(a) 소선분 PQ에 대한 수직 이등분선 ℓ을 구하여라.

(b) 라디안 각$\measuredangle(PQR)=\measuredangle(QPR)=\frac{\pi}{2}$인 점 $R\in S^2$에 대하여 구면 이등변삼각형 $\triangle PQR$을 구하여라.

4. E^3의 정규직교기저 $\{e_1,\ e_2,\ e_3\}$에 대하여, S^2 위에서 e_1과 ℓ과 n의 교점과의 사이각은 $\frac{\pi}{2}$이고 e_1과 m과 n의 교점과의 사이각이 $\frac{\pi}{4}$일 때, 점 $P=\frac{1}{\sqrt{3}}e_1-\frac{1}{\sqrt{3}}e_2+\frac{1}{\sqrt{3}}e_3$에 대하여

(a) 회전 $TP=\Omega_\ell\Omega_m P$를 구하여라.

(b) P를 회전 $Q=TP$ 로 보내는 반사를 구하여라.

5. E^3의 정규직교기저 $\{e_1, e_2, e_3\}$에 대하여, S^2 위에서 e_3에 대한 회전 α의 표현행렬 $\begin{pmatrix} rot\left(\frac{\pi}{4}\right) & 0 \\ 0 & 1 \end{pmatrix}$과 e_1에 대한 반회전 β의 표현행렬 $\begin{pmatrix} 0 & 1 & 0 \\ -1 & 0 & 0 \\ 0 & 0 & 1 \end{pmatrix}$이 군을 생성함을 보여라.

6. $P=\left(\frac{1}{\sqrt{2}}, 0, \frac{1}{\sqrt{2}}\right)$, $Q=\left(\frac{1}{\sqrt{3}}, -\frac{1}{\sqrt{3}}, \frac{1}{\sqrt{3}}\right)$, $R=\left(\frac{2}{\sqrt{5}}, \frac{1}{\sqrt{5}}, 0\right)$가 S^2 위의 세 점일 때

(a) 두 팔 $\overrightarrow{PR}$과 $\overrightarrow{PQ}$를 교환하는 반사를 구하여라.

(b) 구면삼각형 $\triangle PQR$의 중점을 구하여라.

7. S^2 위의 세 점 $P=\left(\frac{1}{2}, \frac{\sqrt{3}}{2}, 0\right)$, $Q=\left(\frac{\sqrt{3}}{2}, \frac{1}{2}, 0\right)$, $R=(0, 0, 1)$에 대하여

(a) 라디안 각 $\measuredangle(PRQ)$을 구하여라.

(b) $\measuredangle(PQR)$, $\measuredangle(QPR)$을 사인법칙을 이용하여 구하여라.

(c) 삼각형$\triangle PQR$의 면적을 구하여라.

8. $P, Q, R \in S^2$에 대하여 $P\times Q=0$이고 $Q\times R=0$이면 P, Q, R가 공선적(collinear)임을 보여라.

9. $ROT(P)$을 S^2 위의 점 P에 대한 회전군이라 하자.

(a) 임의의 $T=\Omega_\alpha \Omega_\beta \in ROT(P)$와 점 P를 지나는 직선 ℓ에 대하여 $T=\Omega_l \Omega_m = \Omega_{m'} \Omega_l$을 만족하는 점 P를 지나는 두 직선 m, m'이 유일하게 존재함을 보여라.
(즉, S^2 위의 회전에 대한 표현정리 증명.)

(b) $ROT(Q)$를 S^2 위의 점 Q에 대한 회전군이라 할 때 $ROT(P)$와 $ROT(Q)$가 서로 (대수적) 동형임을 보여라.(즉, $ROT(P) \approx ROT(Q)$임을 보여라.)

10. S^2 위의 삼각형 $\triangle ABC$에서 세 변의 길이를 각각 a, b, c라 하고 꼭짓점의 라디안 각을 각각 A, B, C라 하자. 사인법칙과 코사인법칙을 이용하여

(1) $A=30°$, $b=45°$, $c=60°$일 때 각 a, B, C를 구하여라.

(2) $a=30°$, $b=45°$, $c=60°$일 때 각 A, B, C를 구하여라.

Non-Euclidean Model

제 3 장

사영평면

중세 종교예술이 미술과 건축을 배경으로 하여 르네상스 시대부터 인간중심 사상으로 바뀌면서 인간의 눈에 보이는 그대로를 사실적으로 그리기 시작했다. 인간의 시선(視線)에 포착되는 형태에 따라 사물을 그리는 방법을 '원근법(투시화법)'이라고 한다. 원근법으로 그림을 그릴 때는 일단 관측자의 눈으로부터 그리고자 하는 대상까지를 직선으로 연결하고 3차원 세계에서는 평행한 직선을 2차원 평면 위에 '소실점'이라는 한 점에서 만나는 것처럼 그리는 것이다. 따라서 여기에서는 평행선이 존재할 수 없다.

예를 들어 **레오나르도 다빈치**(Leonardo da Vinci, 1452~1519)의 '모나리자'와 '최후의 만찬', **미켈란젤로**(Michelangelo, 1475~1564)의 '천지창조' 그리고 **라파엘로**(Raffaello, 1483~1520)의 '아테네 학당' 등은 대표적으로 원근법을 정밀하게 적용한 작품들이다. 최후의 만찬에서는 예수 그리스도의 이마 위에 소실점이 오도록 하고 원근법을 적용시킨 작품이고, 천지창조는 조각가인 미켈란젤로가 교황의 명령으로 시스티나 성당 천정에 원근법을 이용하여 그린 작품이다. 라파엘로의 아테네 학당은 최고의 원근법 기법을 보여주고 있다. 50여명의 인물들을 원근법적으로 배치하고 건물과의 조화를 잘 보여주고 있다.

이러한 이탈리아 화가들과 함께 독일의 화가 **뒤러**(Albrecht Dürer, 1467~1528)에 의해 이용된 원근법(투시화법)의 방법을 도입해 17세기에 프랑스의 **데자르그**(Desargues, Gerard, 1591~1661)와 **파스칼**(Pascal, Blaise, 1623~1662)은 사영기하학(projective geometry)을 창시했다. 사영기하학은 투시화법에 기반한 사영이라는 기본 작도에 의하여 그려지는 기하학이다. 도형에 관하여 선분의 길이나 각의 크기 등의 계량적인 요소와 직선들의 평행 등을 제외하고, 변하지 않는 성질을 연구하는 기하학으로서 유클리드 기하와는 다른 실용 기하학이다. 유클리드기하학은 등장사상과 같은 도형의 있는 그대로를 유지하는 변환을 연구하는 것이 의미를 지니고 있고, 도형을 부분적으로 늘리거나 축소시키는 등의 변환에 대한 연구는 그 범위에 들어가지 않는다. 사영기하학의 연구가 시작되던 그 당시에는 종래의 개념이나 방법에 비해 이질적이기 때문에 처음 등장한 후 150년 동안 빛을 보지 못하였다.

그러나 1770년에 이르러 르네상스의 성당 건축의 필요에서 탄생된 석공술과 축성술에 자극을 받아 **몽주**(Monge, G., 1746～1818)의 '화법기하학(Descriptive Geometry)'이 탄생되었고, 이를 통하여 근대 사영기하학으로 체계화되었다. 더 나아가서, 1822년 **퐁슬레**(Poncelet, J., 1788～1867)의 저작 '도형의 사영적 성질에 관한 개론'에 의하여 사영기하학은 크게 발전하게 되었다. 그는 러시아 포로 생활을 하는 동안에도 감옥의 벽에 그림을 그리면서 사영기하학을 연구한 것으로 유명하다.

3.1 투시도와 사영평면

중심사영(central projection): 한 점 O를 고정하고 O를 포함하지 않은 평면 H가 있다고 하자. 직선 $\overleftrightarrow{OQ}$가 H와 평행하지 않은 임의의 점 $Q \in E^3$에 대해서 중심사영 f를

$$f(Q) = \overleftrightarrow{OQ} \cap H$$

로 정의한다.

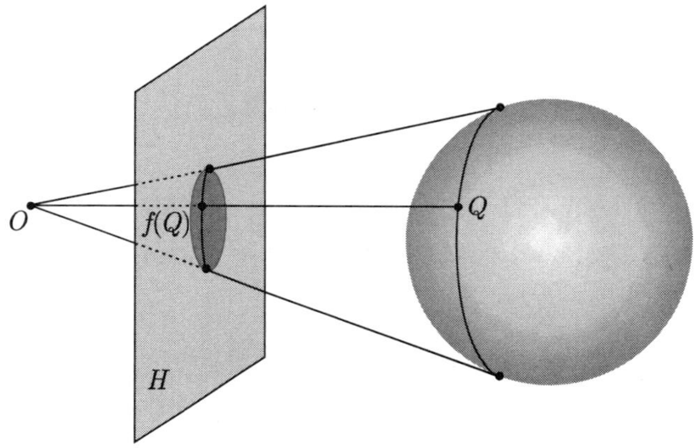

그림 3.1 중심사영

평행사영(parallel projection): 0이 아닌 벡터 $\vec{v}$에 대하여 $\vec{v}$와 평행하지 않은 평면 H가 있다고 하자. 임의의 점 Q를 지나는 직선 L_Q가 벡터 $\vec{v}$와 평행할 때 평행사영 g를

$$g(Q) = L_Q \cap H$$

로 정의한다.

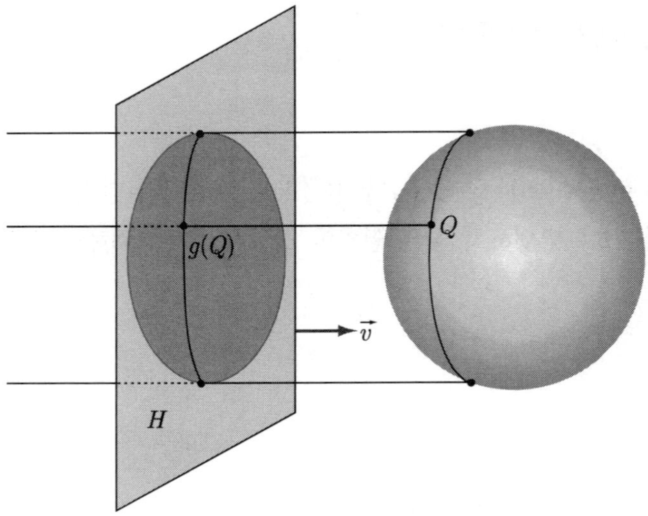

그림 3.2 평행사영

평행사영은 고정된 한 관찰자의 눈으로 보는 모양이 아니고 그 관찰자가 움직이면서 보거나, 객관적인 입장에서 여러 관찰자가 동시에 살펴보는 결과이므로 이 경우 사영기하에서는 별로 사용하지 않는다.

관찰자의 눈을 원점 O에 위치할 때 원점 O를 통과하는 직선을 **방사선**(radial line)이라 하고, 원점 O를 통과하는 평면을 **방사면**(radial plane)이라 부른다.

주어진 3차원 도형 $\mathscr{F}$에 대한 **사영화**(projectivization)란 그 도형 $\mathscr{F}$의 점들을 지나가는 모든 방사선들과 그 도형 $\mathscr{F}$의 점들을 지나가는 직선들에 무한히 가깝게 접근하는 모든 방사선들의 집합을 말한다.

따라서 주어진 물체의 사영화는 관찰자의 눈에 다음과 같은 현상을 보여준다.

(a) 방사선들이 점들로 보이고 방사면들이 직선으로 보인다.

(b) 일반적으로 차원을 보존하지 않는다.

(c) 방사선이 아닌 직선 ℓ 위의 점들 P에 대하여 관찰자 O의 눈에 더 이상 방사선으로 보이지 않는 점을 **무한대 점**(point at infinity)이라 하고 P_∞로 표시한다. 즉, $P_\infty = \lim_{P\to\infty} \overleftrightarrow{OP}$.

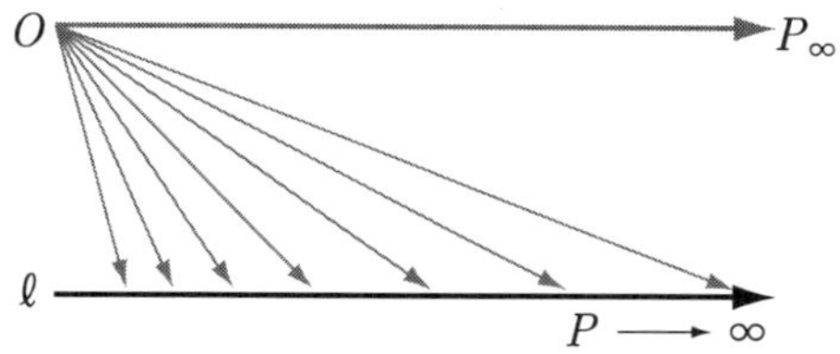

그림 3.3 도형의 사영화

(d) 방사면이 아닌 평면 H 위의 점들 P에 대하여 관찰자 O의 눈에 방사선 $\overleftrightarrow{OP}$가 H와 평행한 방사면에 무한히 접근하는 점들을 **무한대 선**(line at infinity)이라 하고 H_∞로 표시한다. 즉, $H_\infty = \left\{ \lim_{P \to \infty} \overleftrightarrow{OP} \mid P \in H \right\}$.

따라서 관찰자의 눈에는 H_∞가 평면 H의 지평선(horizon) 위에 놓여 있는 것처럼 보인다.

소실점(vanishing point): 주어진 물체의 점들이 관찰자의 눈 O 사이의 방사선들이 투영평면 H에 나타나는 상(image)을 생각하자. 이때 한 방사선의 무한대 점이 투영평면 위의 상의 한 점으로 나타날 때 이 점을 **소실점**(vanishing point)이라 한다.

그림 3.4에서 관찰자의 눈 O로부터 투영평면 H를 넘어 유클리드 공간 E^3 안에서 평행한 두 직선 ℓ_1과 ℓ_2의 점들이 H 위에서 두 사선으로 대응되고 직선 ℓ_1과 ℓ_2의 무한대 ∞는 H 위에서 소실점 V에 대응함을 알 수 있다.

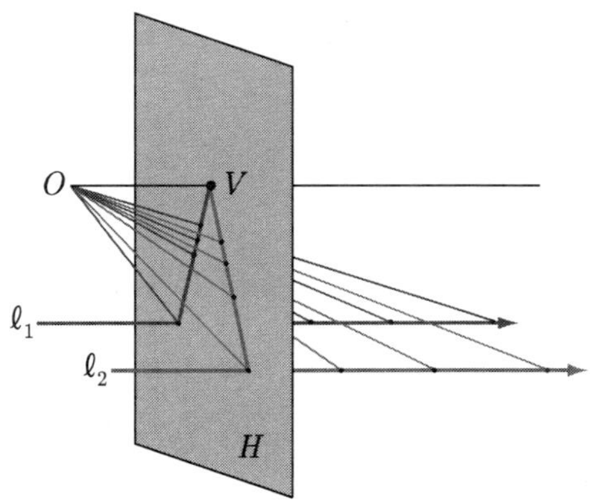

그림 3.4 방사선과 소실점

이제 E^2에 놓여 있지 않은 관찰자의 눈 O에서 평면 E^2의 점들로 방사선을 대응시킬 때 **사영평면**(projective plane) P^2는

$$P^2 = E^2 \cup \{\text{무한대 점들}\} = \{O\text{의 모든 방사선}\} \cup \{\text{무한대 점들}\}$$

로 정의된다. 이제 평면 E^2를 구면 S^2의 남극점에 접하도록 위치하고 S^2의 원점 O를 관측자의 눈이라 하면 평면 E^2의 모든 점들을 원점 O의 방사선들로 대응시키면 이 방사선들은 구면 S^2의 남반구면의 모든 점들과 일대일 대응하고 무한대 점들은 S^2의 적도와 대응한다. 더 나아가서, 남반구면의 점들은 방사선들의 반대 방향으로 연장하면 각각 대점들과 대응하게 된다.

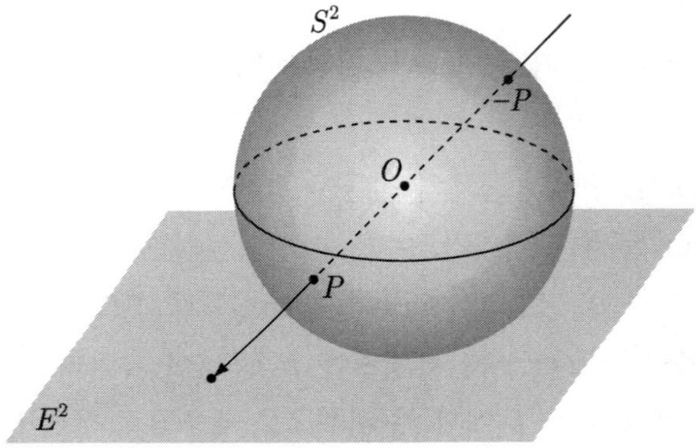

그림 3.5 입체사영

그러므로 사영평면 P^2는 $P^2 = \{\{x,\ -x\} | x \in S^2\}$으로 정의하기도 한다. 즉, S^2 위의 두 대점을 연결하는 한 방사선을 한 점으로 간주한다. 이는 구면 위의 한 점에서 그 대점을 향하여 일치시켜 바라볼 때 겹치는 모든 점들이 한 점으로 보이게 된다. 따라서 두 대점을 연결하는 직선도 한 점으로 보인다.

그러므로 E^3에서 원점을 지나는 모든 직선들을 사영평면의 점들로 정의할 수 있다. 즉,

$$\begin{aligned} P^2 &= \{(x,\ -x) | x \in S^2\} \\ &= E^3/\sim,\ \text{여기서}\ x \sim y \Leftrightarrow y = kx,\ k \neq 0. \end{aligned}$$

사영사상(projection) $\pi : S^2 \to P^2$는 $\pi(x) = \{x,\ -x\}$으로 정의하며 $\pi(x)$는 E^3에서 원점 O를 포함하는 x 방향의 직선에 대응하는 함수이다.

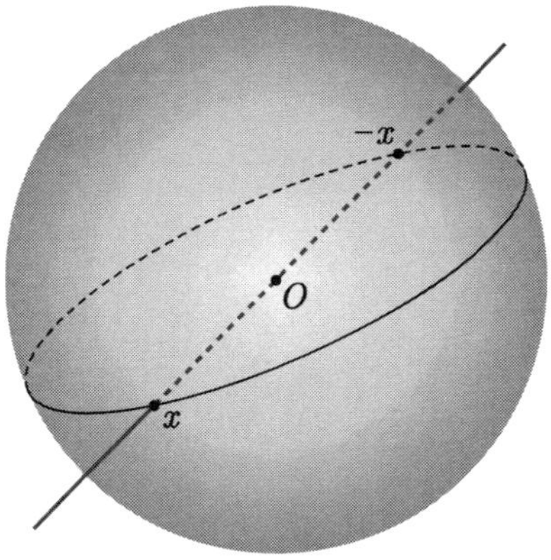

그림 3.6 대점과 사영평면의 점

그러므로 사영평면 P^2의 기하학을 연구하는 대상을 구면 S^2의 대점들을 일치시킨 집합으로 보았을 때 P^2는 상반구면(또는 하반구면)과 절반의 적도점으로 간주하여 직선과의 관계, 두 점 사이의 거리에 의한 기하학적 문제, 주어진 직선에 대한 반사, 회전, 이동에 대한 등장사상과 대수적인 구조 등을 조사할 수 있으며 구면기하학으로부터 자연스럽게 유도해 낼 수 있어 편리하다.

3.2 P^2 위의 직선

S^2 위의 직선 ℓ과 극 ξ에 대하여, 직선 ℓ은 원점 O를 포함하고 ξ에 수직인 평면이 S^2와 만나는 절단선이다. 따라서 사영사상 $\pi: S^2 \to P^2$에 대하여 πx는 x와 x의 대척점인 $-x$를 동일한 점으로 정의한다. 그러므로 P^2 위의 **직선**(line) $\pi\ell$은 $\pi\xi = \pi(-\xi)$를 극(pole)으로 갖는 직선으로 정의한다. 즉, P^2 위의 직선 $\pi\ell$은 S^2 위의 직선 ℓ과 극 ξ에 대하여, $x \cdot \xi = 0$을 만족하는 $x \in \ell$가 존재하여 $\pi x \cdot \pi\xi = 0$이다. 더 나아가서, E^3에서 ℓ을 포함한 평면이 원점 O를 지나고 O에서 관찰자의 눈은 이 평면을 사영평면 P^2 위의 한 직선으로 볼 것이다.

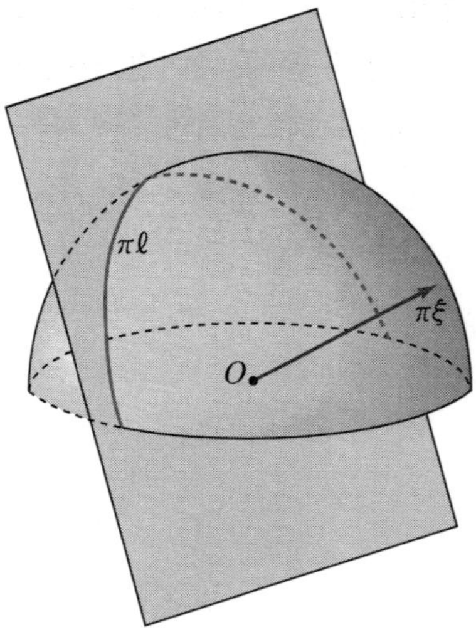

그림 3.7 사영평면의 직선

다음 정리는 사영평면 위의 점과 직선과의 관계를 나타내는 결합공리와 타원기하학의 평행선공리를 설명하고 있다. 타원기하학의 모델 중의 하나인 구면에서의 타원평행공리는 두 직선이 두 점에서 만나고 사영평면에서는 오직 한 점에서 만난다는 차이점이 있다.

정리 3.2.1

(1) (결합공리 Ⅰ) P^2 위의 서로 다른 두 점을 지나는 직선이 유일하게 존재한다.
(2) (타원평행공리) P^2 위의 한 직선과 그 직선 위에 있지 않은 한 점을 지나는 직선은 오직 한 점에서 만난다.

증명 (1) πx와 πy가 P^2에서 서로 다른 점이므로 x와 y는 S^2 위에서 서로 대척적이지 않다. 따라서 x와 y를 지나는 직선 ℓ이 S^2 위에서 유일하게 존재하므로 πx와 πy를 지나는 직선 $\pi\ell$은 유일하다.

(2) 극이 ξ인 S^2 위의 직선 ℓ과 그 직선 위에 있지 않은 한 점을 지나고 극이 η인 직선을 m이라 하자. 따라서 P^2 위에서 직선 $\pi\ell$과 πm의 극은 각각 $\pi\xi$, $\pi\eta$이다. $\pi\xi \neq \pi\eta$이므로 S^2 위에서 ξ와 η는 대척적이지 않다. 그리고 S^2 위에서 ξ와 η의 두 교점은

$$\pm\frac{\xi\times\eta}{|\xi\times\eta|}\in\ell\cap m$$

이므로 P^2 위에서 $\pi\left(\frac{\xi\times\eta}{|\xi\times\eta|}\right)=\pi\left(-\frac{\xi\times\eta}{|\xi\times\eta|}\right)$는 $\pi\ell$과 πm이 만나는 유일한 교점이다. ✤

구면 S^2에서와 마찬가지로 P^2에서도 서로 다른 두 직선에 수직인 수직선이 유일하게 존재함을 보여준다.

정리 3.2.2 공통수선

m과 n이 P^2에서 서로 다른 직선일 때 m과 n에 수직인 직선 ℓ이 P^2에서 유일하게 존재한다.

증명 $m=\pi m'$, $n=\pi n'$이고 m', $n'\in S^2$이라고 하자. m'의 극을 ξ, n'의 극을 η라 하면 m', n'은 서로 다른 직선이므로 ξ와 η는 대척적이 아니다. 즉, $\xi\times\eta\neq 0$. 따라서 $\alpha=\frac{\xi\times\eta}{|\xi\times\eta|}$라 하면 $\alpha\cdot\xi=0$, $\alpha\cdot\eta=0$을 만족하므로

$$\pi\alpha \cdot \pi\xi = (\pm\alpha) \cdot (\pm\xi) = 0,$$
$$\pi\alpha \cdot \pi\eta = (\pm\alpha) \cdot (\pm\eta) = 0$$

이다. m의 극을 $\pi\xi$, n의 극을 $\pi\eta$이므로 $\pi\alpha$를 극으로 갖는 직선을 ℓ이라 할 때, 직선 ℓ은 m, n과 수직이며 유일하게 존재한다. ✤

예제 3.2.3

P^2 위의 두 직선이 $x+2y=0$과 $2x-z=0$일 때 공통수선을 포함하는 직선을 구하여라.

풀이 두 직선은 $(1, 2, 0) \cdot (x, y, z) = 0$이고, $(2, 0, -1) \cdot (x, y, z) = 0$으로 표현되므로 P^2 위의 직선 $x+2y=0$의 극은 $(1, 2, 0)$과 평행한 단위벡터이고, 직선 $2x-z=0$의 극은 $(2, 0, -1)$과 평행한 단위벡터이다. 따라서 두 직선에 수직인 직선의 극은

$$(1, 2, 0) \times (2, 0, -1) = (-2, 1, -4)$$

과 평행한 단위벡터이므로 공통수선은

$$0 = (-2, 1, -4) \cdot (x, y, z) = -2x + y - 4z$$

이다. ✤

사영평면 P^2 위에서 삼각형 $\triangle ABC$는 세 직선 $\overleftrightarrow{AB}$, $\overleftrightarrow{BC}$, $\overleftrightarrow{AC}$의 합집합으로 정의한다. 만약 여러 직선들이 한 점에서 교차할 때 이들 직선들을 **공점적**(coincident)이라 하고, 여러 점들이 한 직선 위에 있을 때 이 점들을 **공선적**(collinear)이라 한다. 두 삼각형 $\triangle ABC$와 $\triangle A'B'C'$에서 대응하는 꼭짓점들을 연결하는 세 직선 $\overleftrightarrow{AA'}$, $\overleftrightarrow{BB'}$, $\overleftrightarrow{CC'}$이 공점적일 때 이 두 삼각형 $\triangle ABC$와 $\triangle A'B'C'$을 **원근법적**(in perspective)이라 한다.

다음 정리는 사영기하학에서 가장 유명한 정리 중의 하나이다. 사영평면의 두 삼각형에 대하여 대응하는 꼭짓점끼리 연결한 세 직선들이 한 점에서 만날 때 대응변들끼리 만나는 세 점들이 한 직선 위에 놓여 있다는 것이다.

정리 3.2.4 데자르그 정리(G. Desargues, 1591~1661)

만약 P^2 위에서 두 삼각형 $\triangle ABC$와 $\triangle A'B'C'$이 원근법적일 때, 대응하는 세 변들이 교차하는 점 $P=\overleftrightarrow{AB}\cap\overleftrightarrow{A'B'}$, $Q=\overleftrightarrow{AC}\cap\overleftrightarrow{A'C'}$, $R=\overleftrightarrow{BC}\cap\overleftrightarrow{B'C'}$은 공선적이다.

증명 $X=\overleftrightarrow{AA'}\cap\overleftrightarrow{BB'}\cap\overleftrightarrow{CC'}$이라 하자. 다음 두 가지 경우로 나누어 증명한다.

경우 1: 두 삼각형 $\triangle ABC$와 $\triangle A'B'C'$이 한 평면 위에 놓여 있지 않은 경우,

먼저, $\overleftrightarrow{AB}\cap\overleftrightarrow{A'B'}$, $\overleftrightarrow{AC}\cap\overleftrightarrow{A'C'}$, $\overleftrightarrow{BC}\cap\overleftrightarrow{B'C'}$가 각각 공집합이 아님을 보이자.

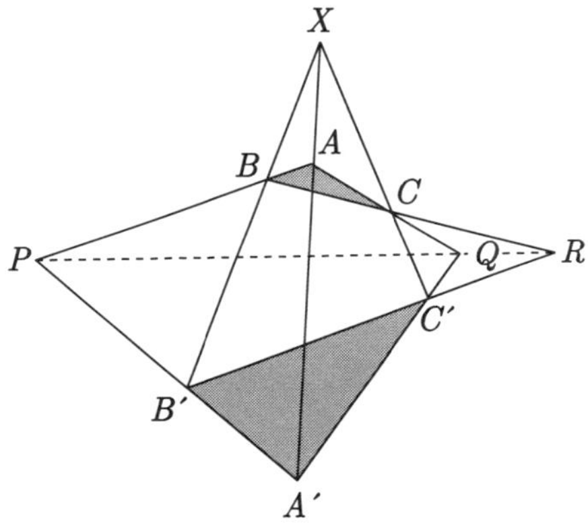

그림 3.8 두 삼각형이 서로 다른 평면 위에 놓여 있는 경우

두 삼각형이 원근법적이라는 가정으로부터 다음 직선들의 쌍이 각각 하나의 평면에 포함된다. 즉,

$$\overleftrightarrow{AB},\ \overleftrightarrow{A'B'}\subset \text{평면}\{ABX\},$$
$$\overleftrightarrow{AC},\ \overleftrightarrow{A'C'}\subset \text{평면}\{ACX\},$$
$$\overleftrightarrow{BC},\ \overleftrightarrow{B'C'}\subset \text{평면}\{BCX\}.$$

따라서 각 평면에서 만나는 점이 존재하므로 그 점들을 P, Q, R이라 하자. 한편,

$$\overleftrightarrow{AB},\ \overleftrightarrow{AC},\ \overleftrightarrow{BC}\subset \text{평면}\{ABC\},$$
$$\overleftrightarrow{A'B'},\ \overleftrightarrow{A'C'},\ \overleftrightarrow{B'C'}\subset \text{평면}\{A'B'C'\}$$

이므로,

$$P,\ Q,\ R \in \text{평면}\{ABC\} \cap \text{평면}\{A'B'C'\}.$$

즉, P, Q, R이 두 평면이 만나는 한 직선 위에 놓여 있다.

경우 2: 두 삼각형 $\triangle ABC$와 $\triangle A'B'C'$이 한 평면 위에 놓여 있는 경우에, 만약 $A=A'$, $B=B'$, $C=C'$이면 더 이상 증명할 필요가 없다. 그러므로 두 삼각형이 최소한 한 변은 다르다고 가정하자($\overleftrightarrow{BC} \neq \overleftrightarrow{B'C'}$).

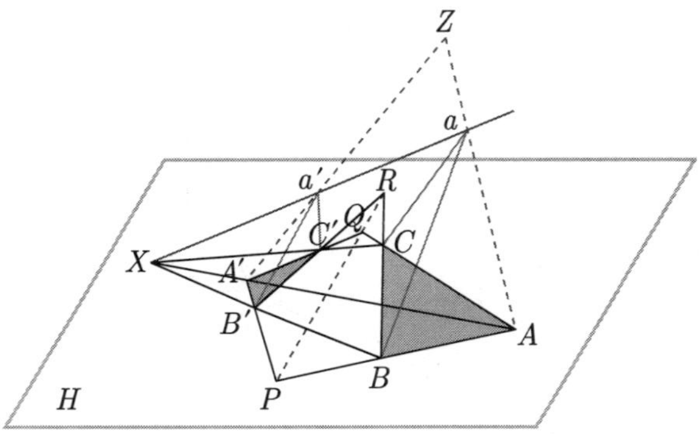

그림 3.9 두 삼각형이 동일 평면 위에 놓여 있는 경우

이제, H는 A, B, C, A', B', C'을 포함하는 평면이고, $Z \notin H$, 그리고 $a \in \overleftrightarrow{AZ}$라 하자. 이때, a, A, Z는 모두 다른 점들이다. 두 직선 $\overleftrightarrow{ZA'}$과 $\overleftrightarrow{Xa}$는 평면 $\{ZAX\}$에 놓여 있으므로, 점 a'을 $a' = \overleftrightarrow{ZA'} \cap \overleftrightarrow{Xa}$로 정의할 수 있다.
$X \in \overleftrightarrow{aa'} \cap \overleftrightarrow{BB'} \cap \overleftrightarrow{CC'}$이므로 두 삼각형 $\triangle aBC$와 $\triangle a'B'C'$는 원근법적이다. 한편, 이 두 삼각형은 한 평면 위에 놓여 있지는 않다. 왜냐하면, 평면 H는 단지 두 직선 $\overleftrightarrow{BC}$와 $\overleftrightarrow{B'C'}$만을 포함하고 a와 a'을 포함하지 않기 때문이다. 따라서 경우1로부터 세 점

$$p = \overleftrightarrow{aB} \cap \overleftrightarrow{a'B'},\ q = \overleftrightarrow{aC} \cap \overleftrightarrow{a'C'},\ R$$

은 공선적이다.
이제 점 Z에서 평면 H 위로 a를 A로, a'을 A'으로 사영시키면 p는 P로, q는 Q로 사영된다. 이 사영사상은 공간 속의 직선을 평면 위의 직선으로 보내고 p, q, R이 공선적이므로 P, Q, R도 공선적이다. ✤

3.3 복비

유클리드 공간의 두 평행 벡터 $\vec{v}$, $\vec{w}$의 **비**(ratio) t는 $\vec{v}=t\vec{w}$로 정의되고 $t=\dfrac{\vec{v}}{\vec{w}}$로 표시한다. 따라서 한 유클리드 직선 위의 서로 다른 네 점 A, B, C, D에 대해서 $\overrightarrow{AC}$, $\overrightarrow{AD}$의 비를 t_1 즉, $\overrightarrow{AC}=t_1\overrightarrow{AD}$이고 $\overrightarrow{BC}$, $\overrightarrow{BD}$의 비를 t_2 즉, $\overrightarrow{BC}=t_2\overrightarrow{BD}$이다. 그러므로 $\overrightarrow{AC}\cdot\overrightarrow{BC}=t_1t_2\overrightarrow{AD}\cdot\overrightarrow{BD}$ 또는 $t_1t_2=\dfrac{\overrightarrow{AC}\cdot\overrightarrow{BC}}{\overrightarrow{AD}\cdot\overrightarrow{BD}}$이다.

한편, $t_1=\dfrac{\overrightarrow{AC}}{\overrightarrow{AD}}$, $t_2=\dfrac{\overrightarrow{BC}}{\overrightarrow{BD}}$로 표시하므로 $t_1t_2=\dfrac{\overrightarrow{AC}}{\overrightarrow{AD}}\dfrac{\overrightarrow{BC}}{\overrightarrow{BD}}$이다. 그러므로 $\dfrac{\overrightarrow{AC}}{\overrightarrow{AD}}\dfrac{\overrightarrow{BC}}{\overrightarrow{BD}}=\dfrac{\overrightarrow{AC}\cdot\overrightarrow{BC}}{\overrightarrow{AD}\cdot\overrightarrow{BD}}$임을 알 수 있다.

정의 3.3.1 유클리드 직선 위의 네 점에 대한 복비

한 유클리드 직선 위의 서로 다른 네 점 A, B, C, D의 **복비**(cross ratios) $[ABCD]$는

$$[ABCD]=\frac{\overrightarrow{AC}}{\overrightarrow{AD}}\frac{\overrightarrow{BD}}{\overrightarrow{BC}}$$

로 정의된다.

정의 3.3.2

실선 위의 네 점 a, b, c, d의 복비는 $[abcd]=\dfrac{c-a}{d-a}\dfrac{d-b}{c-b}$로 주어진다.

예제 3.3.3

점들의 배열에 따라 복비의 값이 달라진다.

(1) $[BACD]=\dfrac{1}{[ABCD]}$

(2) $[ACBD] = \dfrac{1}{[CABD]}$

(3) $[ACBD] = \dfrac{\overrightarrow{AB}}{\overrightarrow{AD}} \cdot \dfrac{\overrightarrow{CD}}{\overrightarrow{CB}} = \dfrac{\overrightarrow{CD}}{\overrightarrow{CB}} \cdot \dfrac{\overrightarrow{AB}}{\overrightarrow{AD}} = [CADB]$

(4) $[ACBD] = \dfrac{\overrightarrow{AB}}{\overrightarrow{AD}} \cdot \dfrac{\overrightarrow{CD}}{\overrightarrow{CB}} = \dfrac{-\overrightarrow{BA}}{-\overrightarrow{DA}} \cdot \dfrac{-\overrightarrow{DC}}{-\overrightarrow{BC}}$

$= \dfrac{\overrightarrow{BA}}{\overrightarrow{DA}} \cdot \dfrac{\overrightarrow{DC}}{\overrightarrow{BC}} = \dfrac{\overrightarrow{DC}}{\overrightarrow{DA}} \cdot \dfrac{\overrightarrow{BA}}{\overrightarrow{BC}} = [DBCA]$

(5) $[ACBD] = [DBCA] = \dfrac{\overrightarrow{DC}}{\overrightarrow{DA}} \cdot \dfrac{\overrightarrow{BA}}{\overrightarrow{BC}} = \dfrac{\overrightarrow{BA}}{\overrightarrow{BC}} \cdot \dfrac{\overrightarrow{DC}}{\overrightarrow{DA}} = [BDAC]$ ✤

복비의 중요한 성질들 중 하나는 다음 정리의 결과이다.

정리 3.3.4

A, B, C, D를 한 유클리드 직선 위의 서로 다른 네 점이라 하고 그 직선 밖의 한 점 P에 대하여

(1) $[ABCD] = \dfrac{\sin\measuredangle(APC)}{\sin\measuredangle(APD)} \dfrac{\sin\measuredangle(BPD)}{\sin\measuredangle(BPC)}$.

이때, $\measuredangle(APB)$는 $\overrightarrow{PA}$에서 $\overrightarrow{PB}$로의 방향을 갖는 사이각이다.

(2) 한 유클리드 직선 위의 네 점 A, B, C, D를 점 P에서 다른 직선 위의 네 점 A', B', C', D'로 사영했을 때

$$[ABCD] = [A'B'C'D']$$

이다.

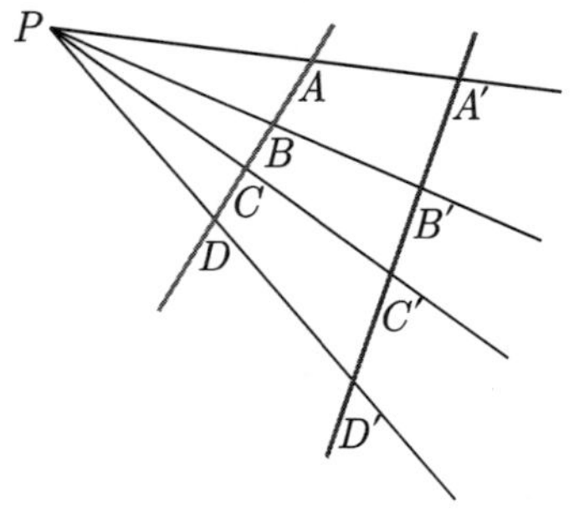

그림 3.10 복비의 기하학적 의미

증명 (1)의 결과를 얻기 위하여 우선 각의 방향을 조정하여 좌변과 우변의 부호를 일치시키자. 이제 크기가 일치하는가를 조사하면 된다.

$$\begin{aligned}
|[ABCD]| &= \frac{|\overrightarrow{AC}|}{|\overrightarrow{AD}|}\frac{|\overrightarrow{BD}|}{|\overrightarrow{BC}|} \\
&= \frac{area\triangle APC}{area\triangle APD}\frac{area\triangle BPD}{area\triangle BPC} \\
&= \left|\frac{|AP||CP|\sin\sphericalangle(APC)}{|AP||DP|\sin\sphericalangle(APD)}\right|\left|\frac{|BP||DP|\sin\sphericalangle(BPD)}{|BP||CP|\sin\sphericalangle(BPC)}\right| \\
&= \left|\frac{\sin\sphericalangle(APC)}{\sin\sphericalangle(APD)}\frac{\sin\sphericalangle(BPD)}{\sin\sphericalangle(BPC)}\right|.
\end{aligned}$$

(2) 점 P에서의 모든 각들은 대응하는 각들과 일치한다. 예컨대, $\sphericalangle(APC) = \sphericalangle(A'P'C')$이므로 (1)의 결과로부터 주어진다. ✤

만약 일직선 위의 네 점 A, B, C, D 중 한 점이 ∞이면 극한을 이용하여 복비를 계산할 수 있다. 만약 $A=\infty$이면 $\frac{\infty}{\infty}=1$, $-\frac{\infty}{\infty}=-1$로 정의하여

$$[ABCD] = \lim_{P\to\infty}[PBCD]$$

을 계산한다.

예제 3.3.5

한 실선 위의 세 점 b, c, d에 대하여

$$[\infty\, b\, c\, d] = \lim_{p\to\infty}\frac{c-p}{d-p}\frac{d-b}{c-b} = \frac{d-b}{c-b}$$

이다. ✤

예제 3.3.6

한 실선 위의 네 점 a, b, c, d에 대한 복비 $[a\,\infty\, b\, c]$와 $[a\, b\, c\,\infty]$를 구하여라.

풀이 $[a\ \infty\ b\ c] = \lim_{p\to\infty} \frac{b-a}{c-a}\frac{c-p}{b-p} = \lim_{p\to\infty} \frac{b-a}{c-a}\frac{\frac{c}{p}-1}{\frac{b}{p}-1} = \frac{b-a}{c-a}$,

$$[a\ b\ c\ \infty] = \lim_{p\to\infty} \frac{c-a}{p-a}\frac{p-b}{c-b} = \lim_{p\to\infty} \frac{c-a}{1-\frac{a}{p}}\frac{1-\frac{b}{p}}{c-b} = \frac{c-a}{c-b}.$$ ✤

정의 3.3.7

사영 직선 위의 네 점에 대한 복비를 다음과 같이 정의한다. P_1, P_2, P_3, P_4가 주어진 한 사영직선 위의 네 점이고, 이 사영직선 위에 있지 않은 점 O로부터 이 네 점을 유클리드 투영평면 H에 사영하여

$$P_1' = \overrightarrow{OP_1} \cap H,\ P_2' = \overrightarrow{OP_2} \cap H,\ P_3' = \overrightarrow{OP_3} \cap H,\ P_4' = \overrightarrow{OP_4} \cap H$$

에 대응할 때 점 P_1', P_2', P_3', P_4'는 유클리드 직선 위의 네 점이므로 복비 $[P_1\ P_2\ P_3\ P_4]$는 $[P_1\ P_2\ P_3\ P_4] = [P_1'\ P_2'\ P_3'\ P_4']$으로 정의된다.

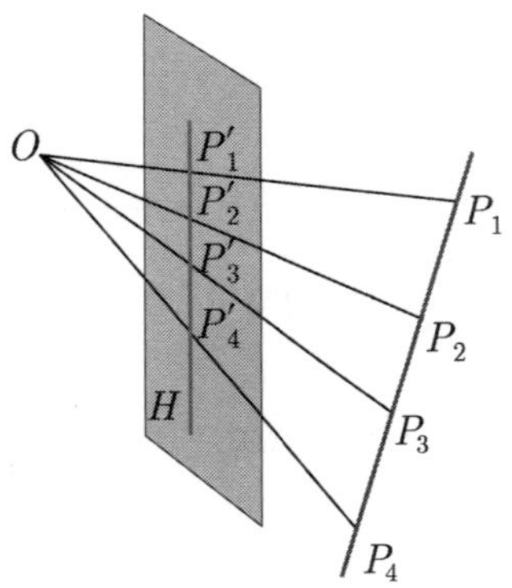

그림 3.11 사영직선의 복비

다음 정리는 두 사영직선 위의 각 네 점들이 원근법적으로 대응하면 두 쌍의 네 점에 대한 복비는 일치함을 보여준다.

정리 3.3.8

한 점에서 사영직선 L 위의 네 점 P_1, P_2, P_3, P_4를 L과 다른 사영직선 L' 위의 네 점 P_1', P_2', P_3', P_4' 대응하여 사영하면 $[P_1\, P_2\, P_3\, P_4] = [P_1'\, P_2'\, P_3'\, P_4']$이다.

증명 사영직선 L과 L'을 유클리드 투영평면 H로 투사하면 정의로부터 명백하다.

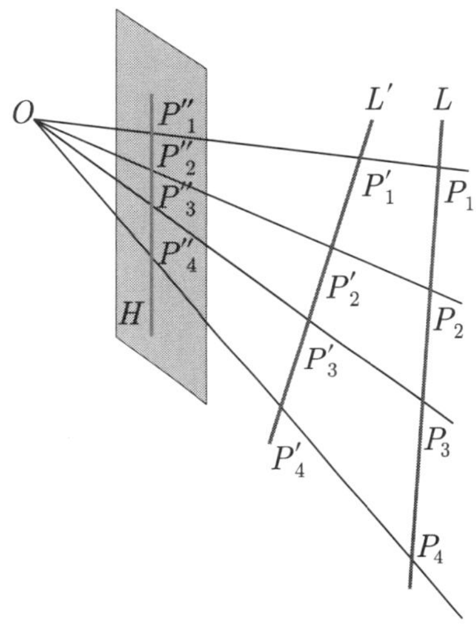

그림 3.12 두 사영직선의 복비

✤

3.4 좌표공간에서의 사영

3차원 좌표공간 R^3 에서 원점(관찰자의 눈)을 포함하지 않은 평면을 생각하자. 그 평면 위에 놓여 있는 직선들 또는 곡선들을 원점에서 바라볼 때 방사선들과 무한대 점들이 투영평면에 대응한다. 이들의 대응관계를 좌표를 이용하여 표현해 보자.

예제 3.4.1

3차원 좌표공간 R^3에서 평면 $G=\{(x,\ y,\ z)|z=-1\}$ 위의 두 평행선

$$L_1=\{x=1,\ z=-1\},$$
$$L_2=\{x=-1,\ z=-1\}$$

은 그림 3.13과 같이 원점에서 투영평면 H 위의 지평선에서 만나는 두 사선 ℓ_1과 ℓ_2를 투사하여 평면 G에 나타낸 것이다.

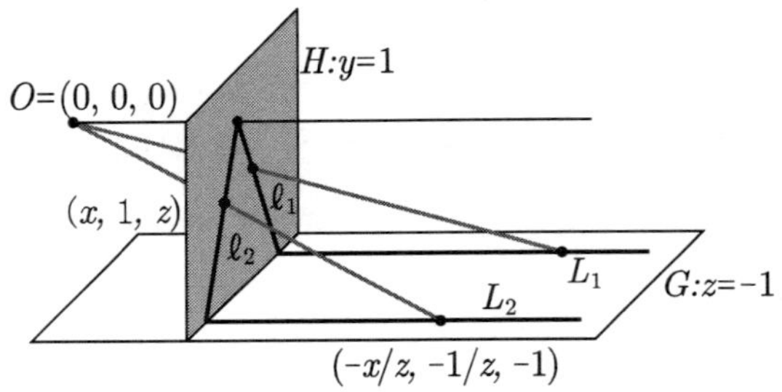

그림 3.13 두 직선의 투영평면 위로의 사영

두 점 $(x,\ 1,\ z)\in H$와 $(x',\ y',\ -1)\in G$이 원점에서 출발하는 같은 방사선 위에 놓여 있을 필요충분조건은 적당한 실수 t에 대하여

$$(x',\ y',\ -1)=t(x,\ 1,\ z)$$
$$\Leftrightarrow x'=tx,\ y'=t,\ -1=tz$$
$$\Leftrightarrow t=-\frac{1}{z}\text{로부터 } x'=-\frac{x}{z},\ y'=-\frac{1}{z}$$

이다.

한편,

$$(x',\ y',\ -1) \in L_1 \Leftrightarrow x' = 1 \Leftrightarrow -\frac{x}{z} = 1$$

이므로 $-x = z$이다.
마찬가지로,

$$(x',\ y',\ -1) \in L_2 \Leftrightarrow x' = -1 \Leftrightarrow -\frac{x}{z} = -1$$

이므로 $x = z$이다. 그러므로 원점에서 L_1과 L_2에 사영하는 H 위의 점들은 $\ell_1 : z = -x$와 $\ell_2 : z = x$인 두 직선임을 알 수 있다.
G의 지평선은 평면 $z = 0$과 투영평면 H와의 교선이다. 따라서 이 지평선은 H 위의 직선 $z = 0$이다. 또한 소실점(즉, G 위의 두 직선 L_1과 L_2를 무한대 점으로 사영하는 H 위의 점)은 H 위의 $\ell_1 : z = -x$와 $\ell_2 : z = x$가 만나는 점 $(x,\ y,\ z) = (0,\ 1,\ 0)$이고 G의 지평선 위에 놓여 있다. ✤

예제 3.4.2

원점에서 평면 G 위의 포물선

$$Q = \left\{ (x,\ y,\ z) \in G \,\middle|\, y = 1 + \frac{x^2}{4},\ z = -1 \right\}$$

로 사영하는 투영평면 H 위의 타원은

$$E = \left\{ (x,\ y,\ z) \in H \,\middle|\, 4\left(z + \frac{1}{2}\right)^2 + x^2 = 1,\ y = 1 \right\}$$

임을 보이자.
E 위의 점 $(x,\ 1,\ z)$와 G 위의 대응점 $(x',\ y',\ z')$는 일직선 위에 있으므로 앞 예에서처럼 대응점은 $\left(-\frac{x}{z},\ -\frac{1}{z},\ -1\right)$이다.

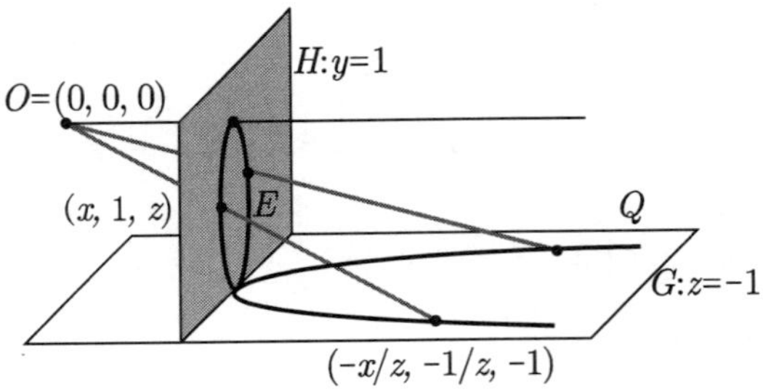

그림 3.14 포물선의 투영평면 위로의 사영

이 점이 포물선 Q 위에 있으므로 $-\frac{1}{z}=1+\frac{1}{4}\left(-\frac{x}{z}\right)^2$을 만족한다. 그러므로 Q에 대응하는 H 위의 점들은

$$4(z^2+z)+x^2=0$$

이다. 즉, $4\left(z+\frac{1}{2}\right)^2+x^2=1$. 이는 그림 3.14에서처럼 중심이 $\left(0,\ 1,\ -\frac{1}{2}\right)$인 타원이고 소실점은 $(0,\ 1,\ 0)$이다. ✤

이제 투영평면 위에 곡선이 주어질 때 이에 대응하는 평면 위의 곡선을 구해보자.

예제 3.4.3

원점에서 투영평면 $H:\ y=1$ 위의 원

$$C=\left\{(x,\ y,\ z)\in H \mid 4\left(z+\frac{1}{2}\right)^2+4x^2=1,\ y=1\right\}$$

을 평면 $G:\ z=-1$ 위로 사영하였을 때 대응하는 곡선을 구하여라.

풀이 두 점 $(x',\ 1,\ z')\in C$, $(x,\ y,\ -1)\in G$는 한 방사선 위에 있으므로

$$(x',\ 1,\ z')=t(x,\ y,\ -1)$$

이다. 따라서

$$x'=tx,\ 1=ty,\ z'=-t$$

이고 $t=\frac{1}{y}$이므로 x'과 z'에 각각 대입하면

$$x' = \frac{x}{y}, \ z' = -\frac{1}{y}$$

이다. $(x',\ 1,\ z') \in C$이므로 C에 대입하면,

$$4\left(-\frac{1}{y}+\frac{1}{2}\right)^2 + 4\frac{x^2}{y^2} = 1,$$

$$4\left(\frac{1}{y^2}-\frac{1}{y}+\frac{1}{4}\right)+4\frac{x^2}{y^2} = 1,$$

$$4-4y+y^2+4x^2 = y^2,$$

$$4x^2 = 4y-4,$$

$$x^2 = y-1$$

이다. 따라서 C를 평면 $G : z = -1$ 위로 사영하였을 때 대응하는 곡선의 방정식은

$$x^2 = y-1, \ z = -1$$

이다. ✤

3.5 동차좌표

사영평면의 원소들을 관찰자의 방사선들과 무한원점들의 집합으로 볼 때 한 방사선 위의 모든 점들은 사영평면에서 한 점으로 간주하므로 그 점은 적당한 기저에 대하여 일차결합으로 표현되는 실수좌표를 동차좌표라 하고 그 점으로 간주한다.

E^3의 한 기저 $\{e_1,\ e_2,\ e_3\}$를 생각하자(정규직교기저일 필요는 없다). 임의의 $x \in E^3$에 대하여,

$$x = x_1 e_1 + x_2 e_2 + x_3 e_3$$

를 만족하는 좌표 $(x_1,\ x_2,\ x_3)$를 E^3의 기저 $\{e_1,\ e_2,\ e_3\}$에 대한 **좌표벡터**(coordinate vector)라 한다. 또한, 임의의 $x \in S^2$와 $\pi x \in P^2$에 대하여

$$\lambda x = u_1 e_1 + u_2 e_2 + u_3 e_3 \ \ (\lambda \neq 0)$$

일 때 $(u_1,\ u_2,\ u_3)$를 E^3의 기저 $\{e_1,\ e_2,\ e_3\}$에 대한 πx의 **동차좌표벡터**(homogeneous coordinate vector)라고 한다.

다음 정리는 사영평면 위의 임의의 네 점 중 어느 세 점도 공선적이지 않으면 E^3의 적당한 기저에 대하여 이 네 점의 동차좌표는 각각 $(1,\ 0,\ 0)$, $(0,\ 1,\ 0)$, $(0,\ 0,\ 1)$, $(1,\ 1,\ 1)$임을 보여준다.

정리 3.5.1

P^2 위의 서로 다른 네 점 $P,\ Q,\ R,\ S$의 어느 세 점도 한 직선 위에 있지 않다고 하면 $(1,\ 0,\ 0)$, $(0,\ 1,\ 0)$, $(0,\ 0,\ 1)$, $(1,\ 1,\ 1)$이 $P,\ Q,\ R,\ S$의 동차좌표가 되는 E^3의 한 기저가 존재한다.

증명 $v_1,\ v_2,\ v_3,\ v_4$가 네 점 $P,\ Q,\ R,\ S$의 임의의 동차좌표들이라 하자.
$P,\ Q,\ R$은 P^2에서 한 직선 위에 있지 않으므로 $v_1,\ v_2,\ v_3$는 평행하지 않다. 그러므로 $v_1,\ v_2,\ v_3$는 E^3의 한 기저이고

$$v_4 = k_1 v_1 + k_2 v_2 + k_3 v_3$$

이다. 여기서 k_1, k_2, $k_3 \neq 0$이다. 또한,

$$e_1 = k_1 v_1, \; e_2 = k_2 v_2, \; e_3 = k_3 v_3$$

로 놓으면 e_1, e_2, e_3도 E^3의 한 기저이고

$$k_1 v_1 = e_1, \; k_2 v_2 = e_2, \; k_3 v_3 = e_3, \; v_4 = e_1 + e_2 + e_3$$

이므로 E^3의 기저 $\{e_1, e_2, e_3\}$에 대하여 P, Q, R, S의 한 동차좌표는 $(1, 0, 0)$, $(0, 1, 0)$, $(0, 0, 1)$, $(1, 1, 1)$으로 표현된다. ✣

다음 정리는 서로 다른 두 동차좌표를 잇는 직선들의 동차좌표의 표현을 보여주고 있다.

정리 3.5.2

P^2 위의 두 점의 동차좌표를 x, y라 하면 $\lambda x + \mu y$는 x, y를 지나는 직선 위의 한 동차좌표이다.

증명 S^2 위의 두 점 X, Y에 대하여 $\pi X = x$, $\pi Y = y$라 하자.
$\xi = \pm \dfrac{X \times Y}{|X \times Y|}$는 X와 Y를 지나는 S^2 위의 직선 ℓ의 극이고

$$\xi \cdot (\lambda X + \mu Y) = \lambda(\xi \cdot X) + \mu(\xi \cdot Y) = 0$$

이므로 $\lambda X + \mu Y \in \ell$는 X와 Y를 포함하고 원점을 지나가는 평면 위의 점이다. 따라서

$$\lambda x + \mu y = \lambda(\pi X) + \mu(\pi Y) = \pi(\lambda X + \mu Y) \in \pi\ell$$

임을 알 수 있다. ✣

예제 3.5.3

네 점 $x = (1, 0, 0)$, $y = (1, 1, 0)$, $z = (1, 0, 1)$, $w = (1, 1, 1)$에 대하여, ℓ을 πx와 πy를 잇는 직선이고 m을 πz와 πw를 잇는 직선이라 할 때 $\ell \cap m$을 구하여라.

풀이 두 직선 ℓ과 m은 실수 λ_1, λ_2, μ_1, μ_2에 대하여

$$\ell \ni \lambda_1 x + \mu_1 y = \lambda_1(1,\ 0,\ 0) + \mu_1(1,\ 1,\ 0) = (\lambda_1 + \mu_1,\ \mu_1,\ 0)$$
$$m \ni \lambda_2 z + \mu_2 w = \lambda_2(1,\ 0,\ 1) + \mu_2(1,\ 1,\ 1) = (\lambda_2 + \mu_2,\ \mu_2,\ \lambda_2 + \mu_2)$$

으로 나타내고 $\ell \cap m$의 점을 찾기 위하여

$$(\lambda_1 + \mu_1,\ \mu_1,\ 0) = (\lambda_2 + \mu_2,\ \mu_2,\ \lambda_2 + \mu_2)$$

이어야 하고

$$\lambda_1 + \mu_1 = \lambda_2 + \mu_2,\ \ \mu_1 = \mu_2,\ \ \lambda_2 + \mu_2 = 0$$

을 만족하는 임의의 실수 λ_1, λ_2와 $\mu_1 = \mu_2 = 1$를 택하면 ℓ과 m의 공통점은 $(0,\ 1,\ 0)$임을 알 수 있다. ✤

다음의 데자르그 정리는 동차좌표를 이용하여 증명할 수도 있음을 보여주고 있다.

정리 3.5.4 데자르그 정리

P^2 위의 두 삼각형 $\triangle PQR$과 $\triangle P'Q'R'$에 대하여 $\overleftrightarrow{PP'}$, $\overleftrightarrow{QQ'}$, $\overleftrightarrow{RR'}$가 한 점에서 만나면 $\overleftrightarrow{PQ} \cap \overleftrightarrow{P'Q'}$, $\overleftrightarrow{QR} \cap \overleftrightarrow{Q'R'}$, $\overleftrightarrow{RP} \cap \overleftrightarrow{R'P'}$은 한 직선 위에 있다.

증명 세 직선이 만나는 점을 X라 하면 네 점 P, Q, R, X의 동차 좌표는 $(1,\ 0,\ 0)$, $(0,\ 1,\ 0)$, $(0,\ 0,\ 1)$, $(1,\ 1,\ 1)$이 되는 기저가 존재한다. P'는 $\overleftrightarrow{PX}$ 위의 한 점이므로

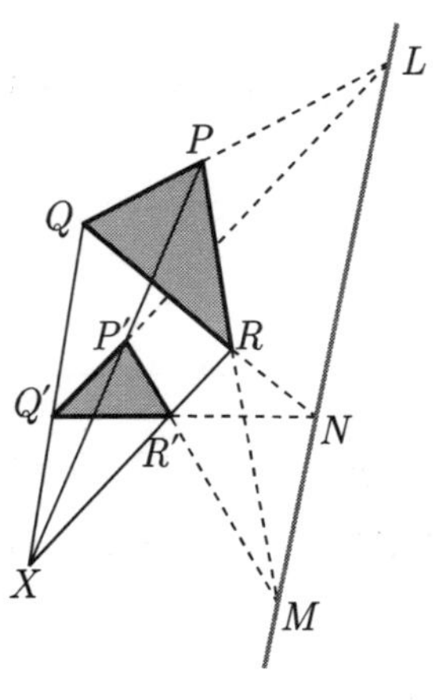

그림 3.15 사영평면 위의 두 삼각형에 대한 데자르그 정리

$$P' = \lambda_1 P + \mu_1 X = \lambda_1(1,\ 0,\ 0) + \mu_1(1,\ 1,\ 1)$$
$$= (\lambda_1 + \mu_1,\ \mu_1,\ \mu_1) = \left(\frac{\lambda_1 + \mu_1}{\mu_1},\ 1,\ 1\right) = (p,\ 1,\ 1),$$
$$Q' = \lambda_2 Q + \mu_2 X = \left(1,\ \frac{\lambda_2 + \mu_2}{\mu_2},\ 1\right) = (1,\ q,\ 1),$$
$$R' = \lambda_3 R + \mu_3 X = \left(1,\ 1,\ \frac{\lambda_3 + \mu_3}{\mu_3}\right) = (1,\ 1,\ r).$$

$L = \overleftrightarrow{PQ'} \cap \overleftrightarrow{P'Q}$:

$$\overleftrightarrow{P'Q'} \ni P' - Q' = (p,\ 1,\ 1) - (1,\ q,\ 1) = (p-1,\ 1-q,\ 0),$$
$$\overleftrightarrow{PQ} \ni (p-1)P + (1-q)Q = (p-1,\ 1-q,\ 0).$$

$M = \overleftrightarrow{QR'} \cap \overleftrightarrow{Q'R'}$:

$$\overleftrightarrow{P'R'} \ni -P' + R' = -(p,\ 1,\ 1) + (1,\ 1,\ r) = (1-p,\ 0,\ r-1),$$
$$\overleftrightarrow{PR} \ni (1-p)P + (r-1)R = (1-p,\ 0,\ r-1).$$

$N = \overleftrightarrow{QR'} \cap \overleftrightarrow{Q'R'}$:

$$\overleftrightarrow{Q'R'} \ni Q' - R' = (1,\ q,\ 1) - (1,\ 1,\ r) = (0,\ q-1,\ 1-r),$$
$$\overleftrightarrow{QR} \ni (q-1)Q + (1-r)R = (0,\ q-1,\ 1-r).$$

그러므로

$$L + M = (0,\ 1-q,\ r-1) = -N$$

이다. ✤

다음 정리는 사영기하학의 발전에 동기를 부여한 유명한 그리스 마지막 기하학자인 파푸스의 이름을 가진 정리이다. 두 쌍의 세 점들이 공선적이면 서로의 배열 위치가 다른 점들끼리 연결한 직선들이 만나는 세 점들도 공선적임을 보여주고 있다.

정리 3.5.5 파푸스 정리

$\{A_1,\ B_1,\ C_1\}$, $\{A_2,\ B_2,\ C_2\}$가 각각 공선적이면 $\overleftrightarrow{A_1B_2} \cap \overleftrightarrow{A_2B_1} = C_3$, $\overleftrightarrow{B_1C_2} \cap \overleftrightarrow{B_2C_1} = A_3$, $\overleftrightarrow{C_1A_2} \cap \overleftrightarrow{C_2A_1} = B_3$는 공선적이다.

증명 E^3의 적당한 기저에 대하여, A_1, A_2, A_3, C_1의 동차좌표는 각각 $(1,\ 0,\ 0)$,

(0, 1, 0), (0, 0, 1), (1, 1, 1)로 표현된다. 이제 세 점 B_1, B_2, B_3를 동차좌표를 이용하여 표현하자.

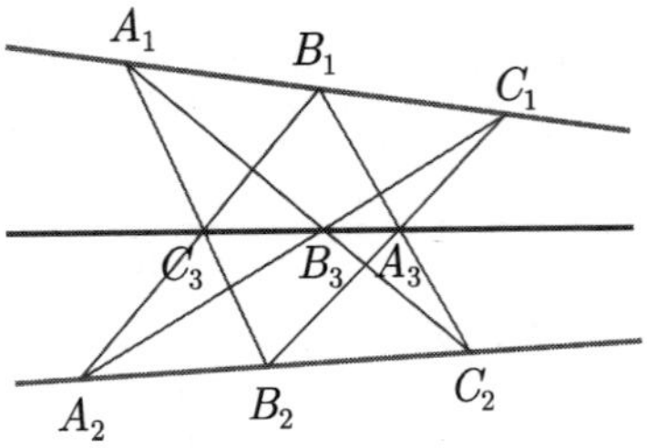

그림 3.16 사영평면의 파푸스 정리

$$B_1 = \lambda_1 A_1 + \mu_1 C_1 = \lambda_1(1,\ 0,\ 0) + \mu_1(1,\ 1,\ 1)$$
$$= (\lambda_1 + \mu_1,\ \mu_1,\ \mu_1) = (p,\ 1,\ 1)$$

로 표현된다. 여기서 $p = \dfrac{\lambda_1 + \mu_1}{\mu_1}$ 이다.

$$B_2 = \lambda_2 A_3 + \mu_2 C_1 = \lambda_2(0,\ 0,\ 1) + \mu_2(1,\ 1,\ 1) = (1,\ 1,\ r)$$

로 표현된다. 여기서 $r = \dfrac{\lambda_2 + \mu_2}{\mu_2}$ 이다.

$$B_3 = \lambda_3 A_2 + \mu_3 C_1 = \lambda_3(0,\ 1,\ 0) + \mu_3(1,\ 1,\ 1) = (1,\ q,\ 1)$$

로 표현된다. 여기서 $q = \dfrac{\lambda_3 + \mu_3}{\mu_3}$ 이다. 따라서 C_2, C_3를 동차좌표로 표현하면

$$C_2 := \overleftrightarrow{A_1B_3} \cap \overleftrightarrow{A_3B_1}$$
$$\overleftrightarrow{A_1B_3} \ni \lambda'_1(1,\ 0,\ 0) + \mu'_1(1,\ q,\ 1) = (\lambda'_1 + \mu'_1,\ \mu'_1 q,\ \mu'_1)$$
$$= \left(\frac{\lambda'_1 + \mu'_1}{\mu'_1},\ q,\ 1\right)$$
$$= (pq,\ q,\ 1)$$

로 표현된다. 여기서 $\dfrac{\lambda'_1 + \mu'_1}{\mu'_1} = pq$를 만족하는 λ'_1과 μ'_1를 택한다.

$$\overleftrightarrow{B_1A_3} \ni \lambda'_2(p,\ 1,\ 1)+\mu'_2(0,\ 0,\ 1)=\left(\frac{\lambda'_2 p}{\lambda'_2+\mu'_2},\ \frac{\lambda'_2}{\lambda'_2+\mu'_2},\ 1\right)$$

로 표현된다. 여기서 $\dfrac{\lambda'_2}{\mu'_2+\mu'_2}=q$를 만족하는 λ'_2과 μ'_2를 택한다. 그러므로

$$C_2=(pq,\ q,\ 1) \qquad \cdots (3.1)$$

이다. 또한,

$$C_3=\overleftrightarrow{A_1B_2}\cap\overleftrightarrow{A_2B_1}:$$

$$\overleftrightarrow{A_2B_1} \ni \lambda''_1A_2+\mu''_1B_1=\left(\frac{\mu''_1 p}{\lambda''_1+\mu''_1},\ 1,\ \frac{\mu''_1}{\lambda''_1+\mu''_1}\right)=(pr',\ 1,\ r')$$

$$\overleftrightarrow{A_1B_2} \ni \lambda''_2(1,\ 0,\ 0)+(1,\ 1,\ r)=(\lambda''_2+1,\ 1,\ r)$$

로 표현된다. 여기서 $r'=r$이고 $1+\lambda''_2=pr$이 되도록 μ''_1, λ''_1, λ''_2를 택할 수 있다. 그러므로

$$C_3=(pr,\ 1,\ r) \qquad \cdots (3.2)$$

임을 알 수 있다. 한편, A_2, B_2, C_2가 한 직선 위에 있으므로

$$C_2=\lambda(0,\ 1,\ 0)+(1,\ 1,\ r)=(1,\ \lambda+1,\ r) \qquad \cdots (3.3)$$

으로도 표현된다. 이제 식 (3.1)에 r배 한 후 식 (3.3)과 일치하도록 하면

$$C_2=(pqr,\ qr,\ r)=(1,\ \lambda+1,\ r) \Rightarrow pqr=1,\ qr=\lambda+1$$

$$\overleftrightarrow{A_3B_3} \ni \lambda(0,\ 0,\ 1)+(1,\ q,\ 1)=(1,\ q,\ \lambda+1)$$

이고 식 (3.2)에서 $C_3=(pr,\ 1,\ r)=(pqr,\ q,\ qr)=(1,\ q,\ \lambda+1)$이므로 $C_3\in\overleftrightarrow{A_3B_3}$임을 알 수 있다. ✤

3.6 P^2 위에서의 거리

사영평면 P^2 위의 임의의 두 점은 구면 위에서는 각각 대척점에 대응하므로 네 점이 된다. 따라서 P^2 위의 두 점 사이의 거리는 구면 위에서 대응하는 두 쌍의 대척점 사이에서 가장 짧은 거리를 택하기로 한다.

구체적으로, 임의의 두 점 $P,\ Q \in P^2$는 $P = \pi x$, $Q = \pi y$, $x,\ y \in S^2$로 표현된다. 두 점 $P,\ Q \in P^2$ 사이의 **거리**(distance)는

$$d(P,\ Q) = \cos^{-1}|x \cdot y|$$

로 정의된다. 따라서 $d(P,\ Q)$는 P와 Q의 사이각이며 구면 위에서 $\{x,\ -x\}$와 $\{y,\ -y\}$ 사이에서 가장 가까운 두 점 사이의 각을 의미하므로 $d(P,\ Q) \le \frac{\pi}{2}$임을 알 수 있다.

예제 3.6.1

두 점 $P = (-1,\ 0,\ 1)$, $Q = (1,\ 1,\ 0) \in P^2$가 기저 $\epsilon_1 = (1,\ 0,\ 0)$, $\epsilon_2 = (0,\ 1,\ 0)$, $\epsilon_3 = (0,\ 0,\ 1)$에 대한 동차좌표일 때 $d(P,\ Q)$를 구하여라.

풀이 사영평면 위의 점 $P = (-1,\ 0,\ 1)$ $Q = (1,\ 1,\ 0)$에 대하여 $P,\ Q$의 z 좌표가 모두 0보다 크거나 같으므로 이에 대응하는 S^2 위의 점 $X,\ Y$는 $P,\ Q$를 그 점의 크기로 나누어도 방향은 변하지 않는다.
따라서 $X = \frac{1}{\sqrt{2}}(-1,\ 0,\ 1)$, $Y = \frac{1}{\sqrt{2}}(1,\ 1,\ 0)$이므로

$$\begin{aligned} d(P,\ Q) &= d(\pi X,\ \pi Y) = \cos^{-1}|X \cdot Y| \\ &= \cos^{-1}\left|\left(\frac{-1}{\sqrt{2}},\ 0,\ \frac{1}{\sqrt{2}}\right) \cdot \left(\frac{1}{\sqrt{2}},\ \frac{1}{\sqrt{2}},\ 0\right)\right| \\ &= \cos^{-1}\left|-\frac{1}{2}\right| = \cos^{-1}\frac{1}{2} = \frac{\pi}{3} \end{aligned}$$

이다. ✤

유클리드 평면과 구면에서 각각 서로 다르게 정의된 거리가 만족하는 성질들이 사영평면에서도 성립하고 있음을 보여주고 있다.

정리 3.6.2

임의의 세 점 $P,\ Q,\ R \in P^2$에 대해서

(1) $d(P,\ Q) \geq 0$.

(2) $d(P,\ Q) = d(Q,\ P)$.

(3) $d(P,\ Q) = 0 \Leftrightarrow P = Q$.

(4) $d(P,\ Q) + d(Q,\ R) \geq d(P,\ R)$,

등식이 성립할 필요충분조건은 $P,\ Q,\ R$이 공선적이다.

증명 (1), (2), (3)은 자명하므로 생략한다.

(4) $d(P,\ Q) = r,\ d(Q,\ R) = p,\ d(R,\ P) = q$라 하면 두 점들 사이의 사이각은 이에 대응하는 S^2 위의 가까운 두 점들이므로 상반구면 S^{2+} 위에서 $\pi x = P$, $\pi y = Q,\ \pi z = R$인 $x,\ y,\ z \in S^{2+}$를 택할 수 있다.

이때, $x,\ y,\ z$가 상반구면 S^{2+}에서 삼각형을 이루므로 세 중심각 중 최소한 두 각은 $\frac{\pi}{2}$보다 작고 나머지 한 각은 π보다는 작지만 $\frac{\pi}{2}$보다 클 수도 있다. 이제 $x \cdot z > 0,\ y \cdot z > 0$라 가정하자. 코시-슈바르츠 정리로부터

$$(x \times y) \cdot (y \times z) \leq |(x \times y) \cdot (y \times z)| \leq |x \times y||y \times z|$$

이고 등식이 성립할 필요충분조건은 $x \times y = k(y \times z)$이다. 또한,

$$|x \times y| = \sin r,\ \ |y \times z| = \sin p,\ \ |z \times x| = \sin q$$

이다.

(i) $x \cdot y > 0$인 경우

$$\begin{aligned}(x \times y) \cdot (y \times z) &= (x \cdot y)(y \cdot z) - (x \cdot z) \\ &= \cos r \cos p - \cos q\end{aligned}$$

$$|x \times y||y \times z| = \sin r \sin p.$$

이고

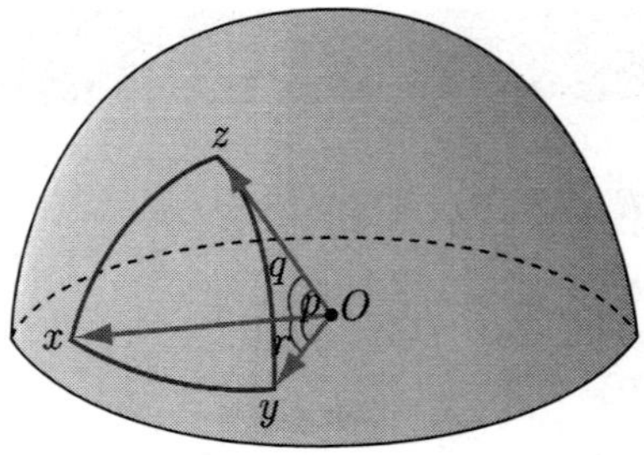

그림 3.17 중심각이 모두 예각인 경우의 삼각부등식

$$\cos r \cos p - \cos q \leq \sin r \sin p,$$
$$\cos q \geq \cos r \cos p - \sin r \sin p = \cos(p+r)$$

이다. $\cos\theta$는 $[0, \pi]$에서 감소함수이므로

$$q \leq p + r$$

임을 알 수 있다.

(ii) $x \cdot y \leq 0$인 경우에는 $r' = \pi - r$이라 하면 $0 \leq r' \leq \frac{\pi}{2}$이다.
코시-슈바르츠 정리로부터

$$-(x \times y) \cdot (y \times z) \leq |x \times y||y \times z|$$

이고 등식이 성립할 필요충분조건은 $-x \times y = k(y \times z)$이다.

$$\cos^{-1}(-x \cdot y) = r'$$

이므로

$$\begin{aligned} -(x \times y) \cdot (y \times z) &= -(x \cdot y)(y \cdot z) + (x \cdot z) \\ &= \cos r' \cos p + \cos q, \end{aligned}$$
$$\cos r' \cos p + \cos q \leq \sin r' \sin p,$$
$$\cos r' \cos p - \sin r' \sin p \leq -\cos q = \cos(\pi - q).$$

이다.

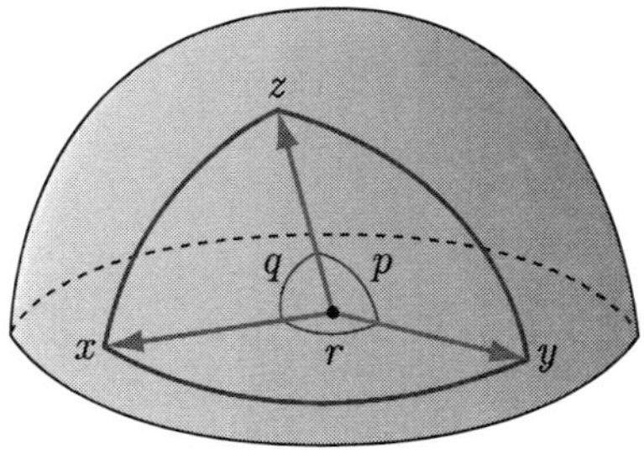

그림 3.18 중심각 중 하나가 둔각인 경우의 삼각부등식

즉, $\cos(p+r') \le \cos(\pi-q)$. 따라서, $\pi-q \le p+r'$ 이므로

$$r = \pi - r' \le p+q$$

임을 알 수 있다.

등식이 성립할 필요충분조건은 $x\times y = k(y\times z)$ 또는 $-x\times y = k(y\times z)$ 이고, 이는 x, y, z가 S^2의 한 직선 위에 있으므로 P, Q, R이 P^2 위의 한 직선 위에 있다는 것과 동치이다. ✤

3.7 P^2 위의 등거리 변환(등장사상)

유클리드 평면과 구면에서 정의한 등장사상을 사영평면에서 똑같이 정의하고 그 성질들을 살펴보자.

$d(P,\ Q) = d(TP,\ TQ)$를 만족하는 $T : P^2 \to P^2$를 P^2 위의 **등거리 변환(등장사상, isometry)**이라고 한다.

다음 정리는 사영평면에서 세 점들이 공선적이면 등장사상으로 대응한 세 점들도 공선적이라는 내용이다.

정리 3.7.1

$T : P^2 \to P^2$가 등장사상이라 하자.
$P,\ Q,\ R$이 한 직선 위에 있으면 $TP,\ TQ,\ TR$도 한 직선 위에 있다.

증명 $d(P,\ P') = \dfrac{\pi}{2}$를 만족하는 직선 위의 점 P'을 잡자. 이 P'은 유일하게 존재한다. 따라서

$$d(P,\ Q) + d(Q,\ P') = \frac{\pi}{2} = d(P,\ P'),$$

$$\begin{aligned} d(TP,\ TQ) + d(TQ,\ TP') &= d(P,\ Q) + d(Q,\ P') \\ &= \frac{\pi}{2} = d(P,\ P') \\ &= d(TP,\ TP') \end{aligned}$$

이므로 삼각 부등식의 등식 성립조건으로부터 TP, TQ, TP'는 한 직선 위에 있다.

마찬가지 방법으로, TP, TR, TP'도 한 직선 위에 있다. 그러므로 TP, TQ, TR도 한 직선 위에 있다. ✤

다음 정리는 사영 평면 위의 표준기저에 대하여 등장사상으로 대응하는 세 벡터는 직교기저임을 보여준다.

정리 3.7.2

E^3의 표준기저 $\epsilon_1 = (1, 0, 0)$, $\epsilon_2 = (0, 1, 0)$, $\epsilon_3 = (0, 0, 1)$에 대하여 $T\pi\epsilon_i = e_i$을 만족하는 $T: P^2 \to P^2$가 등장사상일 때 $\{e_1, e_2, e_3\}$가 직교기저임을 보여라.

증명 $d(e_i, e_j) = d(T\pi\epsilon_i, T\pi\epsilon_j) = d(\pi\epsilon_i, \pi\epsilon_j)$

$$= \cos^{-1}(|\epsilon_i \cdot \epsilon_j|) = \begin{cases} \frac{\pi}{2}, & i \neq j \\ 0, & i = j \end{cases}$$

이고 $d(e_i, e_j)$는 e_i와 e_j의 사이각이므로 명백하다. ✤

3.8 P^2 위의 반사

주어진 S^2 위의 직선ℓ과 극 ξ에 대하여, P^2 위의 직선 $\pi\ell$에 대한 **반사**(reflection) $\Omega_{\pi\ell} : P^2 \to P^2$는 임의의 $P \in P^2$에 대하여 $\pi(X) = P$ 인$X \in S^2$가 존재하여

$$\Omega_{\pi\ell}P = \pi(\Omega_\ell X)$$

로 정의된다.

다음 정리는 반사변환이 유클리드 평면과 구면에서와 다르게 사영평면에서는 극점도 고정점이 된다는 내용이다.

정리 3.8.1

$\Omega_{\pi\ell}$은 $\pi\ell$ 위의 모든 점과 $\pi\xi$를 고정점으로 갖는다.

증명 구면 S^2 위의 직선 ℓ의 극을 $\xi = e_1$이라 하면 E^3의 정규직교기저 $\{e_1, e_2, e_3\}$가 존재하여

$$\Omega_\ell e_1 = e_1 - 2(e_1 \cdot \xi)\xi = -e_1,$$
$$\Omega_\ell e_2 = e_2 - 2(e_2 \cdot \xi)\xi = e_2,$$
$$\Omega_\ell e_3 = e_3 - 2(e_3 \cdot \xi)\xi = e_3$$

를 만족한다. Ω_ℓ은 S^2 위에서 반사이고 선형사상이므로 Ω_ℓ의 대응행렬은

$$\Omega_\ell = \begin{bmatrix} -1 & 0 & 0 \\ 0 & 1 & 0 \\ 0 & 0 & 1 \end{bmatrix}$$

이다. 한편, S^2 위에서 $\Omega_\ell X = X \iff X \in \ell$이므로

$$\Omega_\ell \xi = \Omega_\ell e_1 = -e_1 = -\xi,$$
$$\Omega_\ell(-\xi) = \Omega_\ell(-e_1) = e_1 = \xi$$

이다.

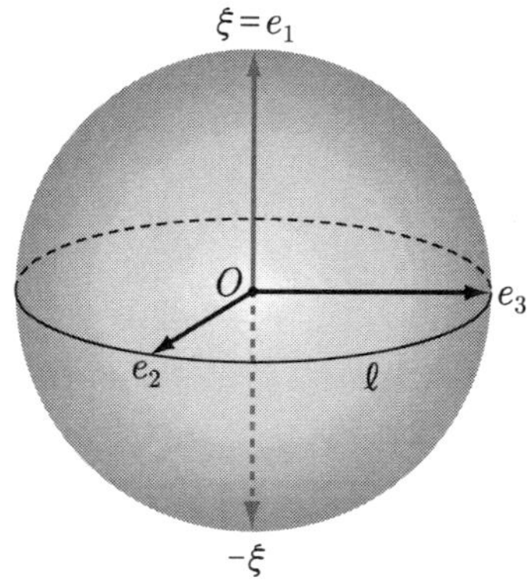

그림 3.19 구면 반사 Ω_ℓ의 고정점과 고정선

또한, 임의의 점 $P \in \pi\ell$에 대하여 $\pi X = P$인 $X \in \ell$가 존재한다. 따라서 $P = \pi X \in \pi\ell$이면

$$\Omega_{\pi\ell} P = \Omega_{\pi\ell} \pi X = \pi(\Omega_\ell X) = \pi X = P,$$
$$\Omega_{\pi\ell} \pi\xi = \pi(\Omega_\ell \xi) = \pi(-\xi) = \pi\xi$$

이다. ✤

예제 3.8.2

S^2 위에서 극을 $\xi = \left(0, \frac{1}{\sqrt{2}}, \frac{1}{\sqrt{2}}\right)$로 갖는 직선 ℓ에 대하여 반사 Ω_ℓ의 대응행렬을 구하고, P^2 위에서 반사 $\Omega_{\pi\ell}$의 고정점들을 구하여라.

풀이 임의의 $X = (x, y, z) \in S^2$에 대하여

$$\begin{aligned}
\Omega_\ell X &= X - 2(X \cdot \xi)\xi \\
&= (x, y, z) - 2\left((x, y, z) \cdot \left(0, \frac{1}{\sqrt{2}}, \frac{1}{\sqrt{2}}\right)\right)\left(0, \frac{1}{\sqrt{2}}, \frac{1}{\sqrt{2}}\right) \\
&= (x, y, z) - \sqrt{2}(y+z)\left(0, \frac{1}{\sqrt{2}}, \frac{1}{\sqrt{2}}\right) \\
&= (x, y, z) - (0, y+z, y+z) \\
&= (x, -z, -y)
\end{aligned}$$

이므로 표준기저 $\{\mathbf{i}, \mathbf{j}, \mathbf{k}\}$에 대하여

$$\Omega_\ell = \begin{pmatrix} 1 & 0 & 0 \\ 0 & 0 & -1 \\ 0 & -1 & 0 \end{pmatrix}$$

임을 알 수 있다. 정리 3.8.1에 의하면 $\Omega_{\pi\ell}$은 $\pi\ell$ 위의 모든 점과 $\pi\xi$를 고정점으로 갖는다. S^2 위에서 X는

$$0 = X \cdot \xi = (x,\ y,\ z) \cdot \left(0,\ \frac{1}{\sqrt{2}},\ \frac{1}{\sqrt{2}}\right) = \frac{1}{\sqrt{2}}(y+z)$$

를 만족하는 ℓ 위의 점이면, $\pi X \in \pi\ell$이고, E^3에서 ℓ을 포함한 평면은 사영평면 P^2에서 한 직선이다. 그러므로 평면 $y+z=0$에 대한 P^2 위의 $\pi\ell$의 모든 점과 P^2 위의 점 $\pi\left(0,\ \frac{1}{\sqrt{2}},\ \frac{1}{\sqrt{2}}\right)$을 고정점으로 갖는다. ✤

3.9 P^2 위의 회전과 이동

S^2 위의 직선 ℓ에 대하여 P^2 위의 직선은 $\pi\ell$로 나타낸다. ℓ의 극 ξ에 대하여 $\pi\xi$는 $\pi\ell$의 극이다. 이제 πm, πn을 $\pi\ell$의 극 $\pi\xi$를 지나가는 직선이라고 할 때 $\Omega_{\pi m}\Omega_{\pi n}$을 직선 $\pi\ell$의 극$\pi\xi$에 대한 **회전**(rotation)이라 한다. 한편, πm, πn는 $\pi\ell$에 수직인 직선들이므로 직선 $\pi\ell$을 따르는 **이동**(translation)이라고 한다.

P^2 위의 회전과 이동은 S^2 위의 회전과 이동을 이용하여 결정되기 때문에 성질들이 일치한다.

다음 네 정리는 유클리드 평면과 구면에서 취급한 회전과 이동에 대한 삼반사 정리와 표현 정리가 사영평면에서도 성립함을 보여주고 있다.

정리 3.9.1 P^2 위에서 회전에 대한 삼반사 정리

P^2 위에서 $\overline{\alpha}$, $\overline{\beta}$, $\overline{\gamma}$가 한 점을 지나는 세 직선일 때 $\Omega_{\overline{\alpha}}\Omega_{\overline{\beta}}\Omega_{\overline{\gamma}}=\Omega_{\overline{\delta}}$를 만족하는 P^2 위의 직선 $\overline{\delta}$가 유일하게 존재한다.

증명 구면 S^2 위에서 α, β, γ가 직선 ℓ의 극 ξ를 지나는 세 직선이라 하자. E^3의 한 정규직교기저 $\{e_1, e_2, e_3\}$에 대하여 $\xi=e_3$라 할 때 P^2 위의 직선 $\overline{\alpha}$, $\overline{\beta}$, $\overline{\gamma}$의 반사를

$$\Omega_{\overline{\alpha}}=\begin{pmatrix} ref\theta & 0 \\ 0 & 1\end{pmatrix},\ \Omega_{\overline{\beta}}=\begin{pmatrix} ref\phi & 0 \\ 0 & 1\end{pmatrix},\ \Omega_{\overline{\gamma}}=\begin{pmatrix} ref\psi & 0 \\ 0 & 1\end{pmatrix}$$

라 하자. 이때 $0\le\theta,\ \phi,\ \psi\le\dfrac{\pi}{2}$이다. 삼반사는

$$\Omega_{\overline{\alpha}}\Omega_{\overline{\beta}}\Omega_{\overline{\gamma}}=\begin{pmatrix} ref\theta\, ref\phi\, ref\psi & 0 \\ 0 & 1\end{pmatrix}=\begin{pmatrix} ref(\theta-\phi+\psi) & 0 \\ 0 & 1\end{pmatrix}$$

이다.

$\theta-\phi+\psi\le\pi$인 경우에는 $d=\theta-\phi+\psi$라 놓고, $\theta-\phi+\psi>\pi$인 경우에는 $d=\pi-(\theta-\phi+\psi)$라 놓자. 이제 $\overline{\xi}=\pi\xi$을 지나는 직선 $\overline{\delta}$는

$$\Omega_{\bar{\delta}} = \begin{pmatrix} refd & 0 \\ 0 & 1 \end{pmatrix}$$

을 만족하도록 정의하면 $\Omega_{\bar{\alpha}}\Omega_{\bar{\beta}}\Omega_{\bar{\gamma}} = \Omega_{\bar{\delta}}$를 만족하는 직선 $\bar{\delta}$가 유일하게 결정됨을 알 수 있다. ✤

정리 3.9.2 P^2 위에서 회전에 대한 표현 정리

P^2 위에서 한 점 P를 지나는 임의의 두 직선 $\bar{\alpha}$, $\bar{\beta}$에 대한 회전 $\bar{T} = \Omega_{\bar{\alpha}}\Omega_{\bar{\beta}} \in ROT(P)$와 점 P를 지나는 직선 γ에 대하여, $\bar{T} = \Omega_{\bar{\gamma}}\Omega_{\bar{m}} = \Omega_{\bar{m}'}\Omega_{\bar{\gamma}}$를 만족하는 점 P를 지나는 두 직선 $\bar{m}$, $\bar{m}'$이 유일하게 결정된다.

증명 구면 S^2 위에서 $P = \pi\xi$인 점 ξ를 지나고 $\bar{\alpha} = \pi\alpha$, $\bar{\beta} = \pi\beta$인 두 직선 α, β에 대한 회전 $T = \Omega_\alpha\Omega_\beta \in ROT(\xi)$와 ξ를 지나는 직선 γ에 대하여

$$\Omega_\gamma\Omega_\alpha\Omega_\beta = \Omega_m, \quad \Omega_\alpha\Omega_\beta\Omega_\gamma = \Omega_{m'}$$

인 점 ξ를 지나는 직선 m, m'가 삼반사 정리에 의하여 유일하게 결정된다. 따라서

$$\Omega_\gamma\Omega_\alpha\Omega_\beta = \Omega_m \Rightarrow \Omega_\alpha\Omega_\beta = \Omega_\gamma\Omega_m$$
$$\Omega_\alpha\Omega_\beta\Omega_\gamma = \Omega_{m'} \Rightarrow \Omega_\alpha\Omega_\beta = \Omega_{m'}\Omega_\gamma$$

이므로 $T = \Omega_\gamma\Omega_m = \Omega_{m'}\Omega_\gamma$를 만족하고 점 ξ을 지나는 두 직선 m, m'이 유일하게 결정된다. 그러므로 $\bar{T} = \Omega_{\bar{\gamma}}\Omega_{\bar{m}} = \Omega_{\bar{m}'}\Omega_{\bar{\gamma}}$를 만족하고 점 $\bar{\xi} = \pi\xi$를 지나는 두 직선 $\bar{m} = \pi m$, $\bar{m}' = \pi m'$도 유일하게 결정된다. ✤

정리 3.9.3 P^2 위에서 이동에 대한 삼반사 정리

세 직선 $\bar{\alpha}$, $\bar{\beta}$, $\bar{\gamma}$가 직선 $\bar{\ell}$에 수직일 때 $\Omega_{\bar{\alpha}}\Omega_{\bar{\beta}}\Omega_{\bar{\gamma}} = \Omega_{\bar{\delta}}$를 만족하고 직선 $\bar{\ell}$에 수직인 직선 $\bar{\delta}$가 유일하게 존재한다.

증명 $\bar{\alpha} = \pi\alpha$, $\bar{\beta} = \pi\beta$, $\bar{\gamma} = \pi\gamma$인 S^2 위의 세 직선 α, β, γ는 $\bar{\ell} = \pi\ell$을 만족하는 S^2 위의 직선 ℓ에 수직일 때 S^2 위의 이동에 대한 삼반사 정리에 의하여

$$\Omega_{\pi\alpha}\Omega_{\pi\beta}\Omega_{\pi\gamma} = \Omega_{\pi\delta}$$

를 만족하고 직선 ℓ에 수직인 S^2 위의 직선 δ가 유일하게 존재한다. 따라서 $\overline{\delta} = \pi\delta$는 P^2 위에서 직선 $\overline{\ell}$에 수직인 직선이다. ✤

정리 3.9.4 P^2 위에서 이동에 대한 표현 정리

P^2 위에서 직선 $\overline{\ell}$에 수직인 임의의 두 직선 $\overline{\alpha}$, $\overline{\beta}$에 대한 이동 $\overline{T} = \Omega_{\overline{\alpha}}\Omega_{\overline{\beta}}$와 직선 $\overline{\ell}$에 수직인 임의의 두 직선 $\overline{m}$, $\overline{n}$에 대하여, $\overline{T} = \Omega_{\overline{m}}\Omega_{\overline{m}'} = \Omega_{\overline{n}'}\Omega_{\overline{n}}$을 만족하고 $\overline{\ell}$에 수직인 두 직선 $\overline{m}'$, $\overline{n}'$이 유일하게 결정된다.

증명 $\overline{\alpha} = \pi\alpha$, $\overline{\beta} = \pi\beta$이고 $\overline{m} = \pi m$, $\overline{n} = \pi n$인 S^2 위의 직선 α, β와 m, n은 $\overline{\ell} = \pi\ell$을 만족하는 S^2 위의 직선 ℓ에 수직이고 S^2 위의 이동에 대한 표현 정리에 의하여

$$\overline{T} = \Omega_{\pi m}\Omega_{\pi m'} = \Omega_{\pi n'}\Omega_{\pi n}$$

을 만족하고 ℓ에 수직인 S^2 위의 두 직선 m', n'이 유일하게 결정된다. 따라서 $\overline{m}' = \pi m'$, $\overline{n}' = \pi n'$이 P^2 위에서 $\overline{\ell}$에 수직인 직선이다. ✤

3장 연습문제

1. 복비 $[\infty, 0, 1, \lambda]$에서 $\infty, 0, 1, \lambda$의 순서를 바꾸면 다음 값 λ, $\frac{1}{\lambda}$, $1-\lambda$, $\frac{1}{1-\lambda}$, $\frac{\lambda}{1-\lambda}$, $\frac{1-\lambda}{\lambda}$ 중 하나임을 보여라.

2. 원점에서 평면 $G: z=-1$ 위의 두 직선 $L_1=\{x=1/2,\ z=-1\}$, $L_2=\{x=-1/2,\ z=-1\}$으로 사영하는 투영평면 $H: y=1$ 위의 대응곡선을 구하여라.

3. 원점에서 평면 $G: x=1$ 위의 원 $y^2+z^2=1$을 사영할 때 투영평면 $H: y=1$ 위의 대응곡선을 구하여라.

4. 원점에서 평면 $G: x=1$ 위의 쌍곡선 $y^2-z^2=1$을 사영할 때 투영평면 $H: y=1$ 위의 대응곡선을 구하여라.

5. 원점에서 평면 $G: x=1$ 위의 포물선 $y=-1+\frac{z^2}{4}$을 사영할 때 투영평면 $H: y=1$ 위의 대응곡선을 구하여라.

6. P^2 위의 두 직선 $x-2y+z=0$과 $2x+y-2z=0$의 공통수선을 구하여라.

7. (a) S^2 위에서 극 $\xi=\left(\frac{1}{\sqrt{3}},\ \frac{1}{\sqrt{3}},\ \frac{1}{\sqrt{3}}\right)$을 갖는 직선 ℓ에 대하여 반사 Ω_ℓ의 대응 행렬을 구하고, P^2 위에서 반사 $\Omega_{\pi\ell}$의 고정점들을 구하여라.

(b) 사영평면 P^2 위에서 직선 $\pi\ell$이 극 $\pi\xi=(0,\ 1,\ 1)$을 가질 때, P^2 위에서 반사 $\Omega_{\pi\ell}$의 고정점들을 구하여라.

8. 점 $(1,\ 2,\ 0)\in P^2$가 적당한 기저에 대하여 직선 $\bar{\ell}$의 극 $\bar{\xi}$의 동차좌표라 할 때 P^2 위의 직선 $\bar{\ell}$의 방정식을 구하여라.

9. 두 점 $P=\left(\frac{1}{\sqrt{3}},\ \frac{1}{\sqrt{3}},\ \frac{1}{\sqrt{3}}\right)$과 $Q=\left(\frac{-1}{\sqrt{2}},\ 0,\ \frac{1}{\sqrt{2}}\right)$을 지나가는 P^2 위의 직선 ℓ을 구하여라.

Non-Euclidean Model

제 4 장

민코프스키 공간

1851년 프랑스 물리학자 **피조**(H.L. Fizeau, 1819~1896)는 움직이는 액체 속에서 빛의 속도를 측정하였다. 만약 고전적 원리가 옳다면 움직이는 액체에서의 실제 빛의 속도는 액체의 속도와 정지 액체 사이에서의 빛의 속도를 합한 값이어야 한다. 그러나 사실은 그렇지가 않았다. 피조의 실험은 실제 빛의 속도가 움직이는 액체 속이든 정지해 있는 액체 속이든 상관없이 일정하다는 사실을 밝혀 주었다.

1881년 미국의 물리학자 **마이컬슨**(Albert Abraham Michelson, 1852~1931)과 **몰리**(Edward Williams Morley, 1838~1923)는 지구가 빛을 매개하는 에테르 속에서 움직인다고 가정했을 때, 빛이 에테르에 대해 일정한 속도를 가진다면 지구의 운동과 같은 방향으로 잰 빛의 속도와 지구의 운동과 수직인 방향으로 잰 속도를 비교하면 지구가 움직이는 속도를 알 수 있을 것이다. 그러나 실제 실험에서 두 방향의 빛의 속도는 아무런 차이가 없었다.

'에테르에 대한' 실험의 부정적 결과는 이론 물리학자와 수학자로 하여금 빛의 진행에 관한 파동 방정식과 상대성 원리를 조화시킨 새로운 수학적 해석을 유도하게 하였다.

1904년, **로렌츠**(Hendrik Antoon Lorentz, 1853~1928)는 이 같은 요구를 충족시킨 수학적 변환식을 제시하였다. 그는 운동하는 물체가 그 물체의 속도에 의존하는 변수에 의해서 그 운동 방향으로 축소되고, 또한 시간의 길이도 변하며, '실제' 시간과 '외간상' 시간 간의 차이가 생긴다는 가설을 발표하였다. 이처럼 그는 상대성 원리와 비슷한 이론을 제시하였다.

그러나 결정적인 전환점은 1905년 **아인슈타인**(Albert Einstein, 1879~1955)의 〈특수 상대성 이론〉이라는 논문을 통해 이루어졌다. 그는 로렌츠의 '실제' 시간이라고 하는 것을 폐기하고 그 대신 로렌츠 변환식에 의한 '외관상' 시간을 설정하였다. 이것은 물리학에서 근본적인 변화였다. 이 변화는 전혀 예상하지 못한 것이었으며 매우 급진적인 것이었다. 그리고 이 변화는 젊은 용기와 혁신적인 천재성을 요구하였다. 자연에 대한 수학적 변환에 있어서 로렌츠 변환식 이외에 더 필요한 것은 없었다. 그러나 로렌츠 변환식을 새롭게 재해석함으로써 시간과 공간의 구조는 변화를 가져 왔으며, 물리학의 많은 문제들의 새롭게 조명되기 시작하였다.

특수 상대성 이론의 핵심은 시간과 공간이 절대적인 물리량이 아니라 관측자에 따라 상대적이라는 사실을 확인한 것이다.

수학적으로 표현하자면, '서로 상대방에 대해 등속운동을 하는 두 관측자의 측정값 사이의 관계식은 무엇인가?'

아인슈타인은 이 로렌츠 변환에서 놀라운 결론들을 도출해 냈다. 그것은 우리의 상식을 완전히 무너뜨리는 것이어서 경이로움 그 자체였다. 바로 시간 지연(time dilation), 길이 수축(length contraction), 광속 초과 불가 등이 그것이다.

프랑스의 수학자이자 물리학자인 **푸앵카레**(Henri Poincaré, 1854~1912)도 로렌츠 변환을 유도하는 등 상대성의 이론의 문턱까지 접근했다. 푸앵카레는 맥스웰의 전자기이론을 검토한 뒤 뉴턴역학이 근본적으로 변혁돼야 한다는 것을 깨달았다. 이는 아인슈타인의 통찰과 맥락을 같이한다.

푸앵카레는 이를 바탕으로 1905년 6월 아인슈타인과 거의 같은 시기에 〈전자의 역학에 대하여〉라는 논문을 학술지에 보냈다. 여기에는 아인슈타인이 유도한 수학적 기본공식들, 즉 로렌츠 변환이 나와 있다(아인슈타인은 이때 이 논문을 보지 못했다고 한다[1]).

1908년 수학자 **민코프스키**(Hermann Minkowski, 1864~1909)는 기하학 개념을 사용하여 이런 절대 시공간 구조라는 개념을 고안해 냈다. 아인슈타인이 기준계에 의존하는 시간과 공간 좌표를 사용하여 시공간을 연구했다면, 민코프스키는 관측자와 독립적인 시공간 구조를 정의해 주어진 물리 상황을 기술하는 데 사용했다.

시공간 구조는 매우 중요한 개념이다. 에너지와 물질의 분포로 인해 중력장이 생기는데, 시공간 구조는 이에 상응하는 기하 구조를 정확히 기술하기 때문이다. 아인슈타인은 처음에 이 개념을 싫어했다. 그에게 시공간 구조는 자신이 이미 설명한 물리 현상을 지나치게 심미적으로 재형식화하는 것처럼 보였기 때문이었다. 하지만 아인슈타인은 결국 일반 상대성 이론을 제대로 설명하고 중력장을 계산하기 위해서는 시공간 구조라는 개념이 필수적이라는 사실을 인정할 수밖에 없었다.

---

1) 아인슈타인은 푸앵카레 논문뿐만 아니라 마이컬슨-몰리 실험, 로렌츠 변환식 조차도 특수 상대성 이론의 참고문헌으로 적지 않아 그들 논문을 보지 않은 것으로 되지만, 이 사실을 부정하고 아인슈타인이 이들 논문을 크게 중요시하지 않았기 때문이라고 해석하는 학자들도 있다. 특히, 민코프스키의 시공간 개념을 처음에는 무시하다가 결국 일반 상대성 이론을 수학으로 기술할 수밖에 없어 결국 받아들였다.

4.1 민코프스키 내적

부록의 'A.3 특수 상대성 이론'의 마지막 부분에서 언급하였던 갈릴레오 변환식으로부터 유도되는 거리개념은 다음과 같은 유클리드 내적을 유도할 수 있다. 즉, 유클리드 공간 E^3는 R^3의 임의의 두 점 $x=(x_1, x_2, x_3)$, $y=(y_1, y_2, y_3)$에 대해서 유클리드 내적은

$$x \cdot y = x_1y_1 + x_2y_2 + x_3y_3$$

로 주어진다. 한편, 로렌츠 변환식으로부터 도입된 내적은 x_3, y_3를 시간축이라 할 때

$$\langle x, y \rangle = x_1y_1 + x_2y_2 - c^2x_3y_3$$

으로 주어진다. 앞으로 계산을 간단히 하기 위해서 상수인 빛의 속도 c를 1로 간주하기로 한다. 따라서

$$\langle x, y \rangle = x_1y_1 + x_2y_2 - x_3y_3$$

으로 정의된 내적을 **민코프스키 내적**(Minkowski inner product)이라 부른다. 따라서 $E^3=(R^3, \cdot)$을 유클리드 공간이라 부르는 것처럼, $L^3=(R^3, <, >)$을 **민코프스키 공간**(Minkowski space)라 부른다.

다음 정리는 민코프스키 내적의 성질들을 보여주고 있다. 정의로부터 쉽게 보일 수 있으므로 증명은 생략한다.

정리 4.1.1

(1) $\langle x, y \rangle = \langle y, x \rangle$
(2) $\langle kx, y \rangle = k\langle x, y \rangle$, $k \in R$
(3) $\langle x, y+z \rangle = \langle x, y \rangle + \langle x, z \rangle$

그러나 E^3의 모든 점에서 성립하는 유클리드 내적의 성질

$$x \cdot x \geq 0,\ x \cdot x = 0 \Leftrightarrow x = 0$$

이 L^3에서는 성립하지 않는다. 이는 다음 예제에서 잘 알 수 있다.

예제 4.1.2

(1) $x=(0,\ 1,\ 1) \Rightarrow \langle x,\ x \rangle = 1-1=0$

(2) $y=(1,\ 1,\ 2) \Rightarrow \langle y,\ y \rangle = 1+1-4=-2<0$

(3) $z=(1,\ 1,\ 1) \Rightarrow \langle z,\ z \rangle = 1+1-1=1>0$ ✤

또한, 위의 예제 4.1.2처럼 L^3의 점들은 다음 세 가지 유형으로 나누어진다.

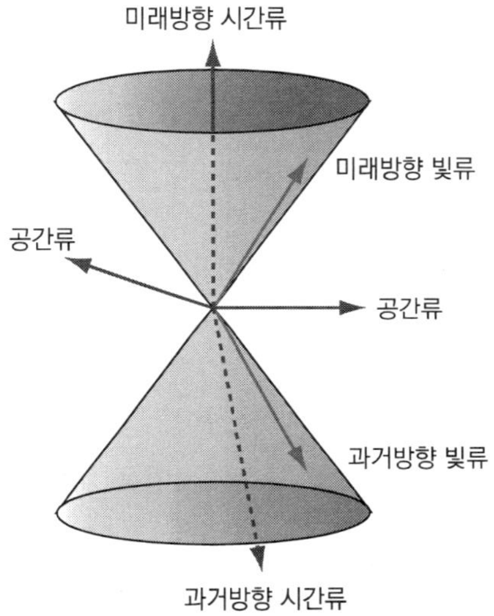

그림 4.1 시간류, 빛류, 공간류 벡터

(1) $x=(x_1,\ x_2,\ x_3) \in L^3$가 $\langle x,\ x \rangle = 0$을 만족할 때 x를 **빛류**(lightlike or null) 벡터라 부른다.
$x_1^2+x_2^2-x_3^2=0$을 만족하는 모든 점들의 집합은 원뿔(cone) 위에 위치한다.

(2) $x=(x_1,\ x_2,\ x_3) \in L^3$가 $\langle x,\ x \rangle > 0$을 만족할 때 x를 **공간류**(spacelike) 벡터라 부른다.
$x_1^2+x_2^2-x_3^2>0$을 만족하는 모든 점들의 집합은 원뿔(cone) 밖에 위치한다.

(3) $x=(x_1,\ x_2,\ x_3) \in L^3$가 $\langle x,\ x \rangle < 0$을 만족할 때 x를 **시간류**(timelike) 벡터라 부른다.
$x_1^2+x_2^2-x_3^2<0$을 만족하는 모든 점들의 집합은 원뿔(cone) 안에 위치한다.

벡터 x를 **단위벡터**(unit vector)라 함은

$$\langle x, x\rangle = \begin{cases} 1, & x\text{는 공간류} \\ -1, & x\text{는 시간류} \end{cases}$$

을 만족할 때이고, 벡터 x의 **크기**(length)는

$$\begin{aligned} |x| &= \begin{cases} \sqrt{\langle x, x\rangle}, & x\text{는 공간류} \\ \sqrt{-\langle x, x\rangle}, & x\text{는 시간류} \end{cases} \\ &= \sqrt{|\langle x, x\rangle|} \end{aligned}$$

로 주어진다.

예제 4.1.3

$\boldsymbol{i}=(1, 0, 0)$ $\boldsymbol{j}=(0, 1, 0)$ $\boldsymbol{k}=(0, 0, 1)$라 할 때

$$\langle \boldsymbol{i}, \boldsymbol{i}\rangle = 1, \langle \boldsymbol{j}, \boldsymbol{j}\rangle = 1, \langle \boldsymbol{k}, \boldsymbol{k}\rangle = -1,$$
$$\langle \boldsymbol{i}, \boldsymbol{j}\rangle = 0, \langle \boldsymbol{j}, \boldsymbol{k}\rangle = 0, \langle \boldsymbol{i}, \boldsymbol{k}\rangle = 0$$

이므로 $\boldsymbol{i}$와 $\boldsymbol{j}$는 공간류 벡터이고, $\boldsymbol{k}$는 시간류 벡터임을 알 수 있다. 이때, $\{\boldsymbol{i}, \boldsymbol{j}, \boldsymbol{k}\}$는 E^3에서처럼 L^3의 표준기저임을 알 수 있다. ✤

한편, 시간류 또는 빛류 벡터 x가 $\langle x, \boldsymbol{k}\rangle < 0$를 만족하면 **미래방향**(future directed)이라 하고, $\langle x, \boldsymbol{k}\rangle > 0$이면 **과거방향**(past directed)이라 한다.

보조정리 4.1.4

$x=(x_1, x_2, x_3)$가 미래방향 시간류 벡터일 필요충분조건은 $x_3 > 0$이고 $x_1^2 + x_2^2 < x_3^2$이다.

증명 $\langle x, \boldsymbol{k}\rangle = -x_3 < 0$이면 $x_3 > 0$이고, $\langle x, x\rangle < 0$이면 $x_1^2 + x_2^2 < x_3^2$임을 알 수 있다. ✤

다음은 민코프스키 공간의 기본정리이다. 특히 다섯 번째 성질은 유클리드 공간의 성질에 익숙한 독자들에게는 매우 놀라운 결과이다.

정리 4.1.5

$x,\ y\in L^3$가 미래방향 시간류 벡터이고, $z\in L^3$가 미래방향 빛류 벡터일 때

(1) $\langle x,\ y\rangle < 0$

(2) $x+y$는 미래방향 시간류 벡터이다.

(3) $\langle x,\ z\rangle < 0$, $x+z$는 미래방향 시간류 벡터이다.

(4) 임의의 $w\in L^3$에 대하여 $\langle x,\ w\rangle = 0$이면 w는 0 벡터이거나 공간류 벡터이다.

(5) **(역 코시-슈바르츠 부등식)** $-\langle x,\ y\rangle \geq |x||y|$이고, 등식이 성립할 필요충분조건은 $x,\ y$가 평행이다.

증명 (1) $x=(x_1,\ x_2,\ x_3)$, $y=(y_1,\ y_2,\ y_3)$가 미래방향 시간류 벡터이므로 x_3와 y_3는 각각

$$x_3,\ y_3>0,\ x_1^2+x_2^2<x_3^2,\ y_1^2+y_2^2<y_3^2$$

을 만족한다. 따라서

$$(x_1^2+x_2^2)(y_1^2+y_2^2)\leq x_3^2y_3^2$$

이다. 또한,

$$(x_1y_1+x_2y_2)^2\leq (x_1^2+x_2^2)(y_1^2+y_2^2)<x_3^2y_3^2$$

이므로 $|x_1y_1+x_2y_2|<x_3y_3$이다. 그러므로

$$x_1y_1+x_2y_2-x_3y_3<0.$$

즉, $\langle x,\ y\rangle <0$이다.

(2) $\langle x+y,\ x+y\rangle = \langle x,\ x\rangle + 2\langle x,\ y\rangle + \langle y,\ y\rangle < 0$이므로 $x+y$는 시간류 벡터이다. $x_3>0$, $y_3>0$이므로 $x_3+y_3>0$. 따라서 $x+y$는 미래방향이다.

(3) x가 미래방향 시간류 벡터이므로 $x_3>0$, $x_1^2+x_2^2<x_3^2$이다. z는 미래방향 빛류 벡터이므로

$$z_3>0,\ z_1^2+z_2^2=z_3^2$$

이다. $(x_1^2+x_2^2)(z_1^2+z_2^2)<x_3^2z_3^2$이므로 (1)번 증명처럼 $\langle x,\ z\rangle <0$이고,

$$\begin{aligned}\langle x+z,\ x+z\rangle &= \langle x,\ x\rangle + 2\langle x,\ z\rangle + \langle z,\ z\rangle \\ &= \langle x,\ x\rangle + 2\langle x,\ z\rangle < 0\end{aligned}$$

이므로 $x+z$는 시간류 벡터이다. $x_3+z_3>0$이므로 $x+z$은 미래방향 시간류 벡터이다.

(4) w가 공간류 벡터가 아니라고 가정하면 w는 미래방향(또는 $-w$가 미래방향)의 빛류 또는 시간류 벡터이다. (1) 또는 (3)에 의하여 $\langle x,\ w\rangle < 0$이다. 이는 $\langle x,\ w\rangle = 0$인 가정에 모순이다. 따라서 w는 공간류 벡터이다.

(5) $\overline{y} = y - \dfrac{\langle x,\ y\rangle}{\langle x,\ x\rangle}x$ 라 하면

$$\langle x,\ \overline{y}\rangle = \langle x,\ y\rangle - \frac{\langle x,\ y\rangle}{\langle x,\ x\rangle}\langle x,\ x\rangle = 0$$

이므로 $\overline{y}$는 0 벡터이거나 공간류 벡터이다.
$k = \dfrac{\langle x,\ y\rangle}{\langle x,\ x\rangle}$라 놓으면 $y = kx + \overline{y}$이다. 따라서

$$\begin{aligned}&\langle y,\ y\rangle = k^2\langle x,\ x\rangle + \langle \overline{y},\ \overline{y}\rangle = \frac{\langle x,\ y\rangle^2}{\langle x,\ x\rangle} + \langle \overline{y},\ \overline{y}\rangle \\ &\langle x,\ x\rangle\langle y,\ y\rangle = \langle x,\ y\rangle^2 + \langle x,\ x\rangle\langle \overline{y},\ \overline{y}\rangle \\ &\langle x,\ y\rangle^2 = \langle x,\ x\rangle\langle y,\ y\rangle - \langle x,\ x\rangle\langle \overline{y},\ \overline{y}\rangle\end{aligned}$$

이다. $-\langle x,\ x\rangle\langle \overline{y},\ \overline{y}\rangle \geq 0$이므로

$$\langle x,\ y\rangle^2 \geq \langle x,\ x\rangle\langle y,\ y\rangle \geq (-\langle x,\ x\rangle)(-\langle y,\ y\rangle) = |x|^2|y|^2$$

이다. 따라서 $-\langle x,\ y\rangle \geq |x||y|$이다.
등식이 성립할 필요충분조건은 $\langle \overline{y},\ \overline{y}\rangle = 0$이고 따라서 $\overline{y} = 0$이다. 즉, $y = kx$이다. ✤

유클리드 공간에서 삼각부등식은 코시-슈바르츠 부등식을 이용하여 증명한다. 민코프스키 공간에서는 코시-슈바르츠 부등식과 반대 방향으로 성립하므로 삼각부등식 역시 부호가 반대 방향이다.

정리 4.1.6 역삼각부등식

$x,\ y \in L^3$가 0이 아닌 미래방향 시간류 벡터이면 $|x+y| \geq |x|+|y|$을 만족하고 등식이 성립할 필요충분조건은 x와 y가 평행이다.

증명 $|x+y|^2 = -\langle x+y,\ x+y \rangle$

$$= -\langle x,\ x \rangle - 2\langle x,\ y \rangle - \langle y,\ y \rangle$$
$$\geq -\langle x,\ x \rangle + 2|x||y| - \langle y,\ y \rangle$$
$$= |x|^2 + 2|x||y| + |y|^2$$
$$= (|x|+|y|)^2$$

로부터 $|x+y| \geq |x|+|y|$을 만족한다. 등식이 성립할 필요충분조건은 역 코시-슈바르츠 부등식으로부터 x와 y가 평행이다. ✤

다음 예제는 $x,\ y$가 L^3에서 미래방향 시간류 벡터가 아니면 역 코시-슈바르츠 부등식이 성립하지 않는다는 사실을 보여주고 있다.

예제 4.1.7

L^3에서 역 코시-슈바르츠 부등식이 성립하지 않고, 서로 평행하지 않으며 수직이 아닌 두 공간류 벡터 $x,\ y$의 예를 구하여라.

풀이 두 벡터 $x=(1,\ 2,\ -1),\ y=(2,\ 1,\ 0) \in L^3$에 대하여

$$\langle x,\ x \rangle = 1+4-1 = 4 > 0,$$
$$\langle y,\ y \rangle = 4+1-0 = 5 > 0$$

이므로 모두 공간류 벡터이다. 또한,

$$\langle x,\ y \rangle = 2+2-0 = 4 \neq 0$$

이므로 $x,\ y$가 수직이 아니다. 더 나아가서

$$\langle x,\ y \rangle = 2+2-0 = 4$$
$$|x||y| = \sqrt{4}\sqrt{5} = 2\sqrt{5}$$

로부터 $4 < 2\sqrt{5}$ 이므로 $\langle x,\ y \rangle \geq |x||y|$가 성립하지 않으며 등식도 성립하는지 않는다. 더 나아가서

$$y = kx \Leftrightarrow (2,\ 1,\ 0) = k(1,\ 2,\ -1)$$

을 만족하는 실수 k가 존재하지 않으므로 두 벡터는 평행이 아니다. ✤

L^3의 정규직교기저 $\{e_1,\ e_2,\ e_3\}$가 L^3의 **정규직교기저**(orthonormal basis)라 함은

$$\langle e_i,\ e_j \rangle = \begin{cases} \pm 1, & i = j \\ 0, & i \neq j \end{cases}$$

일 때이다. 따라서 $\{\boldsymbol{i},\ \boldsymbol{j},\ \boldsymbol{k}\}$는 L^3의 한 정규직교기저이다. 특히, $\boldsymbol{i},\ \boldsymbol{j}$는 단위 공간류 벡터이고 $\boldsymbol{k}$는 단위 시간류 벡터이다.

다음 정리는 임의의 정규직교기저도 하나의 시간류 벡터와 두 개의 공간류 벡터로 구성되고 있음을 보여주고 있다.

정리 4.1.8

모든 정규직교기저는 하나의 시간류 벡터와 두 개의 공간류 벡터로 구성된다.

증명 $\{e_1,\ e_2,\ e_3\}$가 모두 공간류 벡터라 가정하자. 임의의 $v \neq 0 \in L^3$에 대하여, $v = v_1 e_1 + v_2 e_2 + v_3 e_3$이면

$$\begin{aligned}\langle v,\ v \rangle &= v_1^2 \langle e_1,\ e_1 \rangle + v_2^2 \langle e_2,\ e_2 \rangle + v_3^2 \langle e_3,\ e_3 \rangle \\ &= v_1^2 + v_2^2 + v_3^2 > 0\end{aligned}$$

이므로 v는 공간류 벡터이다. 이는 $\boldsymbol{k} \in L^3$가 시간류 벡터이므로 모순이다. 따라서, $\{e_1,\ e_2,\ e_3\}$ 중에 최소한 하나는 시간류 벡터이어야 한다.

이제 e_3를 시간류 벡터라 하자, e_3 또는 $-e_3$가 미래방향 시간류라 하면, $\langle e_1,\ e_3 \rangle = 0$, $\langle e_2,\ e_3 \rangle = 0$이므로 정리 4.1.5 (4)번으로부터 $e_1,\ e_2$는 공간류 벡터이다. ✤

4.2 L^3의 외적

임의의 $a,\ b \in L^3$에 대하여, $a=(a_1,\ a_2,\ a_3)$, $b=(b_1,\ b_2,\ b_3)$라 하면, a와 b의 **외적**(cross product) $w=a\times_L b$는 임의의 $z\in L^3$에 대하여

$$\langle w,\ z\rangle = \det(z,\ a,\ b)$$

로 정의된다. 이제 w의 $\boldsymbol{i},\ \boldsymbol{j},\ \boldsymbol{k}$의 성분을 알아보자. w는

$$w=\langle w,\ \boldsymbol{i}\rangle\boldsymbol{i}+\langle w,\ \boldsymbol{j}\rangle\boldsymbol{j}-\langle w,\ \boldsymbol{k}\rangle\boldsymbol{k}$$

으로 표현된다. 이제

$$\langle w,\ \boldsymbol{i}\rangle=\det(\boldsymbol{i},\ a,\ b)=\begin{vmatrix}1&0&0\\a_1&a_2&a_3\\b_1&b_2&b_3\end{vmatrix}=a_2b_3-a_3b_2,$$

$$\langle w,\ \boldsymbol{j}\rangle=\det(\boldsymbol{j},\ a,\ b)=\begin{vmatrix}0&1&0\\a_1&a_2&a_3\\b_1&b_2&b_3\end{vmatrix}=-(a_1b_3-a_3b_1),$$

$$\langle w,\ \boldsymbol{k}\rangle=\det(\boldsymbol{k},\ a,\ b)=\begin{vmatrix}0&0&1\\a_1&a_2&a_3\\b_1&b_2&b_3\end{vmatrix}=a_1b_2-a_2b_1$$

이므로

$$w=(a_2b_3-a_3b_2)\boldsymbol{i}-(a_1b_3-a_3b_1)\boldsymbol{j}-(a_1b_2-a_2b_1)\boldsymbol{k}=\begin{vmatrix}\boldsymbol{i}&\boldsymbol{j}&-\boldsymbol{k}\\a_1&a_2&a_3\\b_1&b_2&b_3\end{vmatrix}$$

임을 알 수 있다.

다음 정리는 유클리드 공간에서 정의된 두 벡터의 외적에 대한 성질과 대부분 일치하고 네 번째만 부호 차이가 있다. 증명은 외적의 정의로부터 쉽게 증명되지만 네 번째는 벡터 c가 각각 $\boldsymbol{i},\ \boldsymbol{j},\ \boldsymbol{k}$인 경우를 증명하면 된다.

정리 4.2.1

$a,\ b,\ c \in L^3$에 대해서

(1) $\langle a \times_L b,\ a \rangle = 0,\ \langle a \times_L b,\ b \rangle = 0$

(2) $a \times_L b = - b \times_L a$

(3) $\langle a \times_L b,\ c \rangle = \langle a,\ b \times_L c \rangle$

(4) $(a \times_L b) \times_L c = -(\langle a,\ c \rangle b - \langle b,\ c \rangle a)$

(5) 0이 아닌 $a,\ b$에 대해서 $a \times_L b = 0$이면 $a,\ b$는 평행이다.

증명 (3) $\langle a \times_L b,\ c \rangle = \det(c,\ a,\ b) = \det(a,\ b,\ c)$

$= \langle b \times_L c,\ a \rangle = \langle a,\ b \times_L c \rangle.$ ✣

예제 4.2.2

L^3에서 $A = \boldsymbol{i} + \boldsymbol{j} + \boldsymbol{k},\ B = \boldsymbol{i} + 2\boldsymbol{j} + \boldsymbol{k}$가 공간류 벡터이고 $A \times_L B$가 빛류 벡터임을 보여라.

풀이 $\langle A,\ A \rangle = 1 + 1 - 1 = 1 > 0$

$\langle B,\ B \rangle = 1 + 4 - 1 = 4 > 0$

$$A \times_L B = \begin{vmatrix} \boldsymbol{i} & \boldsymbol{j} & -\boldsymbol{k} \\ 1 & 1 & 1 \\ 1 & 2 & 1 \end{vmatrix} = -\boldsymbol{i} - \boldsymbol{k} = (-1,\ 0,\ -1)$$

$\langle A \times_L B,\ A \times_L B \rangle = (-1)^2 - (-1)^2 = 0$

이므로 $A,\ B$는 공간류 벡터이고 $A \times_L B$는 빛류 벡터이다. ✣

예제 4.2.3

L^3의 두 점 $u = \boldsymbol{i} + \boldsymbol{j} + \boldsymbol{k},\ v = \boldsymbol{i} - \boldsymbol{j},\ w = \boldsymbol{i} + \boldsymbol{j} + 2\boldsymbol{k}$에 대해서

(a) $\langle u \times_L v,\ u \rangle = \langle u \times_L v,\ v \rangle = 0$임을 보여라.

(b) $u \times_L v$가 w와 평행임을 보여라.

풀이 (a) $u\times_L v=\begin{vmatrix} i & j & -k \\ 1 & 1 & 1 \\ 1 & -1 & 0 \end{vmatrix}=i-(-1)j-(-1-1)k$

$=i+j+2k=(1,\ 1,\ 2)$

$\langle u\times_L v,\ u\rangle=<(1,\ 1,\ 2),\ (1,\ 1,\ 1)>=1+1-2=0$

$\langle u\times_L v,\ v\rangle=<(1,\ 1,\ 2),\ (1,\ -1,\ 0)>=1-1+0=0$

따라서 $\langle u\times_L v,\ u\rangle=\langle u\times_L v,\ v\rangle=0$이다.

(b) 정리 4.2.1 (5)에 따라 $\langle u\times_L v\rangle\times_L w=0$임을 보이자.

$$\langle u,\ w\rangle=1+1-2=0,\ \langle v,\ w\rangle=1-1-0=0$$

이므로

$$(u\times_L v)\times_L w=-(\langle u,\ w\rangle v-\langle v,\ w\rangle u)=0$$

이다. 따라서 $u\times_L v$가 w와 평행이다. ✤

다음 정리는 임의의 정규직교기저가 두 벡터의 외적이 남은 한 벡터와 어떤 관계인가를 보여주고 있다.

정리 4.2.4

$\{e_1,\ e_2,\ e_3\}$는 L^3의 정규직교기저일 때(방향에 따라 e_i 대신 $-e_i$를 사용, $i=1,\ 2,\ 3$).

(1) $e_1\times_L e_2=\langle e_3,\ e_3\rangle e_3$

(2) $e_2\times_L e_3=\langle e_1,\ e_1\rangle e_1$

(3) $e_3\times_L e_1=\langle e_2,\ e_2\rangle e_2$

증명 (1) $e_1\times_L e_2=Ae_1+Be_2+Ce_3$라 하면 $0=\langle e_1\times_L e_2,\ e_1\rangle=A\langle e_1,\ e_1\rangle$이므로 $A=0$이고 $0=\langle e_1\times_L e_2,\ e_2\rangle=B\langle e_2,\ e_2\rangle$이므로 $B=0$이다.

한편, $\langle e_1\times_L e_2,\ e_3\rangle=C\langle e_3,\ e_3\rangle$이므로 양변에 $\langle e_3,\ e_3\rangle$를 곱하여

$$\langle e_1\times_L e_2,\ e_3\rangle\langle e_3,\ e_3\rangle=C\langle e_3,\ e_3\rangle^2=C$$

이다. $\langle e_1\times_L e_2,\ e_3\rangle=\det(e_1,\ e_2,\ e_3)$는 정육면체 체적으로 $+1$이 되도록 e_3 또는 $-e_3$를 택한다. 그러면, $C=\langle e_3,\ e_3\rangle$이므로 $e_1\times_L e_2=\langle e_3,\ e_3\rangle e_3$

이다.

(2) (3)도 같은 방법으로 증명한다. ✤

예제 4.2.5

두 벡터 $\xi=\left(\frac{1}{\sqrt{2}},\ \frac{1}{\sqrt{2}},\ 0\right)$, $\eta=\frac{1}{2\sqrt{3}}(3,\ 2,\ 1)\in L^3$에 대해서 ξ와 $\frac{(\xi\times\eta)}{|\xi\times\eta|}$을 포함하는 정규직교기저를 구하여라.

풀이 ξ와 $\frac{(\xi\times\eta)}{|\xi\times\eta|}$을 포함하는 정규직교기저들을 $e_1,\ e_2,\ e_3$라고 했을 때 정리 4.1.8에 의하여 두 개의 단위 공간류 벡터와 하나의 단위 시간류 벡터로 구성되어야 한다. $e_1=\xi=\left(\frac{1}{\sqrt{2}},\ \frac{1}{\sqrt{2}},\ 0\right)$, $e_2=\frac{(\xi\times\eta)}{|\xi\times\eta|}=(1,\ -1,\ 1)$이고 $\langle e_1,\ e_1\rangle=1$, $\langle e_2,\ e_2\rangle=1$이므로 둘 다 단위 공간류 벡터이다. 따라서 e_3는 $e_1,\ e_2$에 수직인 단위 시간류 벡터이어야 하므로

$$
\begin{aligned}
e_3 &= e_1\times_L e_2=\left(\frac{1}{\sqrt{2}},\ \frac{1}{\sqrt{2}},\ 0\right)\times_L(1,\ -1,\ 1)\\
&=\left(\frac{1}{\sqrt{2}},\ -\frac{1}{\sqrt{2}},\ \frac{2}{\sqrt{2}}\right)
\end{aligned}
$$

이고 $\langle e_3,\ e_3\rangle=-1$로 단위 시간류 벡터임을 알 수 있다. 따라서 구하고자 하는 정규직교기저는

$$
e_1=\left(\frac{1}{\sqrt{2}},\ \frac{1}{\sqrt{2}},\ 0\right),\ e_2=(1,\ -1,\ 1),\ e_3=\left(\frac{1}{\sqrt{2}},\ -\frac{1}{\sqrt{2}},\ \frac{2}{\sqrt{2}}\right)
$$

이다. ✤

4.3 L^3의 쌍곡각

임의의 실수값 함수 $f(x)$는

$$f(x)=\frac{f(x)+f(-x)}{2}+\frac{f(x)-f(-x)}{2}$$

으로 분해하여 표현할 수 있다. 이때, $\frac{f(x)+f(-x)}{2}$은 항상 우함수이고 $\frac{f(x)-f(-x)}{2}$은 항상 기함수이다.

마찬가지로, 지수함수 e^x에 대하여

$$e^x=\left(\frac{e^x+e^{-x}}{2}\right)+\left(\frac{e^x-e^{-x}}{2}\right)$$

으로 표현되므로 우함수 $\cosh x=\frac{e^x+e^{-x}}{2}$을 **쌍곡코사인**(hyperbolic cosine), 기함수 $\sinh x=\frac{e^x-e^{-x}}{2}$을 **쌍곡사인**(hyperbolic sine)이라 부른다. 이 함수들은 다음 성질들을 만족한다.

$$\begin{aligned}
&e^x=\cosh x+\sinh x\\
&\cosh^2 x-\sinh^2 x=1\\
&2\sinh x\cosh x=\sinh 2x\\
&\cosh(x\pm y)=\cosh x\cosh y\pm\sinh x\sinh y\\
&\sinh(x\pm y)=\sinh x\cosh y\pm\cosh x\sinh y
\end{aligned}$$

$x,\ y$가 미래방향 시간류 벡터이면, 정리 4.1.5 (5)번 역 코시-슈바르츠 부등식으로부터 $-\langle x,\ y\rangle\ge|x||y|$이므로

$$-\frac{\langle x,\ y\rangle}{|x||y|}\ge 1$$

이다. 한편, $\cosh\theta\ge 1$인 쌍곡코사인 함수 $\cosh$은 $\theta\ge 0$에서 순증가함수이므로 일대일 함수이다. 중간값 정리로부터

$$\cosh\theta=-\frac{\langle x,\ y\rangle}{|x||y|}$$

을 만족하는 $\theta\ge 0$가 유일하게 존재한다. 이때,

$$\langle x,\ y\rangle = -|x||y|\cosh\theta$$

을 만족하는 θ를 $x,\ y$ 사이의 **쌍곡각**(hyperbolic angle)이라 한다.

참고 만약 $x,\ y$가 L^3에서 공간류 벡터이면 일반적으로 식

$$\langle x,\ y\rangle = -|x||y|\cosh\theta$$

는 더 이상 성립하지 않는다. 예를 들어, $x=\boldsymbol{i},\ y=\boldsymbol{j}$라 하면, $\langle x,\ y\rangle = 0,\ |x|=1,\ |y|=1,\ \cosh\theta \geq 1$이므로 위의 등식이 성립하지 않는다.

그러나, 다음 4.4절에서 $x,\ y$가 L^2에서 쌍곡각이 정의되는 임의의 두 공간류 벡터이면

$$\langle x,\ y\rangle = |x||y|\cosh\theta$$

가 성립한다는 사실을 알 수 있다.

다음 정리는 유클리드 공간에서 임의의 $a,\ b,\ c,\ d$에 대하여 성립하는 두 등식 $\langle a\times b,\ c\times d\rangle = \langle a,\ c\rangle\langle b,\ d\rangle - \langle b,\ c\rangle\langle a,\ d\rangle$와 $|a\times b| = |a||b|\sin\theta$이고 민코프스키 공간에서는 약간 다르게 표현됨을 보여주고 있다.

정리 4.3.1

임의의 $a,\ b,\ c,\ d\in L^3$에 대하여

(1) $\langle a\times_L b,\ c\times_L d\rangle = -(\langle a,\ c\rangle\langle b,\ d\rangle - \langle b,\ c\rangle\langle a,\ d\rangle)$.

(2) $a,\ b$는 미래방향 시간류 벡터이고, $\theta\geq 0$가 $a,\ b$ 사이의 쌍곡각일 때 $|a\times_L b| = |a||b|\sinh\theta$이다.

증명 (1) $v = a\times_L b$라 하자.

$$\begin{aligned}\langle a\times_L b,\ c\times_L d\rangle &= \langle v,\ c\times_L d\rangle = \langle v\times_L c,\ d\rangle \\ &= \langle (a\times_L b)\times_L c,\ d\rangle \\ &= \langle -(\langle a,\ c\rangle b - \langle b,\ c\rangle a),\ d\rangle \\ &= -((a,\ c)\langle b,\ d\rangle - \langle b,\ c\rangle\langle a,\ d\rangle)\end{aligned}$$

(2) $\langle a, b\rangle = -|a||b|\cosh\theta$이므로

$$\begin{aligned}\langle a\times_L b, a\times_L b\rangle &= -(\langle a, a\rangle\langle b, b\rangle - \langle a, b\rangle^2)\\ &= -[(-\langle a, a\rangle)(-\langle b, b\rangle) - \langle a, b\rangle^2]\\ &= -(|a|^2|b|^2 - \langle a, b\rangle^2)\\ &= -(|a|^2|b|^2 - |a|^2|b|^2\cosh^2\theta)\\ &= -|a|^2|b|^2(1-\cosh^2\theta)\\ &= |a|^2|b|^2\sinh^2\theta\end{aligned}$$

즉, $|a\times_L b|^2 = |a|^2|b|^2\sinh^2\theta$이다. 그러므로 쌍곡각 $\theta \geq 0$에 대하여

$$|a\times_L b| = |a||b|\sinh\theta$$

을 얻는다. ✤

다음 정리는 두 공간류 벡터가 코시-슈바르츠 정리에서 부등식만을 만족할 조건이 이들의 외적이 시간류 벡터가 되어야 한다는 사실이다.

정리 4.3.2

> 서로 다른 두 공간류 벡터 $a, b\in L^3$에 대해서, $a\times_L b$가 시간류 벡터이면
>
> $$\langle a, b\rangle^2 < |a|^2|b|^2$$
>
> 이다.

증명 $P = \dfrac{a\times_L b}{|a\times_L b|}$를 단위 시간류 벡터라 하면 임의의 $t\in R$에 대하여

$$\langle P, a+tb\rangle = 0$$

이다. 따라서 $a+tb$ 공간류 벡터이다. 그러므로 임의의 $t\in R$에 대하여

$$0 < \langle a+tb, a+tb\rangle = \langle b, b\rangle t^2 + 2\langle a, b\rangle t + \langle a, a\rangle$$

이다. 이는 t에 대한 이차식이 항상 0보다 크므로 판별식에 의하여

$$\langle a, b\rangle^2 - \langle a, a\rangle\langle b, b\rangle < 0$$

임을 알 수 있다. 즉, $\langle a, b\rangle^2 < |a|^2|b|^2$ 이다. ✤

참고 위 정리에서 $a\times_L b$를 시간류 벡터로 가정한 이유는 빛류 벡터일 수도 있기 때문이다.

예를 들면, 두 공간류 벡터 $a=(1, 0, 0)$, $b=(0, 1, 0)$에 대해서

$$a\times_L b=(0, 0, -1)$$

은 시간류 벡터이다. 그러나 $a=(1, 0, 0)$, $b=(1, 1, 1)$이면 a, b는 공간류 벡터이지만

$$a\times_L b=(0, -1, -1)$$

은 빛류 벡터이다. 따라서, a, b가 공간류 벡터이고 $a\times_L b$가 빛류 또는 시간류 벡터이면, $a+tb$ 빛류 또는 공간류 벡터이므로 $\langle a+tb, a+tb\rangle\geq 0$이다. 그러므로 $\langle a, b\rangle^2\leq |a|^2|b|^2$이다.

여기서 등식이 성립할 충분조건은 a와 b가 평행이지만 필요조건은 성립하지 않는다. 왜냐하면, $a+tb$가 빛류 벡터인 경우에는 $a+tb$가 0이 아니지만 임의의 $t\in R$에 대하여

$$\langle a+tb, a+tb\rangle=0$$

이기 때문이다.

예제 4.3.3

(a) $x=(1, 0, 1)\in L^3$에 대하여 $\langle x, y\rangle=0$, $\langle x, z\rangle=0$을 만족하는 공간류 벡터 y와 빛류 벡터 z를 구하여라. 더 나아가서 $\langle x, w\rangle=0$을 만족하는 시간류 벡터가 존재하는지를 조사하여라.

(b) $\xi\times\eta$가 0이 아닌 빛류 벡터일 때 $\langle\xi, \eta\rangle^2=\langle\xi, \xi\rangle\langle\eta, \eta\rangle$임을 보이고 이를 만족하는 공간류 벡터 ξ와 η의 예를 들어라.

풀이 (a) $y=(a, b, c)$가 공간류 벡터이므로 $\langle y, y\rangle=a^2+b^2-c^2>0$이고 $\langle x, y\rangle=a-c=0$이므로 $y=(a, b, a)$, $b\neq 0$이다.

또한, $z=(a, b, c)$라고 하면 빛류 벡터이므로 $\langle z, z\rangle=a^2+b^2-c^2=0$이고 $\langle x, z\rangle=a-c=0$이므로 $z=(a, 0, a)$이다.

더 나아가서, $w=(a,\ b,\ c)$가 시간류 벡터이므로 $\langle w,\ w\rangle = a^2+b^2-c^2<0$ 이고 $\langle x,\ w\rangle = a-c=0$이므로 $b^2<0$이다. 이러한 실수 b가 존재하지 않으므로 이런 조건을 만족하는 시간류 벡터는 존재하지 않는다.

(b) $\xi\times\eta$가 0이 아닌 빛류 벡터라고 했으므로 $\langle \xi\times\eta,\ \xi\times\eta\rangle = 0$이 되어야 한다. 정리 4.3.1(1)에 의하여

$$0=\langle \xi\times\eta,\ \xi\times\eta\rangle = -(\langle\xi,\ \xi\rangle\langle\eta,\ \eta\rangle - \langle\xi,\ \eta\rangle^2)$$

을 만족한다. 따라서 $\langle\xi,\ \eta\rangle^2 = \langle\xi,\ \xi\rangle\langle\eta,\ \eta\rangle$이다.
외적하여 빛류 벡터가 되는 두 공간류 벡터 $\xi,\ \eta$의 예를 찾아보면 $\xi=(1,\ 1,\ 1)$, $\eta=(2,\ 1,\ 2)$인 경우에 각각은 공간류 벡터임을 알 수 있다. 또한, $\xi\times\eta=(1,\ 0,\ 1)$이고 $\langle \xi\times\eta,\ \xi\times\eta\rangle = 0$이므로 빛류 벡터이다. ✤

4.4 L^2 위의 회전변환

먼저 민코프스키 평면 L^2의 직각삼각형에서 쌍곡함수 $\cosh\theta$, $\sinh\theta$의 기하학적 의미를 살펴보자.

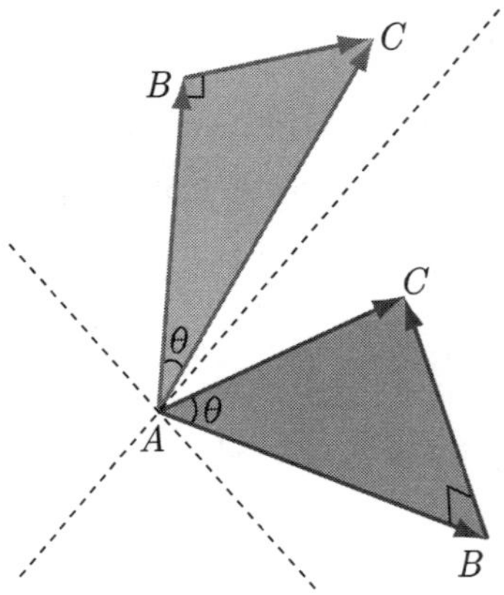

그림 4.2 coshθ, sinhθ의 기하학적 의미

$\overrightarrow{AB}$, $\overrightarrow{AC}$가 미래방향 시간류 벡터이고 그 사이각을 θ라 하자. $\overrightarrow{BC}$는 $\overrightarrow{AC}=\overrightarrow{AB}+\overrightarrow{BC}$를 만족하고 $\overrightarrow{AB}$에 수직인 공간류 벡터라 하면 $\triangle ABC$는 L^2 위에서 직각삼각형이다.

정리 4.3.1의 윗부분에서 언급한 참고에 의하여

$$\langle \overrightarrow{AB},\ \overrightarrow{AC}\rangle = -|\overrightarrow{AB}||\overrightarrow{AC}|\cosh\theta$$

이므로

$$\begin{aligned}\cosh\theta &= \frac{-\langle \overrightarrow{AB},\ \overrightarrow{AC}\rangle}{|\overrightarrow{AB}||\overrightarrow{AC}|} = \frac{-\langle \overrightarrow{AB},\ \overrightarrow{AB}+\overrightarrow{BC}\rangle}{|\overrightarrow{AB}||\overrightarrow{AC}|} \\ &= -\frac{\langle \overrightarrow{AB},\ \overrightarrow{AB}\rangle + \langle \overrightarrow{AB},\ \overrightarrow{BC}\rangle}{|\overrightarrow{AB}||\overrightarrow{AC}|} \\ &= \frac{|\overrightarrow{AB}|^2}{|\overrightarrow{AB}||\overrightarrow{AC}|} = \frac{|\overrightarrow{AB}|}{|\overrightarrow{AC}|}\end{aligned}$$

이고

$$\sinh\theta = \sqrt{\cosh^2\theta - 1} = \sqrt{\frac{|\overrightarrow{AB}|^2 - |\overrightarrow{AC}|^2}{|\overrightarrow{AC}|^2}}$$

$$= \frac{\sqrt{-\langle \overrightarrow{AB}, \overrightarrow{AB} \rangle + \langle \overrightarrow{AC}, \overrightarrow{AC} \rangle}}{|\overrightarrow{AC}|}$$

$$= \frac{\sqrt{-\langle \overrightarrow{AB}, \overrightarrow{AB} \rangle + \langle \overrightarrow{AB} + \overrightarrow{BC}, \overrightarrow{AB} + \overrightarrow{BC} \rangle}}{|\overrightarrow{AC}|}$$

$$= \frac{\sqrt{\langle \overrightarrow{BC}, \overrightarrow{BC} \rangle}}{|\overrightarrow{AC}|} = \frac{|\overrightarrow{BC}|}{|\overrightarrow{AC}|}$$

임을 알 수 있다.

한편, $\overrightarrow{AB}$, $\overrightarrow{AC}$가 공간류 벡터이고 그 사이각을 θ라 하자. $\overrightarrow{BC}$는 $\overrightarrow{AC} = \overrightarrow{AB} + \overrightarrow{BC}$를 만족하고 $\overrightarrow{AB}$에 수직인 미래방향 시간류 벡터라 하면 $\triangle ABC$는 L^2 위에서 직각삼각형이다.

정리 4.3.1 윗부분에서 언급한 참고에 의하여

$$\langle \overrightarrow{AB}, \overrightarrow{AC} \rangle = |\overrightarrow{AB}||\overrightarrow{AC}|\cosh\theta$$

이므로

$$\cosh\theta = \frac{\langle \overrightarrow{AB}, \overrightarrow{AC} \rangle}{|\overrightarrow{AB}||\overrightarrow{AC}|} = \frac{\langle \overrightarrow{AB}, \overrightarrow{AB} + \overrightarrow{BC} \rangle}{|\overrightarrow{AB}||\overrightarrow{AC}|}$$

$$= \frac{\langle \overrightarrow{AB}, \overrightarrow{AB} \rangle + \langle \overrightarrow{AB}, \overrightarrow{BC} \rangle}{|\overrightarrow{AB}||\overrightarrow{AC}|} = \frac{|\overrightarrow{AB}|^2}{|\overrightarrow{AB}||\overrightarrow{AC}|} = \frac{|\overrightarrow{AB}|}{|\overrightarrow{AC}|}$$

이고

$$\sinh\theta = \sqrt{\cosh^2\theta - 1} = \sqrt{\frac{|\overrightarrow{AB}|^2 - |\overrightarrow{AC}|^2}{|\overrightarrow{AC}|^2}}$$

$$= \frac{\sqrt{\langle \overrightarrow{AB}, \overrightarrow{AB} \rangle - \langle \overrightarrow{AC}, \overrightarrow{AC} \rangle}}{|\overrightarrow{AC}|}$$

$$= \frac{\sqrt{\langle \overrightarrow{AB}, \overrightarrow{AB} \rangle - \langle \overrightarrow{AB} + \overrightarrow{BC}, \overrightarrow{AB} + \overrightarrow{BC} \rangle}}{|\overrightarrow{AC}|}$$

$$= \frac{\sqrt{-\langle \overrightarrow{BC}, \overrightarrow{BC} \rangle}}{|\overrightarrow{AC}|} = \frac{|\overrightarrow{BC}|}{|\overrightarrow{AC}|}$$

이다. 이는 유클리드 평면의 직각삼각형에서 삼각함수 $\cos\theta$, $\sin\theta$의 기하학적 의미와 일치함을 알 수 있다.

단위 쌍곡원(unit hyperbolic circle)은 집합 $H^1 = \{x \in L^2 \mid |x| = 1\}$로 주어진다. 두 집합 단위 쌍곡원은

$$H_t^1 = \{x \in L^2 \mid \langle x,\ x \rangle = -1\},\ \ H_s^1 = \{x \in L^2 \mid \langle x,\ x \rangle = 1\}$$

로 나누어지므로 $H^1 = H_t^1 \cup H_s^1$이다.

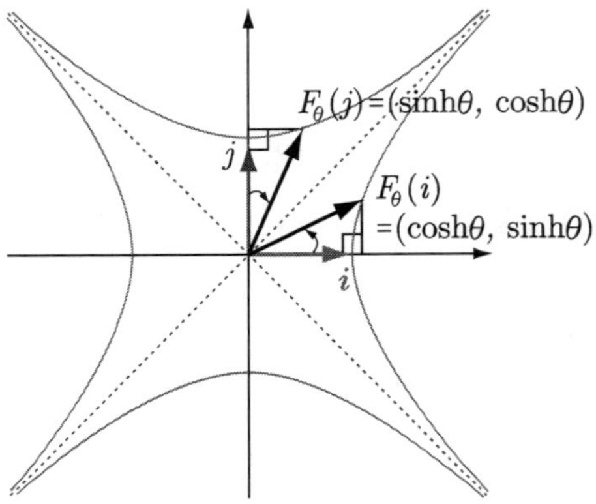

그림 4.3 L^2 위의 승압변환

쌍곡각 θ가 증가하면 H_t^1 위의 미래방향 시간류 벡터는 오른쪽으로 움직여 미래방향 빛류 벡터에 접근하고, H_s^1 위의 공간류 벡터는 위쪽으로 움직여 미래방향 빛류 벡터에 접근한다. 쌍곡평면 위에서 이러한 회전변환을 **승압변환**(boost transformation)이라고 부른다.

이제 승압변환 $F_\theta : L^2 \to L^2$의 대응행렬을 계산하자. L^2의 표준기저 $\{i,\ j\}$에 대하여 $F_\theta(i) = (\cosh\theta,\ \sinh\theta)$, $F_\theta(j) = (\sinh\theta,\ \cosh\theta)$이므로

$$F_\theta = \begin{pmatrix} \cosh\theta & \sinh\theta \\ \sinh\theta & \cosh\theta \end{pmatrix}.$$

그러므로 L^2 위의 승압변환은 선형사상이다.

정리 4.4.1

L^2 위의 모든 승압변환의 집합은 합성변환의 연산에 대하여 군의 구조를 갖는다.

(1) $F_{\theta_1} F_{\theta_2} = F_{\theta_1 + \theta_2}$　　(2) $F_0 = I$

(3) $F_\theta^{-1} = F_{-\theta}$

임의의 $x,\ y \in H_t^1$에 대하여 $x = F_\alpha(j),\ y = F_\beta(j)$을 만족하는 쌍곡각 $\alpha,\ \beta$가 존재한다. $\theta = \beta - \alpha$ 이면

$$y = F_\beta(j) = F_\beta(F_\alpha^{-1}(F_\alpha(j))) = (F_\beta F_\alpha^{-1})(x) = F_{\beta-\alpha}(x) = F_\theta(x)$$

이다.

또한,

$$\begin{aligned}\langle x,\ y\rangle &= \langle F_\alpha(j),\ F_\beta(j)\rangle \\ &= \langle(\sinh\alpha,\ \cosh\alpha),\ (\sinh\beta,\ \cosh\beta)\rangle \\ &= \sinh\alpha\sinh\beta - \cosh\alpha\cosh\beta \\ &= -(\cosh\alpha\cosh\beta - \sinh\alpha\sinh\beta) \\ &= -\cosh(\alpha-\beta) \\ &= -\cosh\theta\end{aligned}$$

이다. 따라서

$$\langle x,\ y\rangle = -\cosh\theta$$

임을 알 수 있다.

마찬가지로, 임의의 $x,\ y \in H_s^1$ 에 대하여 $x = F_\alpha(i),\ y = F_\beta(i)$을 만족하는 쌍곡각 $\alpha,\ \beta$가 존재한다. $\theta = \beta - \alpha$ 이면 $\langle x,\ y\rangle = \cosh\theta$이다.

이제 $x,\ y \in L^2$가 임의의 미래방향 시간류 벡터이면 $\frac{x}{|x|},\ \frac{y}{|y|} \in H_t^1$이다.

따라서

$$\left\langle \frac{x}{|x|},\ \frac{y}{|y|}\right\rangle = -\cosh\theta$$

이므로

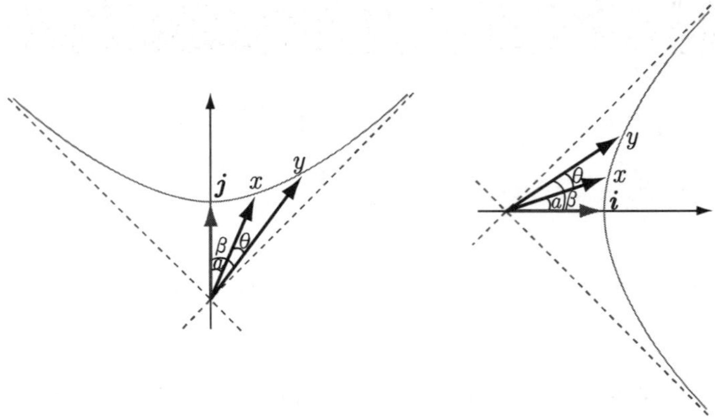

그림 4.4 두 미래방향 단위 시간류 벡터들의 사이각과
두 단위 공간류 벡터들의 사이각

$$\langle x,\ y\rangle = -|x||y|\cosh\theta$$

임을 알 수 있다.

마찬가지로, x, y가 쌍곡각이 정의되는 임의의 두 공간류 벡터이면

$$\langle x,\ y\rangle = |x||y|\cosh\theta$$

가 성립한다.

정리 4.1.5(5)에서 민코프스키 공간 L^3의 임의의 두 미래방향 시간류 벡터가 역 코시-슈바르츠 부등식이 성립함을 보았다. 그러나 정리 4.3.2에서 두 공간류 벡터에 대해서, 두 벡터의 외적이 시간류 벡터이면 성립하지 않고 유클리드 공간에서처럼 코시-슈바르츠 정리가 성립하였다. 그럼에도 불구하고, 다음 정리는 민코프스키 평면 L^2의 임의의 두 공간류 벡터 역시 역 코시-슈바르츠 부등식이 성립함을 보여주고 있다.

정리 4.4.2

L^2에서 쌍곡각이 정의되는 임의의 두 공간류 벡터 x, y에 대하여 $\langle x,\ y\rangle \geq |x||y|$가 성립하고, 등식이 성립할 필요충분조건은 적당한 $k>0$에 대해서 $y=kx$이다.[2)]

증명 $\cosh\theta \geq 1$이므로 위의 식 $\langle x,\ y\rangle = |x||y|\cosh\theta$으로부터 $\dfrac{\langle x,\ y\rangle}{|x||y|} \geq 1$이고

2) 정리 4.3.2와 비교해 보아라.

$\langle x,\ y \rangle \geq |x||y|$가 성립한다.

등호가 성립할 필요충분조건은 산술기하 평균의 등식이 성립하는 조건과 같다.

$$\begin{aligned} 2x_1x_2y_1y_2 = (x_1y_2)^2 + (x_2y_1)^2 \ &\Rightarrow\ 0 = (x_1y_2 - x_2y_1)^2 \\ &\Rightarrow\ x_1y_2 = x_2y_1 \end{aligned}$$

이므로 $y_1 = \dfrac{x_1}{x_2}y_2$라 하면

$$y = (y_1,\ y_2) = \left(\frac{x_1}{x_2}y_2,\ y_2\right) = \left(\frac{y_2}{x_2}x_1,\ \frac{y_2}{x_2}x_2\right)$$

이다. $k = \dfrac{y_2}{x_2}$ 라 놓으면

$$y = (kx_1,\ kx_2) = kx$$

가 성립한다.

따라서 등식이 성립할 필요충분조건은 $y = kx$이다. ✤

4.5 L^2 위의 평행사변형의 면적

임의의 $x,\ y \in L^2$에 대해서

$$x = (x_1,\ x_2) = (x_1,\ 0,\ x_2) \in L^3,\ y = (y_1,\ y_2) = (y_1,\ 0,\ y_2) \in L^3$$

이므로

$$x \times_L y = \begin{vmatrix} \boldsymbol{i} & \boldsymbol{j} & \boldsymbol{k} \\ x_1 & 0 & x_2 \\ y_1 & 0 & y_2 \end{vmatrix} = -(x_1y_2 - x_2y_1)\boldsymbol{j}$$

따라서 $|x \times_L y| = |x_1y_2 - x_2y_1|$이다. 이는 L^2에서 x와 y가 모두 시간류 벡터이거나 모두 공간류 벡터이면 x와 y가 만드는 평행사변형의 면적을 의미한다.

다음 정리는 민코프스키 평면의 서로 다른 두 시간류 벡터이거나 두 공간류 벡터가 만드는 삼각형을 승압변환으로 옮기더라도 면적에는 변화가 없음을 보여준다.

정리 4.5.1

$x,\ y \in L^2$가 모두 시간류 벡터이거나 모두 공간류 벡터이면 승압변환은 $\triangle Oxy$의 면적을 보존한다.

증명 $F_\theta(x) = \begin{pmatrix} \cosh\theta & \sinh\theta \\ \sinh\theta & \cosh\theta \end{pmatrix}\begin{pmatrix} x_1 \\ x_2 \end{pmatrix} = \begin{pmatrix} \cosh\theta\, x_1 + \sinh\theta\, x_2 \\ \sinh\theta\, x_1 + \cosh\theta\, x_2 \end{pmatrix}$,

$$F_\theta(y) = \begin{pmatrix} \cosh\theta\, y_1 + \sinh\theta\, y_2 \\ \sinh\theta\, y_1 + \cosh\theta\, y_2 \end{pmatrix}$$

$$\triangle OF_\theta(x)F_\theta(y)\text{의 면적} = \frac{1}{2}|F_\theta(x) \times_L F_\theta(y)|$$

$$= \frac{1}{2}|(\cosh\theta\, x_1 + \sinh\theta\, x_2)(\sinh\theta\, y_1 + \cosh\theta\, y_2)$$

$$-(\cosh\theta\, x_1 + \sinh\theta\, x_2)(\sinh\theta\, y_1 + \cosh\theta\, y_2)|$$

$$= \frac{1}{2}|\cosh^2\theta\,(x_1y_2) + \sinh^2\theta\,(x_2y_1) - \cosh^2\theta\,(x_2y_1) - \sinh^2\theta\,(x_1y_2)|$$

$$= \frac{1}{2}|x_1y_2 - x_2y_1| = \triangle Oxy\text{의 면적}.$$

✤

민코프스키 평면 위의 서로 다른 세 점 A, B, C에 대하여 두 벡터 $\overrightarrow{AB}$, $\overrightarrow{AC}$가 시간류 벡터일 때 삼각형 $\triangle ABC$의 면적을 표현해 주고 있다.

정리 4.5.2

$\overrightarrow{AB}$, $\overrightarrow{AC}$는 미래방향 시간류 벡터, $\theta_A = \measuredangle(\overrightarrow{AB}, \overrightarrow{AC})$가 쌍곡각일 때 $\triangle ABC$의 면적은 $\frac{1}{2}|\overrightarrow{AB}||\overrightarrow{AC}|\sinh\theta_A$이다.

증명 $A=(0, 0)$, $B=|\overrightarrow{AB}|(\sinh u, \cosh u)$, $C=|\overrightarrow{AC}|(\sinh v, \cosh v)$, $\theta_A=|v-u|$이라 할 때 $\triangle ABC$의 면적은

$$\begin{aligned}\frac{1}{2}|\overrightarrow{AB}||\overrightarrow{AC}||(\sinh u\cosh v-\cosh u\sinh v)|\\ =\frac{1}{2}|\overrightarrow{AB}||\overrightarrow{AC}||\sinh(u-v)|\end{aligned}$$

이다. 따라서 $\triangle ABC$의 면적은 $\frac{1}{2}|\overrightarrow{AB}||\overrightarrow{AC}|\sinh\theta_A$이다. ✤

4.6 쌍곡원에 내접한 삼각형

4.4절에서 주어진 단위 쌍곡원 $H^1=\{X\in L^2 \,||\, X|=1\}$을 점 P를 원점으로 반지름이 r인 쌍곡원 $H_P^1(r)=\{x\in L^2 \,||\, \overrightarrow{Px}\,|=r\}$으로 변환하면 시간류 쌍곡원과 공간류 쌍곡원

$$H_t^1(r)=\{x\in H_P^1(r) \,|\, \langle x,\ x\rangle=-r\},\quad H_s^1(r)=\{x\in H_P^1(r) \,|\, \langle x,\ x\rangle=r\}$$

로 나누어지므로 $H_P^1(r)=H_t^1(r)\cup H_s^1(r)$이다.

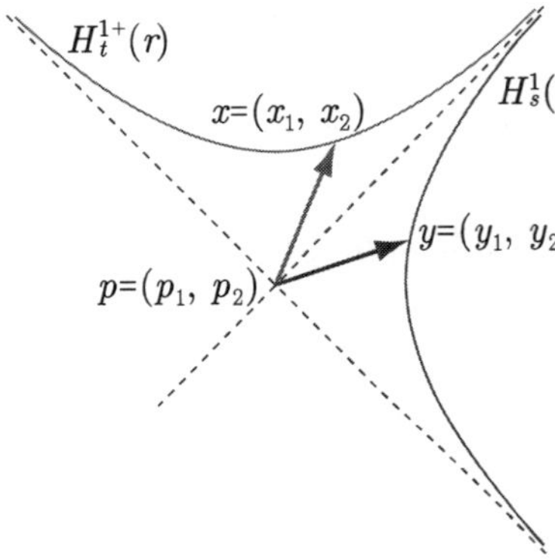

그림 4.5 쌍곡원

또한, 시간류 쌍곡원 $H_t^1(r)$은 $H_t^1(r)=H_t^{1+}(r)\cup H_t^{1-}(r)$로 나타낼 수 있다. 이때 $H_t^{1+}(r)=\{x\in H_t^1(r) \,|\, x$는 미래방향$\}$이고 $H_t^{1-}(r)=\{x\in H_t^1(r) \,|\, x$는 과거방향$\}$이다.

마찬가지로 공간류 쌍곡원 $H_s^1(r)$도 $H_s^1(r)=H_s^{1L}(r)\cup H_s^{1R}(r)$로 나타낼 수 있다. 이때 $H_s^{1L}(r)$은 크기가 r인 좌측방향의 공간류 벡터들의 집합이고 $H_s^{1R}(r)$은 크기가 r인 우측방향의 공간류 벡터들의 집합이다.

이제 벡터 $\overrightarrow{Px}$가 미래방향 시간류 혹은 공간류라 하자. 만약 $P=(p_1,\ p_2)$, $x=(x_1,\ x_2)$라 하면 $r=|\overrightarrow{Px}|=\sqrt{|(x_1-p_1)^2-(x_2-p_2)^2|}$ 이다.

만약 $\overrightarrow{Px}$가 미래방향 시간류 벡터이면 $(x_1-p_1)^2-(x_2-p_2)^2<0$이므로 $-(x_1-p_1)^2+(x_2-p_2)^2=r^2$이다.

만약 $\overrightarrow{Px}$가 공간류 벡터이면 $(x_1-p_1)^2-(x_2-p_2)^2>0$이므로 $(x_1-p_1)^2-(x_2-p_2)^2=$

r^2이다.

유클리드 평면에서 원의 성질 중의 하나로 원의 반지름 선과 만나는 점에서 접선과 수직임을 잘 안다. 이제 민코프스키 평면에서 시간류 쌍곡원과 공간류 쌍곡원에서도 마찬가지 성질을 가지고 있음을 보여준다.

정리 4.6.1

x가 중심이 P이고 반경이 r인 쌍곡원 $H_P^1(r)$ 위에 있고 $\overrightarrow{Px}$가 미래방향 시간류 벡터이면 $\overrightarrow{Px}$는 점 x에서 $H_P^1(r)$에 접하는 접벡터와 수직하다.

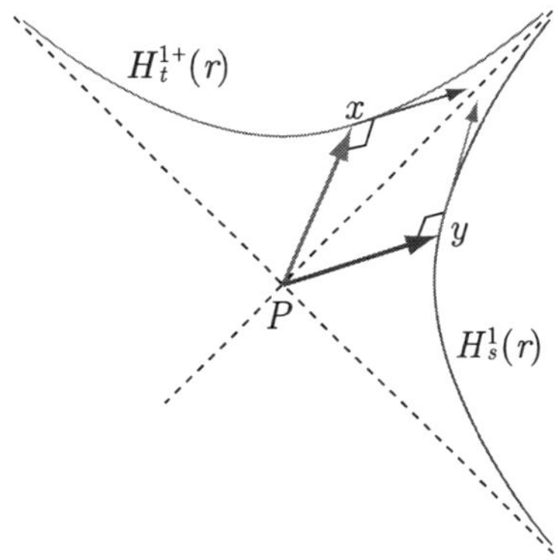

그림 4.6 쌍곡원 위의 접벡터

증명 점 x를 지나가는 매개곡선을 적당한 쌍곡각 θ에 대하여 $x(\theta)=(r\sinh\theta+p_1, r\cosh\theta+p_2)$로 표현하면 $\overrightarrow{Px}(\theta)=(r\sinh\theta,\ r\cosh\theta)$이다. 따라서

$$\overrightarrow{Px}'(\theta)=\frac{d\overrightarrow{Px}(\theta)}{d\theta}=(r\cosh\theta,\ r\sinh\theta)$$

이다. 그러므로

$$\langle\overrightarrow{Px}(\theta),\ \overrightarrow{Px}'(\theta)\rangle=-r^2\sinh\theta\cosh\theta+r^2\sinh\theta\cosh\theta=0$$

이다. ✤

마찬가지로 x가 중심이 이고 반경이 r인 쌍곡원 $H_P^1(r)$ 위에 있고 $\overrightarrow{Px}$가 공간류 벡터이

면 $\overrightarrow{Px}$는 점 x에서 $H_P^1(r)$에 접하는 접벡터와 수직하다.

다음 정리는 유클리드 평면의 원에서 내접하는 삼각형에 대응하여 민코프스키 시간류 쌍곡원에서 내접하는 삼각형은 공간류 삼각형이고, 따라서 공간류 쌍곡원에서 내접하는 삼각형은 시간류 삼각형임을 보여 준다.

정리 4.6.2

A, B, C가 시간류 쌍곡원 $H_t^{1+}(r)$ 위에서 연달아 놓여 있는 세 점이면 세 점을 꼭짓점으로 갖는 삼각형은 공간류 삼각형이다.(즉, 모든 변이 공간류 선분이다.)

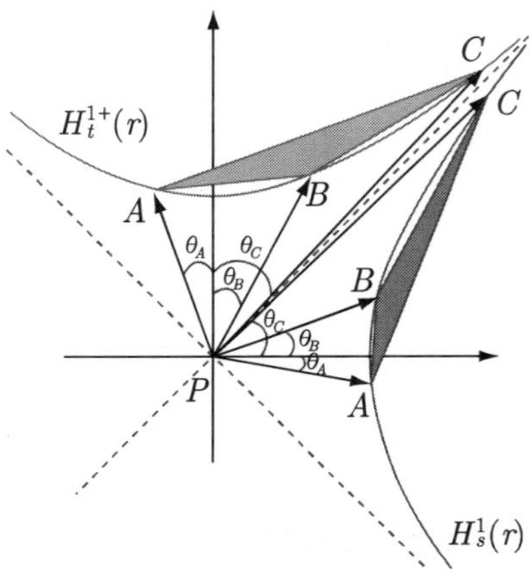

그림 4.7 쌍곡원에 내접한 삼각형

증명 쌍곡원의 중심 P를 원점 O로 이동하고 $\theta_A < \theta_B < \theta_C$가 되도록 회전하면 세 점 A, B, C는 각각 $A=(r\sinh\theta_A,\ r\cosh\theta_A)$, $B=(r\sinh\theta_B,\ r\cosh\theta_B)$, $C=(r\sinh\theta_C,\ r\cosh\theta_C)$로 나타낼 수 있다.

따라서

$$
\begin{aligned}
\langle \overrightarrow{AB}, \overrightarrow{AB} \rangle &= <(r\sinh\theta_B - r\sinh\theta_A,\ r\cosh\theta_B - r\cosh\theta_A), \\
&\qquad (r\sinh\theta_B - r\sinh\theta_A,\ r\cosh\theta_B - r\cosh\theta_A)\rangle \\
&= -r^2(\cosh\theta_B - \cosh\theta_A)^2 + r^2(\sinh\theta_B - \sinh\theta_A)^2 \\
&= r^2(-\cosh^2\theta_B + 2\cosh\theta_A\cosh\theta_B - \cosh^2\theta_A
\end{aligned}
$$

$$
\begin{aligned}
&+\sinh^2\theta_B - 2\sinh\theta_A\sinh\theta_B + \sinh^2\theta_A) \\
&= -r^2(2+2(\sinh\theta_A\sinh\theta_B - \cosh\theta_A\cosh\theta_B)) \\
&= -2r^2(1-\cosh(\theta_B-\theta_A)) > 0
\end{aligned}
$$

이다. 왜냐하면 $\theta_B - \theta_A > 0$이기 때문이다. 그러므로 $\overrightarrow{AB}$는 공간류 벡터이다. 마찬가지로 $\overrightarrow{BC}$, $\overrightarrow{AC}$도 공간류 벡터이다. ✣

위 정리와 같은 방법으로 $x \in H_s^1(r)$에 대하여 $\overrightarrow{Px}$가 공간류 벡터일 때 공간류 쌍곡원 $H_s^1(r)$에 내접하는 삼각형은 시간류 삼각형이다.(즉, 모든 변이 시간류 선분이다.)

4.7 쌍곡 사인 법칙과 쌍곡 코사인 법칙

삼각형 $\triangle ABC$를 단위 시간류 쌍곡원 H_t^1에 내접하는 공간류 삼각형이라 하고 $a=|\overrightarrow{BC}|$, $b=|\overrightarrow{CA}|$, $c=|\overrightarrow{AB}|$라 하자. 또한, $\triangle ABC$을 회전하여 점 B가 y축과 단위 시간류 쌍곡원 H_t^1이 만나는 점이라 하고 B를 선분 AC에 수직으로 사영할 때 수선의 발을 D라 하자.

그러면 $\langle \overrightarrow{BD}, \overrightarrow{AC} \rangle = 0$이고 $\overrightarrow{BD}$은 시간류 벡터이다.

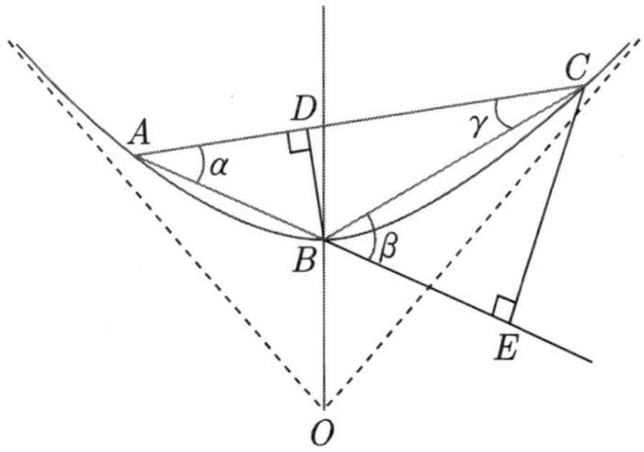

그림 4.8 쌍곡 사인법칙

α, β, γ는 꼭짓점 A, B, C의 쌍곡각이라 하면 $\sinh\alpha = \dfrac{|\overrightarrow{BD}|}{|\overrightarrow{AB}|} = \dfrac{|\overrightarrow{BD}|}{c}$이다.
$\sinh\gamma = \dfrac{|\overrightarrow{BD}|}{|\overrightarrow{BC}|} = \dfrac{|\overrightarrow{BD}|}{a}$이므로 $\dfrac{\sinh\alpha}{a} = \dfrac{\sinh\gamma}{c}$이다.

이제 점 E가 점 C를 선분 AB 위로 수직사영할 때의 수선의 발이라 하면 $\langle \overrightarrow{CE}, \overrightarrow{AB} \rangle = 0$이고 $\overrightarrow{CE}$는 시간류 벡터이다.

따라서 $\sinh\beta = \dfrac{|\overrightarrow{CE}|}{a}$이다.

또한, $\sinh\alpha = \dfrac{|\overrightarrow{CE}|}{b}$이므로 $\dfrac{\sinh\beta}{b} = \dfrac{\sinh\alpha}{a}$이다. 그러므로 공간류 삼각형에서

$$\frac{\sinh\alpha}{a} = \frac{\sinh\beta}{b} = \frac{\sinh\gamma}{c}$$

가 성립한다.

다음 정리는 단위 시간류 쌍곡원에 내접하는 공간류 삼각형 $\triangle ABC$에 대하여 쌍곡 코사인 법칙을 보여준다. 세 등식 중 하나는 유클리드 평면에서 생기는 코사인법칙과 부호 차이가 있음을 볼 수 있다.

정리 4.7.1

단위 시간류 쌍곡원 H_t^1에 내접하는 공간류 삼각형 $\triangle ABC$에 대하여 다음 등식

$$a^2 = b^2 + c^2 - 2bc\cos\mathrm{h}\alpha,$$
$$b^2 = a^2 + c^2 + 2ac\cos\mathrm{h}\beta,$$
$$c^2 = a^2 + b^2 - 2ab\cos\mathrm{h}\gamma$$

를 만족한다. 여기서 $a = |\overrightarrow{BC}|$, $b = |\overrightarrow{AC}|$, $c = |\overrightarrow{AB}|$이다.

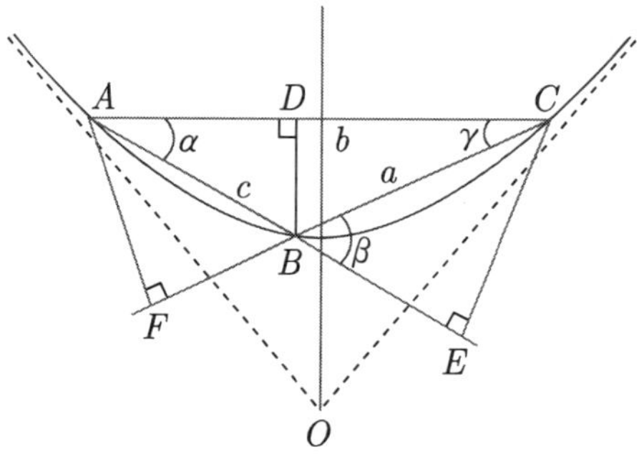

그림 4.9 쌍곡 코사인법칙

증명 그림과 같이 H_t^{1+}에 내접하는 삼각형 $\triangle ABC$가 $\langle \overrightarrow{BD}, \overrightarrow{AC} \rangle = 0$을 만족하도록 회전하면

$$b = |\overrightarrow{AD}| + |\overrightarrow{CD}| = c\cos\mathrm{h}\alpha + a\cos\mathrm{h}\gamma \qquad \cdots (4.1)$$

를 얻는다. 그림 4.9에서처럼 $\langle \overrightarrow{CE}, \overrightarrow{AB} \rangle = 0$을 만족하는 점 E를 택하자. $|\overrightarrow{EB}| = a\cos\mathrm{h}\beta$이므로 $c + |\overrightarrow{EB}| = b\cos\mathrm{h}\alpha$임을 알 수 있다. 따라서

$$c = b\cos\mathrm{h}\alpha - a\cos\mathrm{h}\beta \qquad \cdots (4.2)$$

이다. 마찬가지로 $\langle \overrightarrow{AF}, \overrightarrow{BC} \rangle = 0$을 만족하는 점 F를 택하면 $|\overrightarrow{BF}| = c\cos\mathrm{h}\beta$이

고 $a+|\overrightarrow{BF}|=b\cosh\gamma$이므로

$$a=b\cosh\gamma-c\cosh\beta \qquad \cdots (4.3)$$

를 얻는다. 위 식 (4.1), (4.2), (4.3)에 각각 b, c, a를 곱하면

$$b^2=bc\cosh\alpha+ab\cosh\gamma \qquad \cdots (4.4)$$

$$c^2=bc\cosh\alpha-ac\cosh\beta \qquad \cdots (4.5)$$

$$a^2=ab\cosh\gamma-ac\cosh\beta \qquad \cdots (4.6)$$

를 얻는다. 식 (4.4)와 (4.5)를 더한 후 식 (4.6)을 빼주면

$$a^2=b^2+c^2-2bc\cosh\alpha$$

가 성립한다. 나머지 두 경우도 같은 방법으로 증명한다. ✤

따름정리 4.7.2

단위 공간류 쌍곡원 H_s^1에 내접하는 시간류 삼각형 $\triangle ABC$에 대하여 다음 등식

$$a^2=b^2+c^2-2bc\cosh\alpha,$$
$$b^2=a^2+c^2+2ac\cosh\beta,$$
$$c^2=a^2+b^2-2ab\cosh\gamma$$

를 만족한다. 여기서 $a=|\overrightarrow{BC}|,\ b=|\overrightarrow{AC}|,\ c=|\overrightarrow{AB}|$이다.

4장 연습문제

1. L^3의 두 점 $u=(2,\ 1,\ 3)$, $v=(-2,\ 1,\ 0)$에 대하여 다음을 구하여라.

(a) $\langle u,\ v\rangle$

(b) $u\times_L v$

(c) $\dfrac{u}{|u|}$

(d) $|u\times_L v|$

2. L^3의 두 점 $u=\boldsymbol{i}+\boldsymbol{j}+\boldsymbol{k}$, $v=\boldsymbol{i}-\boldsymbol{j}$, $w=\boldsymbol{i}+\boldsymbol{j}+2\boldsymbol{k}$에 대해서

(a) $\langle u\times_L v,\ u\rangle=\langle u\times_L v,\ v\rangle=0$임을 보여라.

(b) $u\times_L v$가 w와 평행임을 보여라.

3. $e_1=\dfrac{1}{2}(1,\ 2,\ -1)$, $e_2=\dfrac{1}{\sqrt{5}}(2,\ -1,\ 0)$, $e_3=\dfrac{1}{\sqrt{20}}(1,\ 2,\ -5)$에 대하여

(a) $\{e_1,\ e_2,\ e_3\}$가 L^3의 정규직교기저임을 보여라.

(b) $v=(3,\ 6,\ 5)$를 L^3에서 $e_1,\ e_2,\ e_3$의 일차결합으로 표현하여라.

4. L^3에서 정규직교기저 $\{e_1,\ e_2,\ e_3\}$에 대해서 다음을 보여라.

(a) $e_2\times_L e_3=\langle e_1,\ e_1\rangle e_1$ (필요하면 e_1 대신 $-e_1$을 택하여라)

(b) $e_3\times_L e_1=\langle e_2,\ e_2\rangle e_2$ (필요하면 e_2 대신 $-e_2$를 택하여라)

5. 두 벡터 $\xi=\left(\frac{1}{\sqrt{2}}, \frac{1}{\sqrt{2}}, 0\right)$, $\eta=\frac{1}{2\sqrt{3}}(3, 2, 1)\in L^3$에 대해서 ξ와 $\frac{(\xi\times\eta)}{|\xi\times\eta|}$을 포함하는 정규직교기저를 구하여라.

6. $x=(1, 0, 1)\in \boldsymbol{L}^3$에 대하여 $\langle x, y\rangle=0$, $\langle x, z\rangle=0$을 만족하는 공간류 벡터 y와 빛류 벡터 z를 구하여라. 더 나아가서 $\langle x, w\rangle=0$를 만족하는 시간류 벡터가 존재하는지를 설명하여라.

7. L^3의 세 점 $a=(a_1, a_2, a_3)$, $b=(b_1, b_2, b_3)$, $c=(c_1, c_2, c_3)$에 대해서

(a) $\langle a, b\times_L c\rangle=\det(a, b, c)$임을 보여라.

(b) $b\times_L c\neq 0$일 필요충분조건은 b, c는 일차독립임을 보여라.

(c) $\langle a\times_L b, c\rangle\neq 0$일 필요충분조건은 a, b, c가 일차독립임을 보여라.

8. $A=\boldsymbol{i}+\boldsymbol{j}+\boldsymbol{k}$, $B=\boldsymbol{i}+2\boldsymbol{j}+\boldsymbol{k}$에 대해서

(a) A와 B가 L^3에서 공간류 벡터임을 보여라.

(b) $A\times_L B$가 L^3에서 빛류 벡터임을 보여라.

9. (a) L^3에서 역 코시-슈바르츠 부등식이 성립하지 않고, 서로 평행하지 않으며 수직이 아닌 두 공간류 벡터 x, y의 예를 구하여라.

(b) L^2에서 두 공간류 벡터 x, y에 대하여 $\langle x, y\rangle\geq|x||y|$가 성립함을 보이고, 등식이 성립할 필요충분조건은 적당한 $k>0$에 대해서 $y=kx$이다.

10. $\xi\times\eta$가 0이 아닌 빛류 벡터이고 $\langle\xi, \eta\rangle^2=\langle\xi, \xi\rangle\langle\eta, \eta\rangle$을 만족하는 공간류 벡터

ξ와 η를 구하여라.

11. 시간류 삼각형에서 쌍곡사인법칙을 유도해 보아라.

12. 따름정리 4.7.2의 나머지 두 식을 증명하여라.

Non-Euclidean Model

제 5 장

민코프스키 쌍곡평면

가우스(Carl Friedrich Gauss, 1777~1855), 로바체프스키(Nikolay Ivanovich Lobachevsky, 1792~1856), 볼리아이(Bolyai Janos, 1802~1860)가 1820~1830년경에 발견한 쌍곡기하학은 1890년경에야 벨트라미(Eugenio Beltrami, 1835~1899), 클라인(Felix Christian Klein, 1849~1925), 푸앵카레(Jules-Henri Poincaré, 1854~1912)가 새로운 기하모델들을 발표하면서 본격적으로 비유클리드 기하학이 새로운 기하학의 한 분야로 떠오르게 되었다. 이들은 쌍곡기하학이 5개의 유클리드 기하학의 공리들 중에서 1~4개의 공리를 가정하고 평행공리를 쌍곡평행공리로 대체했을 때 얻어지는 전혀 모순이 없는 기하학임을 증명하였다.

쌍곡평행공리: 주어진 직선 위에 있지 않은 한 점을 지나서 주어진 직선에 평행한 직선은 두 개 이상 존재한다.

벨트라미는 1868년에 《비유클리드 기하학의 해석에 대한 에세이》에서, 쌍곡 기하학의 모형을 처음으로 창조하였다. 벨트라미의 모델에서, 직선들은 반구면상의 측지선으로 유클리드 기하학과 쌍곡 기하학 모두 자체적으로 모순이 없는 기하학이라는 것을 증명할 수 있었다. 즉, 평행선 공준에 대한 많은 설들에 대한 답을 해 낸 것이다.

위에서 언급한 주요 세 가지 쌍곡평면의 모델인 벨트라미-클라인 모형, 푸앵카레 상반평면 모형, 그리고 푸앵카레 원반 모형은 주어진 선형분수변환을 통하여 모두 동형임을 부록에서 증명하고 있다. 그러나 유클리드 평면, 구면, 그리고 사영평면에서 다루었던 등장사상인 반사, 회전, 그리고 이동변환들에 의하여 나타나는 기하학적 성질을 살펴보기가 위 세 가지 모형에서는 다루기가 쉽지 않다. 따라서 그보다는 4장에서 공부한 민코프스키 공간 속의 미래방향 단위 시간류 벡터들에 의하여 생기는 쌍곡평면에서 그러한 기하학적 성질들을 다루기가 훨씬 용이하다.

5.1 $\mathbb{H}^2$ 위의 직선

쌍곡평면(hyperbolic plane) $\mathbb{H}^2$는 3차원 민코프스키 공간 L^3의 모든 미래 방향 단위 시간류 벡터들의 집합이다.

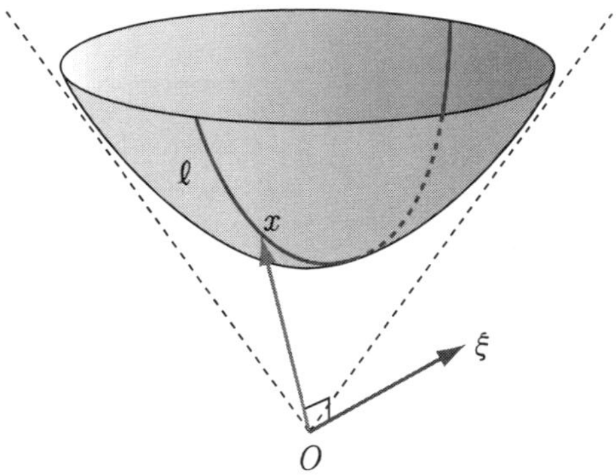

그림 5.1 $\mathbb{H}^2$ 위의 직선

$\mathbb{H}^2$ 위의 직선은 $\ell = \{x \in \mathbb{H}^2 | \langle x, \xi \rangle = 0\}$으로 주어진다. 이때 ξ는 단위 공간류 벡터로서 직선 ℓ의 **극**(pole)이라 부른다.

한편, $\xi^{\perp} = \{x \in L^3 | \langle x, \xi \rangle = 0\}$은 ℓ의 극 ξ에 수직인 L^3의 점들의 집합으로 원점을 포함하는 평면이다.

따라서, 직선 ℓ은 $\ell = \mathbb{H}^2 \cap \xi^{\perp}$ 임을 알 수 있다.

다음 정리는 유클리드 평면, 구면, 사영평면에서 증명하였던 점과 직선과의 관계를 말하는 결합공리가 쌍곡평면에서도 성립함을 보여준다.

정리 5.1.1 결합공리 I

서로 다른 두 점 $P, Q \in \mathbb{H}^2$에 대해서 직선 $\ell = \overleftrightarrow{PQ}$이 유일하게 존재한다.

증명 $P, Q \in \mathbb{H}^2$는 서로 다른 두 점이므로 $P \times_L Q \neq 0$이고,

$$\langle P \times_L Q, P \rangle = 0, \ \langle P \times_L Q, Q \rangle = 0$$

이다. P, Q는 미래방향 단위 시간류 벡터이므로 $P \times_L Q$는 공간류 벡터이다.

여기서

$$\xi = \frac{P \times_L Q}{|P \times_L Q|}$$

라고 정의를 하면 ξ는 단위 공간류 벡터이고 $\langle \xi, P \rangle = 0$, $\langle \xi, Q \rangle = 0$이므로 $P, Q \in \xi^{\perp}$이다.

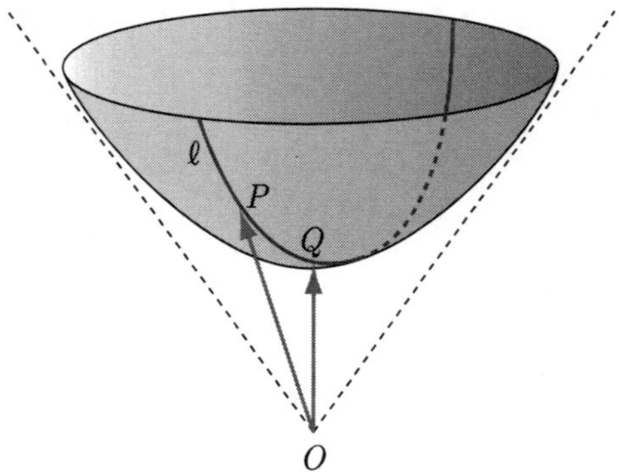

그림 5.2 $\mathbb{H}^2$의 결합공리

따라서 $P, Q \in \mathbb{H}^2 \cap \xi^{\perp} = \ell$이므로 P, Q를 포함하는 직선 $\ell = \xi^{\perp} \cap \mathbb{H}^2$은 극 ξ에 대하여 유일하다. ✤

그림 5.3은 L^3에서 쌍곡평면 $\mathbb{H}^2$를 원점 O를 향하여 $z=1$인 평면 위의 원판 내부(원반 모형) D로 사영하여 내려 보았을 때 모습이다.

원판 내부의 점들은 단위 시간류 벡터에 대응하는 점들이고, 원판 둘레의 점들은 빛류 벡터에, 그리고 원판 밖의 점들은 공간류 벡터에 대응하는 점들이다.

이때 $\mathbb{H}^2$ 위의 직선은 원점을 지나는 평면과 $\mathbb{H}^2$와의 교선이고, $z=1$인 원반 모형 D의 직선은 원점을 지나는 평면과 원판 내부와 교차하는 교선이다.

그러므로 이들 두 직선은 서로 일대일 대응한다.

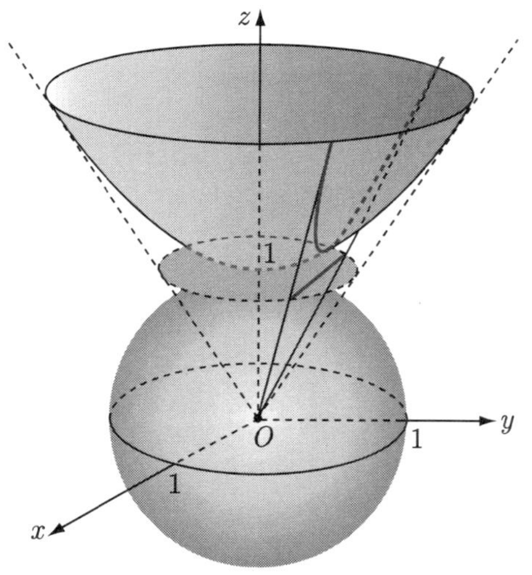

그림 5.3 $\mathbb{H}^2$를 원점을 향한 원반 D로 사영

이제 ℓ, m을 쌍곡평면 $\mathbb{H}^2$에서 각각 극 ξ와 η에 대한 직선이라 하자. 두 직선 ℓ과 m이

(1) $\xi \times_L \eta$가 시간류이면 서로 **교차**(interaction)한다고 한다.

이 경우에 $\dfrac{\xi \times_L \eta}{|\xi \times_L \eta|}$는 쌍곡평면 위의 점이다.

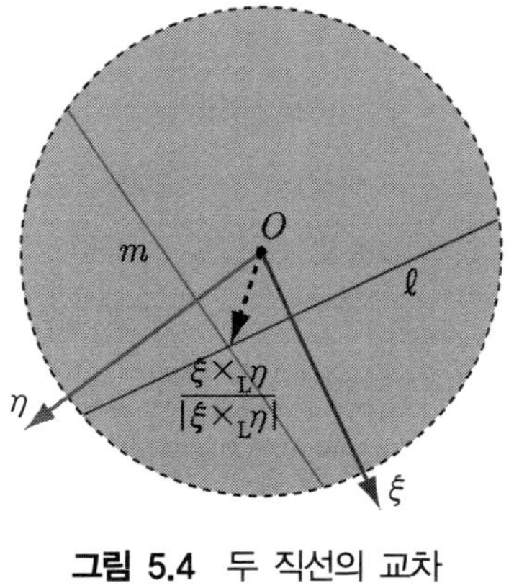

그림 5.4 두 직선의 교차

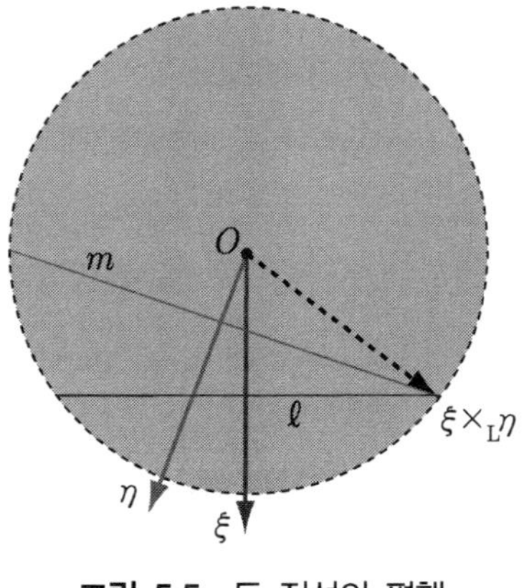

그림 5.5 두 직선의 평행

(2) $\xi \times_L \eta$가 빛류이면 서로 **평행**(parallel)하다고 한다.

이 경우에 $\xi \times_L \eta$는 쌍곡곡면의 가장자리의 점이고 무한 원점이다.

(3) $\xi \times_L \eta$가 공간류이면 서로 **초평행**(ultra parallel)한다고 한다.
이 경우에 $\xi \times_L \eta$는 쌍곡곡면 밖의 점이다.

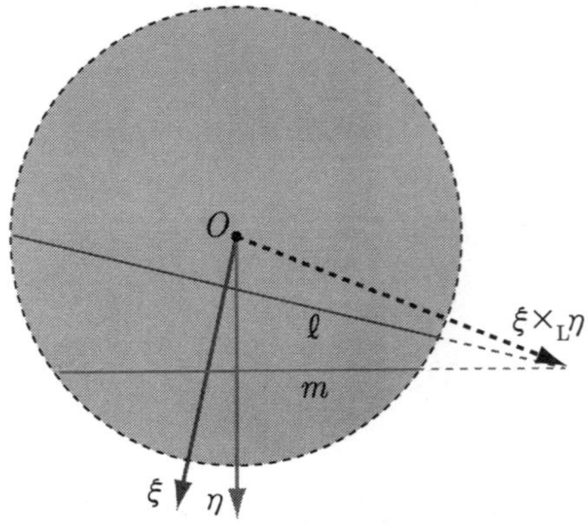

그림 5.6 두 직선의 초평행

예 5.1.2

(1) $\xi = (1,\ 0,\ 0)$과 $\eta = (0,\ 1,\ 0)$을 극으로 갖는 두 직선은 교차한다. 왜냐하면 $\xi \times_L \eta = (0,\ 0,\ -1)$이 시간류 벡터이기 때문이다.

(2) $\xi = (1,\ 0,\ 0)$과 $\eta = (1,\ 1,\ 1)$을 극으로 갖는 두 직선은 평행한다. 왜냐하면 $\xi \times_L \eta = (0,\ -1,\ -1)$이 빛류 벡터이기 때문이다.

(3) $\xi = (1,\ 1,\ 0)$과 $\eta = (1,\ 1,\ 1)$을 극으로 갖는 두 직선은 초평행한다. 왜냐하면 $\xi \times_L \eta = (1,\ -1,\ 0)$이 공간류 벡터이기 때문이다. ✣

다음 정리는 극을 갖는 두 직선이 만나는 점은 두 극의 외적과 나란한, 유일한 점임을 보여준다.

정리 5.1.3

ℓ의 극 ξ와 m의 극 η를 갖는 두 직선에 대하여 $\xi \times_L \eta$와 나란한 교차점은 오직 하나뿐이다.

증명 $\xi \times_L \eta$와 나란하지 않는 점 P를 두 직선의 또 다른 교차점이라고 하자. 그러면,

$$P\times_L(\xi\times_L\eta)=-(\xi\times_L\eta)\times_L P=\langle\xi,\ P\rangle\eta-\langle\eta,\ P\rangle\xi=0$$

이므로 $\xi\times_L\eta$와 P는 나란하다. 이는 가정에 모순이다. 따라서 $\xi\times_L\eta$와 나란한 교차점은 오직 하나뿐이다. ✣

5.2 $\mathbb{H}^2$ 위의 수직선

쌍곡평면 $\mathbb{H}^2$에서 극 ξ, η를 갖는 두 직선 ℓ과 m이 **수직**(perpendicula)하다는 것은 L^3에서 $\langle \xi, \eta \rangle = 0$일 때이다.

다음 정리는 쌍곡평면에서 두 직선의 공통수선이 존재할 필요충분조건을 보여 준다.

정리 5.2.1

$\mathbb{H}^2$에서 두 직선 ℓ과 m이 초평행할 필요충분조건은 ℓ, m에 각각 수직인 직선 n이 $\mathbb{H}^2$에서 존재한다.

증명 (⇒) $\zeta = \dfrac{\xi \times_L \eta}{|\xi \times_L \eta|}$은 $\langle \xi, \zeta \rangle = 0$, $\langle \eta, \zeta \rangle = 0$을 만족하는 단위 공간류 벡터이다. 그러므로, ζ를 극으로 하는 직선을 n이라고 하면, n은 ℓ과 m에 수직이다.

(⇐) ℓ과 m의 공통 수직선 n의 극을 ζ라 하면 $\langle \xi, \zeta \rangle = 0$, $\langle \eta, \zeta \rangle = 0$이다. 따라서 $\xi \times_L \eta$는 ζ와 평행하다. ζ는 공간류 벡터이므로 $\xi \times_L \eta$도 공간류 벡터이다. 그러므로 ℓ과 m은 초평행하다. ✤

쌍곡평면 위의 두 직선이 언제 교차할 것인가? 다음 정리는 두 직선이 수직일 때임을 보여 준다. 더 나아가서, 쌍곡평면의 한 점을 포함하지 않은 직선에 대하여 그 점을 지나고 직선에 수직인 유일한 수직선의 존재도 보여주고 있다.

정리 5.2.2

(1) $\mathbb{H}^2$ 위에서 $\ell \perp m$이면 ℓ과 m은 교차한다.

(2) $x \in \mathbb{H}^2$를 포함하지 않은 직선 ℓ에 대하여 점 x를 지나고 ℓ에 수직인 직선이 유일하게 존재한다.

증명 (1) ξ, η가 각각 직선 ℓ과 m의 극이라고 하자.

$\langle \xi, \eta \rangle = 0$이므로 $\left\{\xi, \eta, \dfrac{\xi \times_L \eta}{|\xi \times_L \eta|}\right\}$는 정규직교기저이고 ξ, η가 단위 공간류 벡터이므로 $\dfrac{\xi \times_L \eta}{|\xi \times_L \eta|}$는 단위 시간류 벡터이다. 그러므로 ℓ과 m은 교차한다.

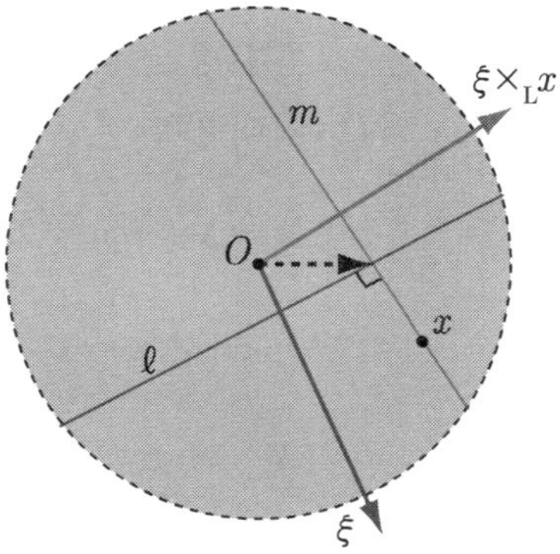

그림 5.7 $\mathbb{H}^2$ 위에서 $\ell \perp m$인 경우

(2) ξ를 ℓ의 극이라 하자.

$\eta = \dfrac{\xi \times_L x}{|\xi \times_L x|}$는 시간류 벡터인 x와 수직이므로 단위 공간류 벡터이다.

η를 극으로 하는 직선 m은 x를 지나고 ℓ과 수직인 직선이다. 그러므로 ℓ과 m의 교차점과 x를 지나는 직선 m은 유일하다. ✤

5.3 $\mathbb{H}^2$ 위의 거리

$\{e_1, e_2, e_3\}$를 L^3의 정규직교기저라 하고 e_3가 $\mathbb{H}^2$의 한 점이라 하자. 또한, Π를 e_1, e_3를 포함하고 원점 O를 지나는 L^3의 평면이라 할 때 $\Pi \cap \mathbb{H}^2$은 $\mathbb{H}^2$의 한 직선이다. x가 이 직선 위의 한 점이면, $x \in \Pi$에 대하여

$$x = \lambda e_1 + \mu e_3$$

이고 $x \in \mathbb{H}^2$이므로 $\langle x, x \rangle = -1$이다. 따라서

$$-1 = \langle x, x \rangle = \langle \lambda e_1 + \mu e_3, \lambda e_1 + \mu e_3 \rangle = \lambda^2 - \mu^2$$

이다. 그러므로

$$\lambda^2 - \mu^2 = -1$$

이고, 매개변수 t로 표현하면 $\mu = \cosh t$, $\lambda = \sinh t$이다. 그러므로

$$x = (\sinh t)e_1 + (\cosh t)e_3$$

으로 표현된다.

다음 정리는 매개변수 t에 대해서 표현되는 직선 위의 두 점 사이의 거리는 매개변수의 차로 나타낸다.

정리 5.3.1

$\alpha(t) = \sinh t e_1 + \cosh t e_3$이면 $d(\alpha(t_1), \alpha(t_2)) = |t_1 - t_2|$이다.

증명

$$\begin{aligned}\langle \alpha(t_1), \alpha(t_2) \rangle &= \langle \sinh t_1 e_1 + \cosh t_1 e_3, \sinh t_2 e_1 + \cosh t_2 e_3 \rangle \\ &= \sinh t_1 \sinh t_2 - \cosh t_1 \cosh t_2 \\ &= -\cosh(|t_1 - t_2|)\end{aligned}$$

이다. 즉,

$$-\langle \alpha(t_1), \alpha(t_2) \rangle = \cosh(|t_1 - t_2|)$$

이다. 따라서,

$$d(\alpha(t_1),\ \alpha(t_2)) = \cosh^{-1}(-\langle \alpha(t_1),\ \alpha(t_2)\rangle) = |t_1 - t_2|$$

을 만족한다. ✣

이제 $\mathbb{H}^2$ 위의 임의의 두 점 x와 y의 **거리**(distance)는

$$d(x,\ y) = \cosh^{-1}(-\langle x,\ y\rangle)$$

으로 정의된다. 다음 정리는 유클리드 평면, 구면, 사영평면에서 성립한 거리에 대한 기본 성질들이 쌍곡평면 위에서도 성립함을 보이고 있다.

정리 5.3.2

$P,\ Q \in \mathbb{H}^2$일 때,

(1) $d(P,\ Q) \geq 0$

(2) $d(P,\ Q) = 0 \Leftrightarrow P = Q$

(3) $d(P,\ Q) = d(Q,\ P)$

(4) (삼각부등식) $P,\ Q,\ R \in \mathbb{H}^2$일 때, $d(P,\ Q) + d(P,\ R) \geq d(Q,\ R)$.
단, 등식이 성립할 필요충분조건은 $P,\ Q,\ R$이 공선적이다.

증명 (1), (2), (3)은 당연하다.

(4) $P,\ Q,\ R$이 공선적이 아니라 하자. 그러면, $P \times_L Q$가 $R \times_L Q$와 서로 평행하지 않는다. 따라서 $(P \times_L Q) \times_L (R \times_L Q)$는 영벡터가 아니므로

$$\begin{aligned}&(P \times_L Q) \times_L (R \times_L Q)\\ &= -(\langle P,\ R \times_L Q\rangle Q - \langle Q,\ R \times_L Q\rangle P)\\ &= -\langle P,\ R \times_L Q\rangle Q\end{aligned} \quad \cdots ①$$

로부터 $(P \times_L Q) \times_L (R \times_L Q)$은 시간류 벡터이다.

$P \times_L Q,\ R \times_L Q$는 시간류 벡터 $(P \times_L Q) \times_L (R \times_L Q)$과 각각 수직이므로 공간류 벡터이다. 따라서, 정리 4.3.2의 코시-슈바르츠 정리에 의하여

$$\langle P\times_L Q,\ R\times_L Q\rangle^2 < |P\times_L Q|^2|R\times_L Q|^2$$
$$= \langle P\times_L Q,\ P\times_L Q\rangle\langle R\times_L Q,\ R\times_L Q\rangle \qquad \cdots ②$$

이다. $d(P,\ Q)=r$, $d(R,\ Q)=p$, $d(P,\ R)=q$라고 하면

$$\cosh p = -\langle Q,\ R\rangle,\ \cosh q = -\langle P,\ R\rangle,\ \cosh r = -\langle P,\ Q\rangle$$

임을 알 수 있다. 한편,

$$\langle P\times_L Q,\ R\times_L Q\rangle = -(\langle P,\ R\rangle\langle Q,\ Q\rangle - \langle Q,\ R\rangle\langle P,\ R\rangle)$$
$$= \langle P,\ R\rangle + \langle Q,\ R\rangle\langle P,\ Q\rangle$$

이므로 정리 4.3.1(1)에 의해서

$$\langle P\times_L Q,\ R\times_L Q\rangle = -\cosh q + \cosh p\cosh r$$

으로 나타낼 수 있다. 마찬가지로

$$\langle P\times_L Q,\ P\times_L Q\rangle = -(\langle P,\ P\rangle\langle Q,\ Q\rangle - \langle P,\ Q\rangle^2)$$
$$= -1 + \cosh^2 r = \sinh^2 r$$
$$\langle R\times_L Q,\ R\times_L Q\rangle = -(\langle R,\ R\rangle\langle Q,\ Q\rangle - \langle R, Q\rangle^2)$$
$$= -1 + \cosh^2 p = \sinh^2 p$$

이므로 식 ②에 의하여

$$(\cosh p\cosh r - \cosh q)^2 < \sinh^2 p\sinh^2 r,$$
$$\cosh p\cosh r - \cosh q < |\cosh p\cosh r - \cosh q| < \sinh p\sinh r,$$
$$\cosh p\cosh r - \sinh p\sinh r < \cosh q,$$
$$\cosh(p-r) < \cosh q$$

을 만족한다. 함수 $\cosh x$는 $x \geq 0$에서 순증가 함수이므로 $p-r<q$. 즉,

$$p < r+q$$

이다. 이제 등식이 성립할 필요충분조건에 대해서 살펴보자. 만약 P, Q, R이 공선적이면 $d(P,\ Q)+d(P,\ R)=d(Q,\ R)$임은 분명하다.

역으로, $p=q+r$이라 하자. ②로부터

$$\langle P\times_L Q,\ R\times_L Q\rangle^2 = |P\times_L Q|^2|R\times_L Q|^2$$

이고 정리 4.3.2로부터 $(P\times_L Q)\times_L(R\times_L Q)$가 시간류 벡터가 아니다. ①로부터 $(P\times_L Q)\times_L(R\times_L Q)=0$이므로 $P\times_L Q$와 $R\times_L Q$는 서로 나란하다. 따라서 $P,\ Q,\ R$은 공선적이다. ✤

5.4 $T: \mathbb{H}^2 \to \mathbb{H}^2$ 등장사상(등거리변환)

쌍곡평면 $\mathbb{H}^2$의 **등장사상**(isometry) $T: \mathbb{H}^2 \to \mathbb{H}^2$는 임의의 $x,\ y \in \mathbb{H}^2$에 대하여

$$d(Tx,\ Ty) = d(x,\ y)$$

를 만족하는 위로의 함수를 말한다.

다음 정리는 공선적인 세 점의 등장사상의 세 대응점들도 공선적임을 보이고 있다.

정리 5.4.1

$T: \mathbb{H}^2 \to \mathbb{H}^2$가 등장사상이라 하자. $P,\ Q,\ R \in \mathbb{H}^2$이 공선적일 필요충분조건은 $TP,\ TQ,\ TR \in \mathbb{H}^2$이 공선적이다.

증명 삼각부등식으로부터

$$d(P,\ Q) + d(P,\ R) \ge d(Q,\ R)$$

의 등식이 성립할 필요충분조건은 $P,\ Q,\ R$가 공선적이다.

따라서, $P,\ Q,\ R \in \mathbb{H}^2$이 공선적이다.

$$\begin{aligned} &\Leftrightarrow\ d(P,\ Q) + d(P,\ R) = d(Q,\ R) \\ &\Leftrightarrow\ d(TP,\ TQ) + d(TP,\ TR) = d(TQ,\ TR) \\ &\Leftrightarrow\ TP,\ TQ,\ TR \in \mathbb{H}^2 \end{aligned}$$

이 공선적이다. ✣

5.5 L^3 위의 반사

α를 쌍곡평면 $\mathbb{H}^2$ 위의 한 직선이라 하고 α의 극을 ξ라 하자. 민코프스키 공간 L^3의 **반사**(reflection) $\Omega_\alpha : L^3 \to L^3$는

$$\Omega_\alpha x = x - 2\langle x, \xi\rangle \xi$$

으로 정의된다.

다음 정리는 앞에서 유클리드 평면, 구면, 사영평면에서 보여준 반사변환에 대한 기본 성질들을 쌍곡평면 위의 직선에 대해서 민코프스키 공간에서도 성립함을 설명해 주고 있다.

정리 5.5.1

(1) $\Omega_\alpha : L^3 \to L^3$는 선형사상이다.

(2) $\Omega_\alpha^2 = I$.

(3) $\Omega_\alpha : L^3 \to L^3$는 일대일 대응이다.

(4) 임의의 $x, y \in L^3$에 대하여 $\langle \Omega_\alpha x, \Omega_\alpha y\rangle = \langle x, y\rangle$.

증명 (1) Ω_α의 정의로부터 분명하다.

(2)
$$\begin{aligned}\Omega_\alpha(\Omega_\alpha x) &= \Omega_\alpha x - 2\langle \Omega_\alpha x, \xi\rangle\xi \\ &= x - 2\langle x, \xi\rangle\xi - 2 < x - 2 < x, \xi > \xi, \xi > \xi \\ &= x - 2\langle x, \xi\rangle\xi - 2\langle x, \xi\rangle\xi + 4\langle x, \xi\rangle\xi \\ &= x.\end{aligned}$$

(3) $\Omega_\alpha : L^3 \to L^3$가 선형사상이므로 $\Omega_\alpha x = 0$일 때 $x = 0$임을 보이자.

$$x = \Omega_\alpha(\Omega_\alpha x)) = \Omega_\alpha 0 = 0.$$

따라서 Ω_x는 일대일 함수이다.

이제, 공역과 치역이 같다는 것을 증명해야 한다. $y \in L^3$를 임의의 한 점이라고 하자. 이때, $x := \Omega_\alpha y$라 하면 $x \in L^3$이고 $\Omega_\alpha x = \Omega_\alpha(\Omega_\alpha y) = y$이므로 Ω_x는 위로의 함수이다.

(4) $\langle \Omega_\alpha x,\ \Omega_\alpha y \rangle = \langle x - 2\langle x,\ \xi \rangle \xi,\ y - 2\langle y,\ \xi \rangle \xi \rangle$

$= \langle x,\ y \rangle - 4\langle x,\ \xi \rangle \langle y,\ \xi \rangle + 4\langle x,\ \xi \rangle \langle y,\ \xi \rangle \langle \xi,\ \xi \rangle$

$= \langle x,\ y \rangle .$ ✤

위 (4)의 등식을 만족하는 Ω_x 를 L^3의 **직교사상**(orthogonal map)이라 한다.

따름정리 5.5.2

(1) x가 시간류 벡터이면 $\Omega_\alpha x$도 시간류 벡터이다.

(2) x가 빛류 벡터이면 $\Omega_\alpha x$도 빛류 벡터이다.

(3) x가 공간류 벡터이면 $\Omega_\alpha x$도 공간류 벡터이다.

(4) x가 단위벡터이면 $\Omega_\alpha x$도 단위벡터이다.

(5) $x \in \mathbb{H}^2 \Rightarrow \Omega_\alpha x \in \mathbb{H}^2$.

이때 (1), (2), (3)을 만족하는 Ω_α는 **인과율**(causality)을 보존한다고 말한다.

증명 (1), (2), (3), (4)는 당연하다.

(5) $x \in \mathbb{H}^2 \Leftrightarrow \langle x,\ x \rangle = -1,\ 0 < x_3 = -\langle x,\ \boldsymbol{k} \rangle$(또는 $\langle x,\ \boldsymbol{k} \rangle < 0$)이고 $\langle \Omega_\alpha x,\ \Omega_\alpha x \rangle = \langle x,\ x \rangle = -1,\ \langle \Omega_\alpha x,\ \Omega_\alpha \boldsymbol{k} \rangle = \langle x,\ \boldsymbol{k} \rangle < 0$이므로 $\Omega_\alpha x \in \mathbb{H}^2$임을 알 수 있다. ✤

5.6 $\mathbb{H}^2$ 위의 반사

α를 $\mathbb{H}^2$ 위의 한 직선이라 하고 α의 극을 ξ라 하자. $\mathbb{H}^2$의 **반사**(reflection) $\Omega_\alpha : \mathbb{H}^2 \to \mathbb{H}^2$는 L^3의 반사와 마찬가지로

$$\Omega_\alpha x = x - 2 < x,\ \xi > \xi \Omega_\alpha x = x - 2\langle x,\ \xi\rangle\xi$$

으로 정의된다.

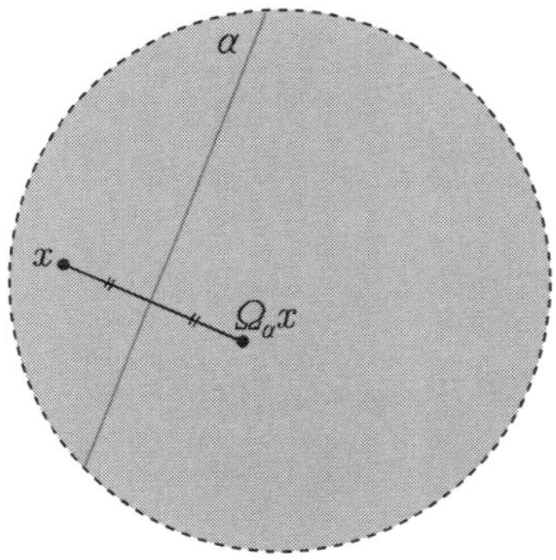

그림 5.8 $\mathbb{H}^2$의 반사

다음 정리는 쌍곡평면 위의 반사변환이 등장사상임을 보여주고 있다.

정리 5.6.1

$\mathbb{H}^2$ 위의 반사는 등장사상이다.

증명 $d(\Omega_\alpha x,\ \Omega_\alpha y) = \cosh^{-1}(-\langle \Omega_\alpha x,\ \Omega_\alpha y\rangle)$

$= \cosh^{-1}(-\langle x,\ y\rangle) = d(x,\ y).$ ✤

만약 쌍곡평면 위에 두 직선이 있고 한 직선을 반사축으로 한 다른 직선의 반사변환은 어떤 집합일까? 다음 정리는 그 집합을 보여주고 있다.

정리 5.6.2

β가 $\mathbb{H}^2$의 직선이고 그 극을 η라 하면 직선 α에 대한 직선 β의 반사 $\Omega_\alpha\beta$는

$$\Omega_\alpha\beta = \{x \in \mathbb{H}^2 | \langle x, \Omega_\alpha\eta \rangle = 0\}$$

이다.

증명 $\subset$: $y \in \Omega_\alpha \beta$이면 $y = \Omega_\alpha x$ 인 $x \in \beta$가 존재한다. 따라서,

$$\langle y, \Omega_\alpha\eta \rangle = \langle \Omega_\alpha x, \Omega_\alpha\eta \rangle = \langle x, \eta \rangle = 0$$

$\supset$: $\langle x, \Omega_\alpha\eta \rangle = 0$이라 하면,

$$0 = \langle x, \Omega_\alpha\eta \rangle = \langle \Omega_\alpha x, \Omega_\alpha(\Omega_\alpha\eta) \rangle = \langle \Omega_\alpha x, \eta \rangle$$

이므로 $\Omega_\alpha x \in \beta$이다. 따라서

$$x = \Omega_\alpha(\Omega_\alpha x) \in \Omega_\alpha\beta$$

이다. ✤

다음 정리는 쌍곡평면 위에서 반사변환에 대한 고정점과 고정선일 필요충분조건을 보여주고 있다.

정리 5.6.3

(1) $x \in \mathbb{H}^2$이면 $\Omega_\alpha x = x \Leftrightarrow x \in \alpha$.

(2) β가 $\mathbb{H}^2$ 위의 한 직선이면, $\Omega_\alpha\beta = \beta \Leftrightarrow \alpha = \beta$ 또는 $\alpha \perp \beta$.

증명 (1) $x - 2\langle x, \xi \rangle \xi = x \Leftrightarrow \langle x, \xi \rangle = 0 \Leftrightarrow x \in \alpha$.

(2) 직선 β는 $\beta = \{x \in \mathbb{H}^2 | \langle x, \eta \rangle = 0, \langle \eta, \eta \rangle = 1\}$으로 표현되므로

$$\begin{aligned} \Omega_\alpha\beta = \beta &\Leftrightarrow \Omega_\alpha \eta = \pm\eta \\ &\Leftrightarrow \Omega_\alpha\eta = \eta \text{ or } \Omega_\alpha\eta = -\eta \\ &\Leftrightarrow \eta - 2\langle \eta, \xi \rangle \xi = \eta \text{ or } \eta - 2\langle \eta, \xi \rangle \xi = -\eta \end{aligned}$$

$$\Leftrightarrow \langle \eta, \xi \rangle = 0 \text{ or } \eta = \langle \eta, \xi \rangle \xi$$
$$\Leftrightarrow \alpha \perp \beta \text{ or } \alpha = \beta.$$
✤

5.7 $\mathbb{H}^2$ 위의 회전

α와 β를 $\mathbb{H}^2$ 위의 직선이라고 가정하자. α와 β가 점 $P \in \mathbb{H}^2$에서 교차하면, $\Omega_\alpha \Omega_\beta$를 점 P에 대한 **회전**(rotation)이라고 한다. 또한, α와 β가 평행할 때, $\Omega_\alpha \Omega_\beta$를 **이동**(translation)이라고 한다. 더 나아가서, α와 β가 초평행하고, 두 직선에 대해 공통수선인 ℓ이 있을 때 $\Omega_\alpha \Omega_\beta$를 ℓ에 대한 **평행이동**(parallel displacements)이라고 한다.

점 $P \in \mathbb{H}^2$와 L^3 위의 정규직교기저 $\{e_1, e_2, e_3\}$에 대하여 $e_3 = P$라 가정하자. α가 점 P를 지나는 직선이고, 그 극을 ξ라 하면

$$\alpha = \left\{x \in \mathbb{H}^2 \mid \langle x, \xi \rangle = 0,\ \xi = -\sin\theta\, e_1 + \cos\theta\, e_2\right\}$$

로 나타낼 수 있다. 따라서

$$\begin{aligned}
\Omega_\alpha e_1 &= e_1 - 2\langle e_1, \xi \rangle \xi \\
&= e_1 - 2\langle e_1, -\sin\theta e_1 + \cos\theta e_2 \rangle (-\sin\theta e_1 + \cos\theta e_2) \\
&= e_1 + 2\sin\theta(-\sin\theta e_1 + \cos\theta e_2) \\
&= (1 - 2\sin^2\theta) e_1 + 2\sin\theta\cos\theta e_2 \\
&= \cos 2\theta e_1 + \sin 2\theta e_2
\end{aligned}$$

이다.

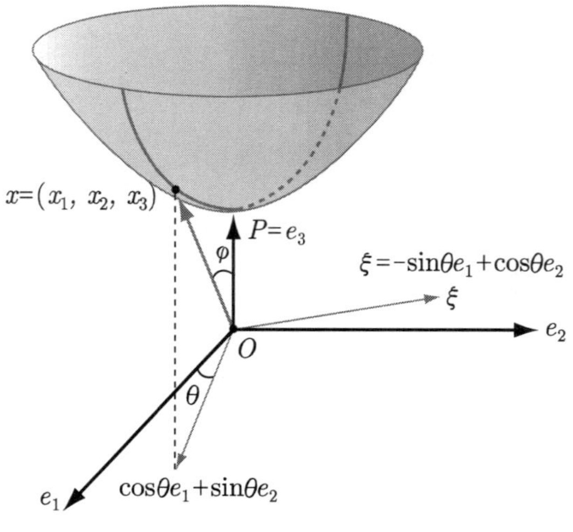

그림 5.9 $\mathbb{H}^2$의 점 P에 대한 회전

마찬가지로, $\Omega_\alpha e_2 = \sin 2\theta e_1 - \cos 2\theta e_2$이고 $\Omega_\alpha e_3 = e_3$이므로 $\mathbb{H}^2$ 위의 직선 α에 대한 반사 Ω_α는

$$\Omega_\alpha = \begin{pmatrix} \cos 2\theta & \sin 2\theta & 0 \\ \sin 2\theta & -\cos 2\theta & 0 \\ 0 & 0 & 1 \end{pmatrix} = \begin{pmatrix} ref\theta & 0 \\ 0 & 1 \end{pmatrix}$$

로 표현된다. 또한, β는 점 P를 지나는 또 다른 직선으로 극을 η라 하자.

$\eta = -\sin\phi\, e_1 + \cos\phi\, e_2$라 하면, 마찬가지 방법으로 $\mathbb{H}^2$ 위의 직선 β에 대한 반사 Ω_β는

$$\Omega_\beta = \begin{pmatrix} \cos 2\phi & \sin 2\phi & 0 \\ \sin 2\phi & -\cos 2\phi & 0 \\ 0 & 0 & 1 \end{pmatrix} = \begin{pmatrix} ref\phi & 0 \\ 0 & 1 \end{pmatrix}$$

로 표현된다. 따라서

$$\begin{aligned} \Omega_\alpha \Omega_\beta &= \begin{pmatrix} \cos 2\theta & \sin 2\theta & 0 \\ \sin 2\theta & -\cos 2\theta & 0 \\ 0 & 0 & 1 \end{pmatrix} \begin{pmatrix} \cos 2\phi & \sin 2\phi & 0 \\ \sin 2\phi & -\cos 2\phi & 0 \\ 0 & 0 & 1 \end{pmatrix} \\ &= \begin{pmatrix} \cos 2(\theta - \phi) & -\sin 2(\theta - \phi) & 0 \\ \sin 2(\theta - \phi) & \cos 2(\theta - \phi) & 0 \\ 0 & 0 & 1 \end{pmatrix} \\ &= \begin{pmatrix} rot\, 2(\theta - \phi) & 0 \\ 0 & 1 \end{pmatrix} \end{aligned}$$

이므로 $\Omega_\alpha \Omega_\beta$은 점 P에 대한 회전이다.

다음 두 정리는 여러 평면에서 증명한 회전에 대한 삼반사 정리와 표현 정리가 쌍곡평면에서도 성립함을 보여준다.

정리 5.7.1 회전에 대한 삼반사 정리

α, β, γ가 쌍곡평면 $\mathbb{H}^2$ 위의 점 P를 지나는 세 직선일 때 $\Omega_\alpha \Omega_\beta \Omega_\gamma = \Omega_\delta$를 만족하는 P를 지나는 직선 δ가 존재한다.

정리 5.7.2 회전에 대한 표현 정리

T가 쌍곡평면 위의 점 P에 대한 회전이라 하고 ℓ은 P를 지나는 직선이라 하면 $T=\Omega_\ell \Omega_m=\Omega_{m'}\Omega_\ell$을 만족하는 점 P를 지나는 두 직선 m, m'이 존재한다.

5.8 $\mathbb{H}^2$ 위의 평행이동

L^3의 한 정규직교좌표 $\{e_1, e_2, e_3\}$에 대하여 ℓ을 $\mathbb{H}^2$ 위의 한 직선이라 하고 그 극을 e_1이라 하면 e_1은 단위 공간류 벡터이다. $e_3 \in \mathbb{H}^2$라 하면 e_3는 단위 시간류 벡터이므로 e_2도 단위 공간류 벡터이다.

또한, $\mathcal{P}(\ell)$을 직선 ℓ에 수직인 $\mathbb{H}^2$ 위의 모든 초평행 직선들의 집합이라 하자.

이제, 직선 $\alpha \in \wp$의 극 ξ는 ℓ의 극 e_1과 수직이어야 한다. 즉, $\langle e_1, \xi \rangle = 0$이다. 따라서 $\xi = \cosh u\, e_2 + \sinh u\, e_3$으로 표현된다.

그러므로

$$
\begin{aligned}
\Omega_\alpha e_1 &= e_1 - 2\langle e_1, \xi \rangle \xi = e_1 \\
\Omega_\alpha e_2 &= e_2 - 2\langle e_2, \xi \rangle \xi \\
&= e_2 - 2\langle e_2, \cosh u e_2 + \sinh u e_3 \rangle (\cosh u e_2 + \sinh u e_3) \\
&= e_2 - 2\cosh u(\cosh u\, e_2 + \cosh u\, e_3) \\
&= (1 - 2\cosh^2 u)e_2 - 2\sinh u \cosh u\, e_3 \\
&= -\cosh 2u\, e_2 - \sinh 2u\, e_3
\end{aligned}
$$

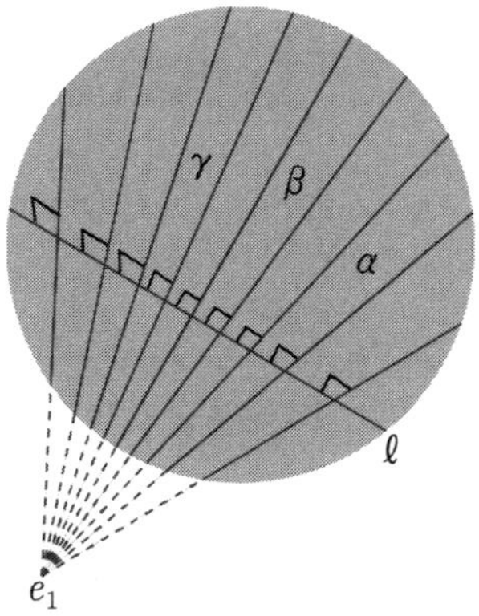

그림 5.10 초평행 직선들

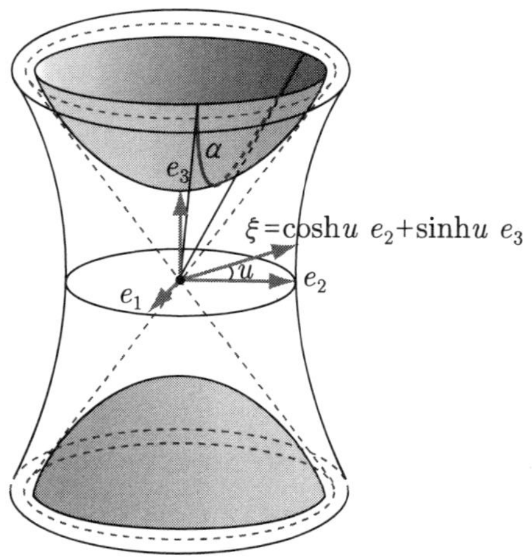

그림 5.11 ℓ을 따라 α에 대한 반사

이고, 마찬가지 방법으로

$$\Omega_\alpha e_3 = \sinh 2u\, e_2 + \cosh 2u\, e_3$$

임을 알 수 있다. 따라서 $\mathbb{H}^2$ 위에서 ℓ에 수직인 직선 α에 대한 반사 Ω_α는

$$\Omega_\alpha = \begin{pmatrix} 1 & 0 & 0 \\ 0 & -\cosh 2u & \sinh 2u \\ 0 & -\sinh 2u & \cosh 2u \end{pmatrix}$$

으로 표현된다. 또한, $\beta \in \mathcal{P}(\ell)$을 α와 다른 직선으로 그 극을 η라 하자.

$\eta = (\cosh v)e_2 + (\sinh v)e_3$라 하면 ℓ에 수직인 β에 대한 반사 Ω_β는 Ω_α의 경우와 마찬가지 방법으로

$$\Omega_\beta = \begin{pmatrix} 1 & 0 & 0 \\ 0 & -\cosh 2v & \sinh 2v \\ 0 & -\sinh 2v & \cosh 2v \end{pmatrix}$$

으로 표현된다. 그러므로 ℓ에 수직인 두 직선 α와 β에 대하여

$$\Omega_\alpha \Omega_\beta = \begin{pmatrix} 1 & 0 & 0 \\ 0 & \cosh 2(u-v) & \sinh 2(u-v) \\ 0 & \sinh 2(u-v) & \cosh 2(u-v) \end{pmatrix}$$

는 직선 ℓ을 따르는 평행이동이다.

다음 두 정리는 여러 평면에서 증명한 이동에 대한 삼반사 정리와 표현 정리가 쌍곡평면에서 평행이동에 대해서도 성립함을 보여준다.

정리 5.8.1 평행이동에 대한 삼반사 정리

세 직선 α, β, $\gamma \in \mathcal{P}(\ell)$가 직선 ℓ에 수직일 때 $\Omega_\alpha \Omega_\beta \Omega_\gamma = \Omega_\delta$를 만족하는 직선 $\delta \in \mathcal{P}(\ell)$가 존재한다.

정리 5.8.2 평행이동에 대한 표현 정리

T를 직선 ℓ을 따르는 평행이동이라 하자. 임의의 α, $\beta \in \mathcal{P}(\ell)$에 대하여 $T = \Omega_\alpha \Omega_m = \Omega_n \Omega_\beta$를 만족하는 직선 m, $n \in \mathcal{P}(\ell)$이 존재한다.

5.9 $\mathbb{H}^2$ 위의 이동

이제 $\wp$를 $\mathbb{H}^2$ 위의 모든 평행선들의 집합이라 하자. 극 ξ, η를 갖는 두 평행선 α, $\beta \in \wp$에 대하여 정규직교기저 $\{e_1, e_2, e_{23}\}$가 $e_1 = \xi$, $e_3 \in \mathbb{H}^2$, $e_2 = e_3 \times_L e_1$을 만족한다고 하자.

$\eta = \lambda e_1 + \mu e_2 + \nu e_3$, $\lambda \geq 0$이라 하면 $\langle \eta, \eta \rangle = 1$이고 α와 β가 만나는 두 점 $\pm(\xi \times_L \eta)$는 빛류이므로

$$1 = \langle \eta, \eta \rangle = \lambda^2 + \mu^2 - \nu^2$$

이다. 또한, $\xi \times_L \eta = -\mu e_3 - \nu e_2$이고 $0 = \langle \xi \times_L \eta, \xi \times_L \eta \rangle = -\mu^2 + \nu^2$이므로

$$\mu = \pm \nu$$

임을 알 수 있다. 한편, $1 = \langle \eta, \eta \rangle = \lambda^2$으로부터 $\lambda = 1$. 그러므로

$$\eta = e_1 + \mu(e_2 \pm e_3)$$

으로 표현된다.

정리 5.9.1

$\wp$의 두 평행선의 극을 $\xi = (1, 0, 0)$, $\eta = (1, \mu, -\mu)$라 할 때 $\wp$의 모든 직선들이 $(1, r, -r)$ 형태의 극을 갖는다.

증명
$$\begin{aligned}\xi \times_L \eta &= e_1 \times_L (e_1 + \mu e_2 - \mu e_3)\\ &= \mu \langle e_3, e_3 \rangle e_3 + \mu e_2\\ &= -\mu(e_3 - e_2)\end{aligned}$$

이므로 $\langle \xi \times_L \eta, \xi \times_L \eta \rangle = -\mu^2 + \mu^2 = 0$. 따라서 $\xi \times_L \eta$는 빛류이다.

만약, 한 직선의 극을 $\zeta = e_1 + r(e_2 - e_3)$이라 하면 $\langle \zeta, \zeta \rangle = 1$이고

$$\begin{aligned}\langle \zeta, \xi \times_L \eta \rangle &= \langle e_1 + r(e_2 - e_3), \mu e_2 - \mu e_3 \rangle\\ &= r\mu \langle e_2 - e_3, e_2 - e_3 \rangle = 0\end{aligned}$$

이므로 ζ는 ξ 또는 η와 나란하다. 따라서 이 직선은 $\wp$에 속한다.

역으로, $\wp$의 임의의 직선의 극을 ζ라 하면 이 직선은 $\xi \times_L \eta$를 지나가므로 ζ는 $\xi \times_L \eta$에 수직인 단위 공간류 벡터이다. 즉, $\langle \zeta, \zeta \rangle = 1$, $\langle \zeta, \xi \times_L \eta \rangle = 0$이다. 위의 계산으로부터 ζ는 $(1, r, -r)$ 형태이다. ✤

이제 α를 극 $\xi = (1, r, -r)$을 갖는 직선이면

$$\begin{aligned}
\Omega_\alpha e_1 &= e_1 - 2\langle \xi, e_1 \rangle \xi \\
&= e_1 - 2\langle e_1 + re_2 - re_3, e_1 \rangle (e_1 + re_2 - re_3) \\
&= e_1 - 2(e_1 + re_2 - re_3) \\
&= -e_1 - 2re_2 + 2re_3 \\
\Omega_\alpha e_2 &= e_2 - 2\langle \xi, e_2 \rangle \xi \\
&= e_2 - 2\langle e_1 + re_2 - re_3, e_2 \rangle (e_1 + re_2 - re_3) \\
&= e_2 - 2r(e_1 + re_2 - re_3) \\
&= -2re_1 + (1 - 2r^2)e_2 + 2r^2 e_3 \\
\Omega_\alpha e_3 &= e_3 - 2\langle \xi, e_3 \rangle \xi \\
&= e_3 - 2\langle e_1 + re_2 - re_3, e_3 \rangle (e_1 + re_2 - re_3) \\
&= e_3 - 2r(e_1 + re_2 - re_3) \\
&= -2re_1 - 2r^2 e_2 + (1 + 2r^2)e_3
\end{aligned}$$

이므로 $\mathbb{H}^2$ 위에서 ℓ에 수직인 직선 $\alpha \in \wp$에 대한 반사 Ω_α는

$$\Omega_\alpha = \begin{pmatrix} -1 & -2r & -2r \\ -2r & 1-2r^2 & -2r^2 \\ 2r & 2r^2 & 1+2r^2 \end{pmatrix}$$

이고, $\mathbb{H}^2$ 위에서 ℓ에 수직인 다른 직선 $\beta \in \wp$에 대한 반사 Ω_β는

$$\Omega_\beta = \begin{pmatrix} -1 & -2s & -2s \\ -2s & 1-2s^2 & -2s^2 \\ 2s & 2s^2 & 1+2s^2 \end{pmatrix}$$

이므로 ℓ에 수직인 두 직선 α와 β에 대하여

$$\Omega_\alpha \Omega_\beta = \begin{pmatrix} 1 & -h & -h \\ h & 1-\dfrac{h^2}{2} & -\dfrac{h^2}{2} \\ -h & \dfrac{h^2}{2} & 1+\dfrac{h^2}{2} \end{pmatrix}, \ h = 2(r-s)$$

은 직선 ℓ을 따르는 평행이동이다.

다음 두 정리는 여러 평면에서 증명한 이동에 대한 삼반사 정리와 표현 정리가 쌍곡평면에서 선속 $\wp$에 대한 이동에서도 성립함을 보여준다.

정리 5.9.2 이동에 대한 삼반사 정리

세 직선 α, β, $\gamma \in \wp$에 대해서 $\Omega_\alpha \Omega_\beta \Omega_\gamma = \Omega_\delta$를 만족하는 직선 $\delta \in \wp$가 존재한다.

정리 5.9.3 이동에 대한 표현 정리

T가 쌍곡평면 위의 선속 $\wp$에 대한 이동이라 하자. 한 직선 $\ell \in \wp$에 대하여 $T = \Omega_\ell \Omega_m = \Omega_{m'} \Omega_\ell$을 만족하는 두 직선 m, $m' \in \wp$이 존재한다.

5장 연습문제

1. $\mathbb{H}^2$ 위에서 등장사상 $T: \mathbb{H}^2 \to \mathbb{H}^2$가 잘 정의됨을 보이고, 세 점 P, Q, R이 공선적일 필요충분조건은 TP, TQ, TR이 공선적임을 보여라.

2. 정규직교기저 $\{e_1$: 공간류, e_2: 공간류, e_3: 시간류$\}$에 대하여 $\mathbb{H}^2$ 위에서 α가 시간류 점 $P = e_3$를 지나고 극 $\xi = (-\sin\theta)e_1 + (\cos\theta)e_2$를 갖는 직선일 때 $\Omega_\alpha(e_2) = (\sin 2\theta)e_1 - (\cos 2\theta)e_2$임을 보여라.

3. $\mathbb{H}^2$의 한 점 P를 지나는 직선들의 집합 $\mathcal{P}$에 대하여 회전에 대한 삼반사 정리를 증명하여라. 즉, $\mathcal{P}$의 세 직선 α, β, γ에 대하여 $\Omega_\alpha\Omega_\beta\Omega_\gamma = \Omega_\delta$을 만족하는 직선 δ가 $\mathcal{P}$에서 유일하게 존재한다.

4. $\mathbb{H}^2$의 한 점 P를 지나는 직선들의 집합 $\mathcal{P}$에 대하여 회전에 대한 표현 정리를 증명하여라. 즉, $\mathcal{P}$의 두 직선 α, β에 대하여 회전 $T = \Omega_\alpha\Omega_\beta$와 $\mathcal{P}$의 한 직선 ℓ에 대하여 $T = \Omega_\ell\Omega_m = \Omega_{m'}\Omega_\ell$을 만족하는 직선 δ가 $\mathcal{P}$에서 유일하게 존재한다.

5. (a) 민코프스키 공간 L^3의 두 벡터 $\xi = (1,\ 1,\ 1)$, $\eta = (1,\ 2,\ 1)$ 방향을 각각 극으로 갖는 쌍곡평면 $\mathbb{H}^2$ 위에서 두 직선 ℓ과 m이 평행임을 보여라.

(b) ξ와 η가 $\mathbb{H}^2$의 두 직선 m과 n의 극이라 하고 m과 n이 $\mathbb{H}^2$에서 교차한다면 그 교차점을 구하여라. 또한 m과 n이 $\mathbb{H}^2$에서 초평행한다면 $m \perp \ell$과 $n \perp \ell$을 만족

하는 직선 ℓ을 구하여라.

6. (a) ξ와 η가 $\mathbb{H}^2$의 두 초평행선 ℓ과 m의 극이라 할 때 $d(\ell, m) = \cosh^{-1}(|\langle \xi, \eta \rangle|)$를 증명하여라. 만약 ℓ과 m이 교차하는 경우와 평행인 경우 $d(\ell, m)$의 값은 무엇인가?

(b) ξ와 η가 쌍곡평면 $\mathbb{H}^2$ 위에서 두 직선 ℓ과 m의 극이라 할 때, ℓ과 m이 교차하는 경우, 평행인 경우에, 각각 ℓ과 m의 거리 $d(\ell, m)$의 값은 무엇인지 설명하여라.

7. (a) 민코프스키 공간 $\boldsymbol{L}^3$의 정규직교기저 $\{e_1$(공간류), e_2(공간류), e_3(시간류)$\}$에 대하여 쌍곡평면 $\boldsymbol{H}^2$ 위에서 한 직선 ℓ의 극이 e_1일 때 $\xi = \cosh 2\theta\, e_2 + \sinh 2\theta\, e_3$을 극으로 갖는 직선 α가 ℓ과 수직임을 보이고, 반사 Ω_α의 대응행렬을 구하여라.

(b) 민코프스키 공간 L^3의 정규직교기저 $\{e_1$(공간류), e_2(공간류), e_3(시간류)$\}$에 대하여 쌍곡평면 $\mathbb{H}^2$ 위에서 한 직선 ℓ의 극이 e_1일 때 $\xi = \cosh \dfrac{\theta}{2} e_2 + \sinh \dfrac{\theta}{2} e_3$를 극으로 갖는 직선 m이 ℓ과 수직임을 보이고, 반사 Ω_m의 대응행렬을 구하여라.

8. 민코프스키 공간 $\boldsymbol{L}^3$의 정규직교기저 $\{e_1$(공간류), e_2(공간류), e_3(시간류)$\}$에 대하여 빛류 직선 $\ell = t(e_2 + e_3)$, $t \in R$과 쌍곡평면 $\boldsymbol{H}^2$ 위에서 극이 $\xi = e_1 + re_2 + re_3$인 직선 α가 수직임을 보이고, α의 반사 Ω_α에 대한 대응행렬을 구하여라.

Non-Euclidean Model

부록

A.1 힐베르트(Hilbert) 공리군

힐베르트는 유클리드 공리 체계를 엄밀하게 재구성하여 유클리드 기하학을 완벽하게 만들었다. 그러나 이러한 엄밀한 공리체계를 가진 모든 수학 명제의 진위를 증명할 수 있을까?

칸토어는 실수 집합보다는 작고 유리수 집합보다는 큰 어떤 집합이 존재하는가의 문제를 해결하려고 온 생을 바쳤지만 실패한다. 결국 이 문제는 '연속체 가설'로 불리우며 1900년에 힐베르트가 제시한 '수학이 풀어야 할 23대 문제' 중 1번으로 실렸으나 훗날 괴델과 폴 코헨(1934~2007)에 의해 해결된다.

힐베르트는 인간의 언어가 가지는 결함을 제거하기 위해 모든 수학의 명제를 형식적 기호의 나열로 바꾸고, 그런 명제들 중에 모순이 생성되는 요소를 피해 수학의 공리들을 세우며, 거기서 새로운 명제를 유도하는 법칙을 세운다면 절대 모순이 이루어지지 않을 것이라 예상하였다.

괴델은 1931년 불완전성 원리를 발표하였는데, 이는 학계를 깜짝 놀라게 하였다. 불완전성 원리는 한마디로 "완벽한 공리체계에서도 증명될 수 없는 수학적 명제가 존재한다"라는 것이다.

괴델은 앞에서 언급한 연속체 가설이 부정할 수 없는 명제임을 증명해낸다. 그리고 코헨은 연속체 가설이 긍정도 할 수 없는 명제임을 증명해내어 칸토어의 못 이룬 꿈을 이루게 된다. 다시 말해서 연속체 가설은 참이라 가정할 때 모순이 생기지 않으며, 거짓이라 가정해도 모순이 생기지 않는다.

이는 힐베르트의 엄밀한 공리체계가 잘못되었다는 의미는 아니다. 이는 마치 평행선 공리를 참이라 가정해도 또는 거짓으로 가정해도 유클리드 기하학과 비유클리드 기하학 둘 다 올바른 기하학이라는 사실과 비교된다.

다음은 힐베르트가 유클리드 기하학의 결함을 없애기 위하여 다섯가지 공리를 엄밀한 공리 체계로 재구성한 것이다.

결합공리군

결합공리 Ⅰ. 임의의 서로 다른 두 점 P, Q에 대하여 P와 Q를 지나는 직선 ℓ이 유일하게 존재한다.

결합공리 Ⅱ. 한 직선 ℓ 위에는 적어도 두 점이 존재한다.

결합공리 Ⅲ. 어떠한 직선도 세 점 모두를 지나가지 않는 세 점이 존재한다.

순서공리군

순서공리 Ⅰ. B가 A와 C 사이에 있으면 A, B, C는 일직선 위에 있는 서로 다른 세 점이고 B가 C와 A 사이에 있다.

순서공리 Ⅱ. 임의의 두 점 B, D에 대하여, B가 A와 D 사이에 있고 C가 B와 D 사이에 있는 직선 BD 위의 점 A와 C가 존재한다.

순서공리 Ⅲ. A, B, C가 일직선 위의 서로 다른 세 점이면 그중 오직 한 점만이 다른 두 점 사이에 있다.

순서공리 Ⅳ. 한 직선 ℓ 위에 있지 않은 세 점 A, B, C에 대하여

(ⅰ) A와 B가 ℓ에 관하여 같은 쪽에 있고 B와 C가 ℓ에 관하여 같은 쪽에 있으면 A와 C는 ℓ에 관하여 같은 쪽에 있다.

(ⅱ) A와 B가 ℓ에 관하여 반대쪽에 있고 B와 C가 ℓ에 관하여 반대쪽에 있으면 A와 C는 ℓ에 관하여 같은 쪽에 있다.

합동공리군

합동공리 Ⅰ. A와 B가 서로 다른 두 점이고 A'이 임의의 점이면 A'에서 출발하는 반직선 r 위에는 A'과 다른 점 B'이 $AB \cong A'B'$ 되도록 유일하게 존재한다.

합동공리 Ⅱ. $AB \cong CD$이고, $AB \cong EF$이면 $CD \cong EF$이다. 또한, 임의의 선분은 그 자신과 합동이다.

합동공리 Ⅲ. B는 A와 C 사이에 있고 B'은 A'과 C' 사이에 있으며, $AB \cong A'B'$이고 $BC \cong B'C'$이면 $AC \cong A'C'$이다.

합동공리 Ⅳ. 임의의 각 $\angle BAD$와 점 A'를 지나는 반직선 $A'B'$에 관하여 반직선 $A'C'$이 유일하게 존재하여 $\angle B'A'C' \cong \angle BAD$를 만족한다.

합동공리 Ⅴ. $\angle A \cong \angle B$이고 $\angle A \cong \angle C$이면 $\angle B \cong \angle C$이다. 특히, 모든 각은 그 자신과 합동이다.

합동공리 Ⅵ. 주어진 두 삼각형에서 대응하는 두 변과 그 사이각이 각각 서로 합동이면 두 삼각형은 합동이다.

연속공리군

아르키메데스 공리: 두 선분 AB와 CD에 대하여 반직선 AB 위에서 선분 CD를 n번 계속 이어 붙일 때 $nCD \cong AE$를 만족하는 점 E가 존재하여 점 B가 두 점 A와 E의 사이에 오도록 하는 자연수 n이 존재한다.

데데킨트공리: 한 직선 ℓ 위의 모든 점들의 집합이 공집합이 아님 두 부분집합의 합집합 $Z_1 \cup Z_2$이고 Z_1의 어떤 점도 Z_2의 두 점 사이에 있지 않고 Z_2의 어떤 점도 역시 Z_1의 두 점 사이에 있지 않으면, O가 P_1과 P_2 사이에 있을 필요충분 조건은 $P_1 \in Z_1,\ P_2 \in Z_2$이고 $P_1 \neq O,\ P_2 \neq O$인 점 O가 ℓ 위에서 유일하게 존재한다.

유클리드 명제: 임의의 선분이 주어질 때 그것을 한 변으로 하는 정삼각형이 존재한다.

원의 연속원리: 원 r이 원 r'의 내부의 한 점과 외부의 한 점을 가지면 두 원은 두 점에서 교차한다.

기본 연속원리: 선분의 한 끝 점이 한 원의 내부에 있고 또 다른 끝 점이 그 원의 외부에 있으면 선분은 원과 교차된다.

평행공리군(힐버트의 평행공리)

힐버트 평행공리: 직선 ℓ 위에 있지 않은 한 점 P를 지나고 ℓ과 평행인 직선 m이 많아야 하나 존재한다.

유클리드 평행공리: 두 직선이 하나의 횡단선에 의해 교차되고 이 횡단선의 한쪽 방향의 두 내각의 합이 $180°$보다 작으면 두 직선은 그쪽에서 만난다.

힐버트 평행공리와 유클리드 평행공리는 서로 동치이다.

A.2 부분군

군 $(G, *)$의 부분집합 H가 다음 조건을 만족하면 H를 G의 **부분군**이라 한다.

(i) $a, b \in H$일 때 $a*b \in H$.

(ii) G의 항등원 I가 H에도 포함된다.

(iii) $a \in H$이면 $a^{-1} \in H$이다.

예 A2.1

mZ는 정수군 Z의 부분군이다. ✣

군 G의 임의의 부분군들의 교집합도 G의 부분군이다. 이때 집합 S를 포함하는 G의 모든 부분군들의 교집합을 **S에 의하여 생성된 부분군**(subgroup generated by S)이라 하고 $\langle S \rangle$로 표시한다.

특히, S가 하나의 원소 s일 때 $\langle S \rangle$를 **순환군**(cyclic group)이라 부르고, $\#\langle S \rangle$를 순환군 $\langle S \rangle$의 원소의 개수로 표시한다. $\#\langle S \rangle = n$일 때 $\langle S \rangle$를 **n차 순환군**(cyclic group of order n)이라 하고, $\#\langle S \rangle = \infty$일 때 $\langle S \rangle$를 **무한 순환군**(cyclic group of order ∞)이라 한다.

예 A2.2

정수군 Z는 연산 +에 대하여 무한 순환군이다. 즉, $Z = \langle 1 \rangle$이다. 더 나아가서, 각 $a \in Z$에 대하여 $\langle a \rangle = aZ = \{am \mid m \in Z\}$은 정수군 Z의 부분군이고 $a \neq 0$이면 무한 순환군이다. ✣

잉여류

H가 G의 부분군이고 a가 G의 한 원소일 때 $aH = \{ah \mid h \in H\}$를 H의 **좌잉여류**(left coset)라 하고, 마찬가지로 Ha를 H의 **우잉여류**(right coset)라 한다.

한편, 유한군 G의 부분군 H에 대하여 $[G : H]$을 G에서 H의 (좌)잉여류의 개수라 하면 $[G : H]$를 G에서 H의 **지표**(index)라 한다.

라그랑주(Lagrange) 정리는 $[G: H] = \#G / \#H$를 의미한다.

예 A2.3

정수군 Z에서 $4Z$는 Z의 부분군이고

$$1+4Z=\{\cdots, -7, -3, 1, 5, 9, \cdots\}$$

는 $4Z$의 좌잉여류이다. ✤

준동형사상 $f: G_1 \to G_2$에 대하여 집합 $\{g \in G_1 | f(g) = I,\ I \in G_2$항등원$\}$를 f의 **핵**(kernal)이라 하고 $\ker f$로 표기한다.

더 나아가서, H가 G의 부분군이고 a가 G의 한 원소일 때 $aH = Ha$를 만족하면 H를 G의 **정규부분군**(normal subgroup)이라 한다. 이때 $\ker f$는 G_1의 정규부분군이다.

또한, 잉여류들 사이의 연산 *를 $(aH)*(bH) = (a*b)H$으로 정의하면 잉여류 집합은 군이 된다. 이 군을 **상군**(quotient group)이라 하고 G/H로 표시한다. 그러므로 **자연사영사상**(natural projection) $\pi: G \to G/H$가 존재하고 준동형사상이 된다.

A.3 특수 상대성 이론

민코프스키 공간을 공부하는 데 특수 상대성 이론을 꼭 알 필요는 없다. 이 절에서는 민코프스키 내적을 정의하는 배경으로 적어 놓았다. 흥미를 느끼는 독자들은 읽어보기를 권한다.

시공간

시공간(space-time)은 천체물리에서 말하는 우주가 1차원 시간축과 3차원 공간축을 갖는 수학적으로 표현한 4차원 공간이다.

평평한 시공간이란 우주가 엄청나게 커서 비록 수많은 은하계가 있다 하더라도 우주 공간에서는 군데군데 모래알을 뿌려 놓은 것 같은 상태로 간주하고 어떠한 중력의 영향도 없다는 가정 아래 주어진 시공간이다. 왜냐하면 중력은 시공간을 구부려 놓기 때문이다. 평평한 시공간이 바로 특수 상대성 이론의 기하학적 모델로서 민코프스키 4차원 공간이라 하고, 굽어 있는 4차원 시공간은 일반 상대성 이론을 설명하는 여러 가지 수학적 모델들을 갖는다. 시공간이 유클리드 공간과 다른 것은 시간 차원이 존재한다는 것이다. 평평한 시공간들은 일반 상대성 원리에서의 시공간들 중 가장 간단한 형태로서 2차원 유클리드기하학에서 굽어 있는 곡면 대신 평면과 비유되는 공간이다.

이 절에서는 간단한 계산을 위하여 1차원 시간과 3차원 공간 대신 1차원 시간과 1차원 공간으로 축소하여 2차원인 평면 시공간인 경우를 취급할 것이다. 왜냐하면, 3차원 공간을 x, y, z 좌표축으로 표현할 때 시간에 따라 물체가 국소적으로는 등속도로 한 방향으로 움직이는 직선 운동이고 이 방향을 x 좌표축으로 간주하면 y, z 좌표축에서는 아무런 변화가 없기 때문이다.

사건과 세계선

역학에서 한 사람이 주어진 시간 동안 공간에서 움직이는 물체를 연구할 때 곡선을 따라 움직이는 물체의 운동은 (t, x) 평면 위에서 $x = x(t)$로 나타낸다. 이때 $x(t)$는 시간 t에 물체의 위치를 말하는 것이다. 한 **사건**(event)은 시공간(t, x) 평면 위의 한 점을 의미하고 한

세계선(world line)은 시간 함수로서 한 입자의 위치를 보여주는 곡선 $x = x(t)$이다.

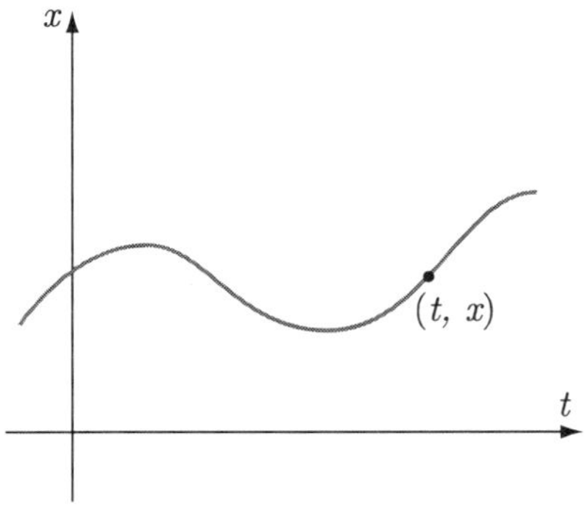

그림 A3.1 시공간의 세계선

한 시공간 속의 사건을 $\{t,\ x\}$ 좌표계로 정의된 곳에서 사는 관찰자의 측정과 달리 $\{\tilde{t},\ \tilde{x}\}$ 좌표계로 정의된 곳에서 사는 다른 관찰자들이 측정할 때 그 시공간에서 사건의 시간과 위치가 서로 일치하지 않는다. 따라서 서로 다른 관찰자의 다른 측정들 사이의 관계를 찾는 것이 중요하다. 이 문제에 대한 대답을 찾아가는 것이 특수 상대성 이론이다.

기본문제: 2차원 시공간에서 두 관찰자 O와 $\widetilde{O}$가 각각 좌표계 $\{t,\ x\}$와 $\{\tilde{t},\ \tilde{x}\}$를 갖는다 하자. 한 시공간에서 서로 다른 두 관찰자의 좌표계 $\{t,\ x\}$와 $\{\tilde{t},\ \tilde{x}\}$ 사이에 어떤 관계가 있을까?

이 문제의 어려움은 두 관찰자들이 각각 움직이고 있다는 데에 있다. 그들의 움직임의 상태가 운동을 측정하는 데 영향을 주기 때문에 각 관측자들은 정확성을 기하기 위하여 자기 자신의 운동을 측정할 수 있어야 한다. 참고할 수 있는 표준 좌표계 없이는 물리적으로 관찰자들이 절대적인 의미에서 그들이 정확히 어디에 있으며, 어떻게 움직이고, 혹은 움직일지 아니면 전혀 움직이지 않을지 측정할 수 없다.

만약 한 관찰자가 시공간 속에서 로켓 엔진에 의하여 발사되었다면 그는 가속도를 느끼기 때문에 그 움직임을 안다. 만약 가속도를 느끼지 못한다면 비록 그가 굉장히 빠른 속도로 움직임에도 불구하고 운동을 느끼지 못할 것이다.

또한 그가 우주공간의 어떤 물체와 비교하여 그의 위치와 속도를 측정할 수 있다 할지라도 그의 절대적인 위치나 속도를 결정할 수는 없다. 왜냐하면 그 물체의 절대적인 위치나 속도를 모르기 때문이다. 예를 들면 우리 인간이 살고 있는 태양계는 은하계의 나선 운동 속에서 움직이고 있고 지구는 자전과 공전으로 대단히 빠른 속도로 움직이는 상태에서의 관찰자의 입장으로 우주공간에서 어떤 별을 측정한다고 할 때 그 별도 움직이고 있기 때문에 관찰자의 절대적인 위치와 속도를 알 수가 없다. 결과적으로 다른 물체와 비교했을 때 나타나는 상대적인 위치나 속도만이 물리적인 의미가 있다. '절대적인 위치'와 '절대적인 속도'는 의미가 없는 추상적 개념일 뿐이다.

관성(inertia)이란 물체가 밖의 힘을 받지 않고 정지 또는 등속도 운동의 상태를 지속하려는 성질을 의미하고, **관성계**(inertial coordinates)는 관성이 성립하는 좌표계를 의미한다.

따라서 **관성 관찰자**(inertial observer)란 가속을 받지 않는 관찰자이고, 그의 좌표는 관성계이다.

공간이 특별한 좌표계의 집합으로 표현될 수 없고 모든 움직임이 상대적이라는 기본전제는 우주가 모든 관성 관찰자에게 똑같이 보인다는 것을 의미한다. 즉, 만약 두 관성 관찰자가 같은 실험을 했을 때 그들이 같은 결과를 얻는다는 것이다.

특수 상대성 이론은 기본적으로 다음과 같은 두 가지 가정에서 시작한다.

상대성 원리: (1) 모든 관성계(속도가 일정한 좌표계)에서 물리 법칙은 동등하게 적용된다.
(2) 빛의 속도는 어느 관성계에서나 일정하다.

첫째 원리를 좀 더 구체적으로 살펴보자. 시속 100km로 가는 차 안에서 같은 방향으로 시속 300km로 가는 기차를 바라볼 때 기차가 시속 200km로 이동하는 것처럼 보이지만, 이 구체적인 값의 차이와는 달리 두 관성계 모두에서 물리 법칙, 즉 관성의 법칙, 운동량 보존의 법칙, 에너지 보존의 법칙 등은 동등하게 적용된다. 이렇게 모든 관성계에서 적용되는 물리 법칙이 같으므로 물리 법칙의 차이를 이용해서 두 관성계를 구분할 수는 없다. 따라서 두 관성계는 동등하고 어느 하나가 다른 하나에 비해 더 나은 기준 관성계에 가깝다고 할 수도 없다.

둘째 원리는 어느 관성계에서 관측하든지 빛의 속도는 동일하게 관측된다는 것이다. 기존의 갈릴레오 변환에서는 관찰자 A의 관성계에 대해 상대 속도 u로 움직이는 관찰자 B의 관성계에서 관측한 어느 물체의 속도가 v일 때 A의 관성계에서 관측한 그 물체의 속도는 $u+v$이다. 하지만 이 변환은 빛에 대해서는 적용되지 않는다. 즉 관찰자 A의 관성계에 대해 상대속도 u의 속도로 움직이는 관찰자 B의 관성계에서 관측한 빛의 속도가 c일 때 관찰자 A의 관성계에서 관측한 빛의 속도는 $u+c$가 아니고 여전히 c이다. 이는 마이클슨-몰리 실험으로 처음 증명되었으며 그 이유로 빛은 입자가 움직이는 것이 아니고 파동으로 전달되기 때문이다.

동시성의 상대성

어떤 거리만큼 떨어져 있는 두 점 P와 Q에 위치하여 상대방을 향하여 동시에 전등을 비춘다고 하자. P와 Q 사이의 절반 위치에 감지기를 위치하고 P에서의 전등과 Q에서의 전등을 동시에 켜고 빛이 감지기에 동시에 도착하는지 아닌지를 측정한다. 두 전등의 빛이 같은 속도로 같은 거리만큼 움직일 때 분명히 두 전등의 빛이 감지기에 동시에 도달할 것이다. 이를 두 사건의 **동시성**(simultaneity)이라 한다.

특수 상대성 이론에 의하면 동시성은 좌표계에 따라 **상대적**(relative)이다. 즉 동시성은 좌표계에 따라서 다르게 관측된다는 것으로 이 현상을 동시성의 상대성이라 한다.

다음 예는 이 현상을 잘 설명해주고 있다.

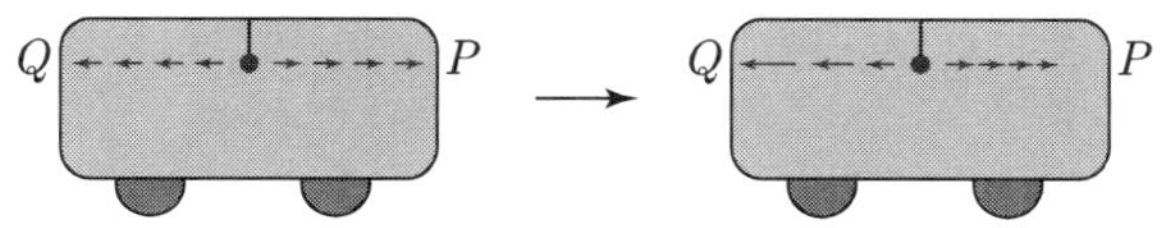

그림 A3.2 동시성의 상대성

우측 방향으로 빠른 속도로 움직이는 버스가 있고 버스의 앞면과 뒷면의 정확히 중앙에 전등이 하나 놓여 있다. 이 전등이 켜질 때 전등에서 나온 빛이 버스의 앞면에 도달하는 사건을 P, 뒷면에 도달하는 사건을 Q라 하자. 그러면 버스 안에 있는 사람은 P와 Q가 동시에 일어났다고 관측할 것이다. 이는 버스가 정지하고 있는 경우 외부 관찰자에게도 똑같이 관측될 것이다. 그 이유는 전등이 앞면과 뒷면의 정중앙에 있기 때문에 앞면과 뒷면으로 향한 빛의 진행거리가 같기 때문이다. 그러나 버스가 달리고 있을 때 바깥에서 보면 전등 빛이 P보다 Q에 먼저 도착한 것으로 보인다. 외부에서 보면 빛은 앞과 뒤를 향해 같은 속력으로 진행하지만 뒷면은 빛을 향해 가까워지고, 앞면은 빛에서 멀어지게 된다. 따라서 뒷면으로 향한 빛이 앞면으로 향한 빛보다 먼저 도착한 것으로 관측하게 된다. 즉 버스 안과 밖에 위치한 두 관찰자의 동시성이 성립하지 않는다는 것이다.

로렌츠 변환

A가 관성계 $\{t, x\}$를 갖는 관찰자라 하자. 두 사건이 A의 관성계에서 동시에 일어날 필요충분조건은 두 관찰자가 동시에 전등을 비출 때 각각의 불빛이 두 관찰자의 중간에 정확

히 함께 도착하는 것이다. 이때 정확한 중간 위치는 A의 관성계의 측도로 결정할 수 있다.

이제 두 관찰자 A와 B가 각각 좌표계 $\{t, x\}$와 $\{t', x'\}$을 갖고 상대적인 속도 v로 움직이고 있다고 할 때 두 좌표계 사이의 관계를 찾아보자. 다시 말해서, 이 두 좌표계 사이에 $t' = f(t, x)$, $x' = g(t, x)$를 만족하는 두 함수 f와 g를 찾아보자. 두 관찰자 A와 B가 원점 $O = (0, 0)$에서 공통 사건을 갖는다고 할 때 $t' = f(t, x)$, $x' = g(t, x)$는 원점 O를 지나는 직선이다.

상대성 원리와 동시성을 일관되게 유지하고 빛의 속도 c가 일정한 시공간에서 $\frac{\partial t'}{\partial t}$, $\frac{\partial t'}{\partial x}$, $\frac{\partial x'}{\partial t}$, $\frac{\partial x'}{\partial x}$는 모두 상수이어야 하므로 상수 p, q, r, s에 대하여

$$\begin{cases} t' = pt + qx \\ x' = rt + sx \end{cases} \quad \cdots \text{(A3.1)}$$

로 표현된다. 이때 직선 $x = ct$에 대하여 좌표축 t와 x는 대칭이고 좌표축 t'와 x'도 대칭이다.

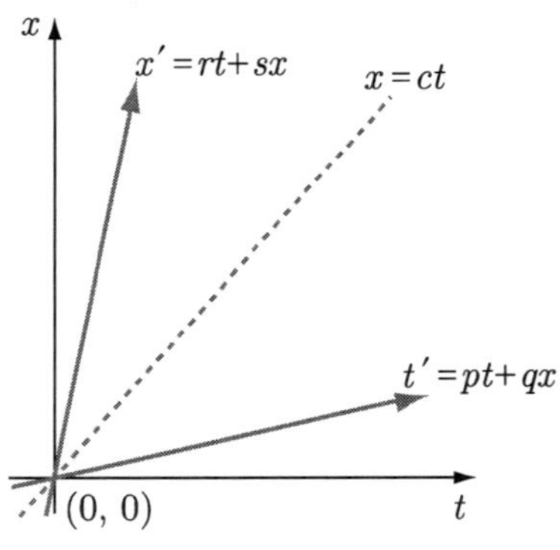

그림 A3.3 상대적 좌표계

우선 관성계 $\{t, x\}$에서 B의 시간축 t'을 표현해 보자. 그림 A3.4에서 상대속도 v를 갖는 관찰자 B의 시간축 t' 위에서 $x' = 0$이다.

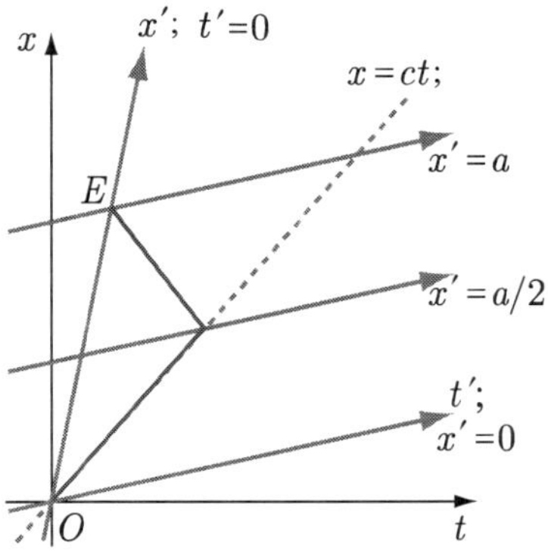

그림 A3.4 상대속도 v인 두 관찰자의 시간과 위치

이를 (A3.1)의 두 번째 식에 대입하면 $0 = rt + svt$이므로 $r = -sv$이다. 이를 식 (A3.1)에 대입하여

$$\begin{cases} t' = pt + qx \\ x' = sx - svt = s(x - vt) \end{cases} \qquad \cdots \text{(A3.2)}$$

를 얻는다. 여기서 s가 0이면 r도 0이므로 좌표축 x'이 항상 0이 되므로 이 경우를 피하기 위하여 $s \neq 0$이어야 한다. 따라서 $x' = 0 \Leftrightarrow x = vt$임을 알 수 있다. 그러므로 B의 시간축 t'은 관성계 $\{t,\ x\}$에서 직선 $x = vt$으로 나타낸다.

다음 단계는 관성계 $\{t,\ x\}$에서 x'축을 표현해 보자. 일단 x'축은 $t' = 0$인 모든 사건들의 집합이다.

관찰자 B의 좌표계 $\{t',\ x'\}$에서 점 $E = (0,\ a)$가 x'축 위의 한 사건일 때 E는 시간축 t'와 나란한 세계선 $x' = a$ 위에 있으므로 원점 O와 E의 중간점 $(0,\ a/2)$는 세계선 $x' = a/2$ 위에 있을 것이다.

점 E를 A의 관성계 $\{t,\ x\}$으로 나타내기 위하여 원점 O로부터 세계선 $x' = a/2$를 거쳐 점 E에서 세계선 $x' = a$를 만나는 x'축을 따라 나타나는 식들을 이용한다.

관찰자 B의 좌표계 $\{t',\ x'\}$에서 식 (A3.2)로부터

$$\text{원점 } O\text{: } x' = 0 \ \Leftrightarrow\ sx - svt = 0$$
$$\text{중간점: } x' = a/2 \ \Leftrightarrow\ sx - svt = a/2$$
$$\text{점 } E\text{: } x' = a \ \Leftrightarrow\ sx - svt = a$$

이다. 먼저, 직선 $x = ct$가 세계선 $x' = a/2$와 만나는 점 $(t,\ x)$를 구하자. 연립방정식

$$\begin{cases} sx - svt = a/2 \\ x - ct = 0 \end{cases}$$

을 풀면 $s(c-v)t=\frac{a}{2} \Rightarrow t=\frac{a}{2s(c-v)}$이고 $x=ct=\frac{ac}{2s(c-v)}$이므로

$$(t,\ x)=\left(\frac{a}{2s(c-v)},\ \frac{ac}{2s(c-v)}\right)$$

이다. 이제 기울기가 $-c$이고 점 $(t,\ x)=\left(\frac{a}{2s(c-v)},\ \frac{ac}{2s(c-v)}\right)$를 지나는 직선 위의 점들 $(t,\ x)$는 방정식

$$x-\frac{ac}{2s(c-v)}=-c\left(t-\frac{a}{2s(c-v)}\right)$$

를 만족한다. 이 직선 식은 E에서 세계선 $x'=a$를 만나므로 만나는 점 $E=(t,\ x)$를 구하자.

$$x'=a \Leftrightarrow sx-svt=a$$

로부터 $x=\frac{a}{s}+vt$이므로 위의 직선 방정식에 대입하면

$$\begin{aligned}
&\frac{a}{s}+vt-\frac{ac}{2s(c-v)}=-c\left(t-\frac{a}{2s(c-v)}\right)\\
&(v+c)t=\frac{av}{s(c-v)}\\
&t=\frac{av}{s(c^2-v^2)}
\end{aligned}$$

이고

$$\begin{aligned}
x&=\frac{a}{s}+v\left(\frac{av}{s(c^2-v^2)}\right)\\
&=\frac{ac^2}{s(c^2-v^2)}
\end{aligned}$$

이므로 점 E는

$$E=\left(\frac{av}{s(c^2-v^2)},\ \frac{ac^2}{s(c^2-v^2)}\right)$$

이다. 따라서 t와 x의 관계식은 $\frac{t}{v}=\frac{x}{c^2}$. 즉,

$$x = \frac{c^2}{v}t \qquad \cdots \text{(A3.3)}$$

이고 이는 관성계 $\{t, x\}$에서 원점 $O = (0, 0)$와 점 E를 지나가는 직선이다. 이 직선은 x'축을 의미한다. 식 (A3.1) 또는 (A3.2)에서

$$t' = 0 \Leftrightarrow x = -\frac{p}{q}t$$

이다. 또한 (A3.3)으로부터

$$t' = 0 \Leftrightarrow x'\text{축} \Leftrightarrow x = \frac{c^2}{v}t$$

이므로 $-\frac{p}{q}t = \frac{c^2}{v}t$. 즉, $q = -\frac{pv}{c^2}$이다. 이를 식 (A3.2)에 대입하면

$$\begin{cases} t' = pt - \dfrac{pv}{c^2}x \\ x' = sx - svt \end{cases} \qquad \cdots \text{(A3.4)}$$

임을 알 수 있다. 두 관찰자 A와 B에게 빛의 속도 c는 일정하므로

$$x' = ct' \Leftrightarrow x = ct$$

이다. 식 (A3.4)로부터

$$sx - svt = x' = ct' = c\left(pt - \frac{pv}{c^2}x\right) \Leftrightarrow x = ct$$

$$\left(s + \frac{cpv}{c^2}\right)x = (cp + sv)t \Leftrightarrow x = ct$$

$$x = \frac{cp + sv}{s + cpv/c^2}t \Leftrightarrow x = ct$$

이므로

$$\frac{cp + sv}{s + cpv/c^2} = c$$

$$cp + sv = c(s + cpv/c^2)$$

$$cp + sv = cs + pv$$

$$(c - v)p = (c - v)s$$

이고 상대속도 v는 빛의 속도 c보다 작으므로 $v < c$이다. 그러므로 $p = s$이다. 따라서 식 (A3.4)로부터

$$\begin{cases} t' = pt - \dfrac{pv}{c^2}x \\ x' = px - pvt \end{cases} \quad \cdots \text{(A3.5)}$$

를 얻는다.

마지막으로 p를 구하기 위하여 관찰자 A가 $t = 0$일 때 상대 속도 v로 움직이고 있는 다른 관찰자 B가 가지고 있는 1미터 길이의 자를 측정하고자 한다.

B의 자의 끝점들은 $x' = 0$과 $x' = 1$에 위치한다. A의 좌표계에서 이들의 위치를 나타내기 위하여 식 (A3.5)로부터

$$px - pvt = 0, \ px - pvt = 1$$

이므로 $t = 0$일 때 B의 자 끝점들은 A의 좌표계에서

$$x = 0, \ x = \frac{1}{p}$$

으로 나타난다. 그러므로 A의 측정에서 B의 자의 길이는 $\dfrac{1}{p}$임을 알 수 있다.

이제 관찰자 B가 $t' = 0$일 때 다른 관찰자 A가 가지고 있는 1미터 길이의 자를 측정하고자 한다. A의 자의 끝점들은 $x = 0$과 $x = 1$에 위치한다. 식 (A3.5)에 $t' = 0$을 대입하면 $0 = pt - \dfrac{pv}{c^2}x$이므로

$$t = \frac{v}{c^2}x$$

이고 이를 식 (A3.5)의 두 번째 식에 대입하면

$$x' = px - pvt = p\left(1 - \frac{v^2}{c^2}\right)x$$

를 얻는다. 따라서 $x = 0$이면 $x' = 0$이고 $x = 1$이면 $x' = p\left(1 - \dfrac{v^2}{c^2}\right)$이므로 A가 가지고 있는 자의 길이는 관찰자 B의 측정에 의하면 $p\left(1 - \dfrac{v^2}{c^2}\right)$임을 알 수 있다.

두 관찰자가 같은 실험을 했으므로 상대성 원리에 의하여 A의 측정에서 B의 자의 길이

$\frac{1}{p}$과 B의 측정에서 A의 자의 길이 $p\left(1-\frac{v^2}{c^2}\right)$은 일치해야 한다. 즉, $\frac{1}{p}=p\left(1-\frac{v^2}{c^2}\right)$이어야 하므로 $p>0$인 경우에는

$$p=\frac{1}{\sqrt{1-v^2/c^2}} \qquad \cdots \text{(A3.6)}$$

이다. 식 (A3.6)을 식 (A3.5)에 대입하면

$$\begin{cases} t' = \dfrac{t-(v/c^2)x}{\sqrt{1-v^2/c^2}} \\ x' = \dfrac{x-vt}{\sqrt{1-v^2/c^2}} \end{cases} \qquad \cdots \text{(A3.7)}$$

정리 A3.1 로렌츠 변환(Lorentz Transformation)

두 관찰자 A와 B가 각각 관성계 $\{t,\ x\}$와 $\{t',\ x'\}$를 갖고 상대적인 속도 v로 움직이고 있다고 하면, 상수 t_0, x_0와 $\beta=\pm1$이 존재하여 다음을 만족한다.

$$\begin{cases} t' = \dfrac{t-(v/c^2)x}{\sqrt{1-v^2/c^2}}+t_0 \\ x' = \beta\dfrac{x-vt}{\sqrt{1-v^2/c^2}}+x_0 \end{cases}$$

속도의 상대적 합

세 관성계 A, B, C에 대하여 B가 A에 대하여 상대 속도 v로 움직이고 C는 B에 대하여 상대속도 w로 움직일 때 C는 A에 대하여 상대속도가 $v+w$가 아닌 그보다 작은

$$\frac{v+w}{1+vw/c^2}$$

로 움직인다. 이를 증명하자.

$(t,\ x)$와 $(t',\ x')$가 A와 B의 관성계라 하자. C가 B에 대하여 상대속도 w로 움직일 때 C의 세계선은 B의 좌표계에서

$$x' = wt' + x_0{}'$$

을 만족한다. 이때 x_0는 상수이다. 로렌츠 변환에 의하여

$$\frac{x - vt}{\sqrt{1 - v^2/c^2}} + x_0 = w\left(\frac{t - (v/c^2)x}{\sqrt{1 - v^2/c^2}} + t_0\right) + x_0{}'$$

이므로

$$x = \left(\frac{v + w}{1 + vw/c^2}\right)t + \text{상수}$$

로 나타난다. 특히 $t_0 = 0$, $x_0 = 0$일 때는 $x = \left(\frac{v + w}{1 + vw/c^2}\right)t$이다.

시간 팽창

한 관성계의 속도가 빠르게 달리고 있는 중에는 시간이 느리게 간다.

시간 팽창(time dilation)은 어떤 관성계에서 상대속도 v를 갖는 다른 관성계를 관측할 때 시간이 팽창된 것으로 관측되는 것을 뜻한다. 즉, 관찰자 A의 관성계에서 상대속도 v로 움직이는 관찰자 B의 관성계를 보면 B의 시간이 상대적으로 느리게 가는 것으로 관측된다. 물론 모든 관성계는 동등하기 때문에 역으로 B가 A의 관성계를 관측하면 A의 시간이 상대적으로 느리게 가는 것으로 관측된다.

그림 A3.5에서 인공위성 내부의 천장에 등불이 켜지는 순간 a만큼 떨어져 있는 바닥까지 도달하는 시간을 계산해 보자.

인공위성 내부에 있는 관찰자 B에게는 $\Delta t = \frac{a}{c}$로 측정된다. 한편, 인공위성 외부에 있는 관찰자 A에게는 불빛이 두 번째 그림에서처럼 거리 a가 아닌 거리 $\sqrt{(vt)^2 + a^2}$으로 바닥에 도달하므로 걸리는 시간은 $t = \frac{\sqrt{(vt)^2 + a^2}}{c}$이다. t에 대하여 풀면 $t = \frac{a/c}{\sqrt{1 - (v/c)^2}}$이다.

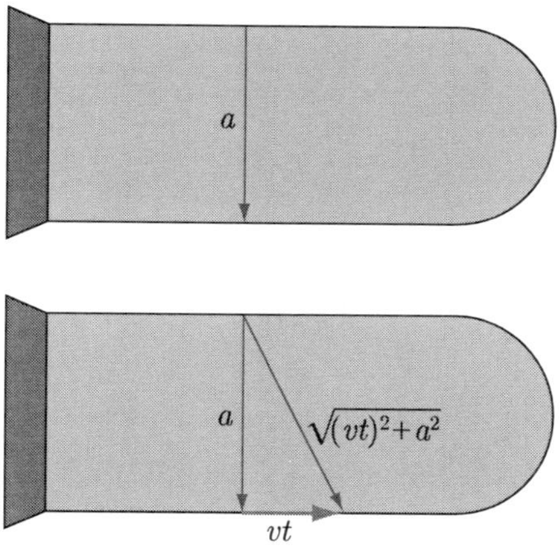

그림 A3.5 시간 팽창

그러므로 A가 관측한 B의 인공위성 내부에서 행한 실험 결과는 다음과 같이 보인다.

$$\triangle t' = \frac{\triangle t}{\sqrt{1-v^2/c^2}}$$

여기서, $\triangle t$는 관찰자 A의 관성계에서 측정한 두 사건 사이의 시간 간격, $\triangle t'$는 관찰자의 A의 관성계에 대해 상대속도 v로 움직이는 B의 관성계에서 측정한 두 사건 사이의 시간 간격을 의미한다.

예제 A3.2 쌍둥이의 역설(Twin Paradox)

쌍둥이 형제인 A와 B가 21살 되던 날, B가 $\left(\frac{24}{25}\right)c$의 속도로 인공위성을 타고 지구를 떠나 7년 동안 여행하여 한 행성에 도착한 후 바로 지구를 향하여 7년 동안 다시 여행한 후 지구에 도착하여 A를 만났을 때, B의 나이는 $21+2(7)=35$살이다. A의 나이를 계산하여라.

풀이 $(t,\ x)$를 A의 관성계라 하고 $(t',\ x')$를 B의 관성계라 하자. B가 지구 출발 시점을 $(t,\ x)=(t',\ x')=(0,\ 0)$이라 하면 로렌츠 변환식으로부터 $t_0=0,\ x_0=0$이다. B가 7년 후 도착한 목적지 행성에서 B의 움직임은 정지하므로 B의 좌표는 $(t',\ x')=(7,\ 0)$이다. 속도 $v=\left(\frac{24}{25}\right)c$를 식 (A3.7)에 대입하면

$$7=\frac{t-\left(\left(\frac{24}{25}\right)c/c^2\right)x}{\sqrt{1-\left(\frac{24}{25}\right)^2c^2/c^2}}=\frac{t-\left(\frac{24}{25}\right)\frac{x}{c}}{\sqrt{1-\left(\frac{24}{25}\right)^2}}$$

$$0=\frac{x-\left(\frac{24}{25}\right)ct}{\sqrt{1-\left(\frac{24}{25}\right)^2c^2/c^2}}=\frac{x-\left(\frac{24}{25}\right)ct}{\sqrt{1-\left(\frac{24}{25}\right)^2}}$$

이므로 두 번째 식으로부터 $x=\left(\frac{24}{25}\right)ct$이고 이를 첫 번째 식에 대입하여

$$7=\frac{t-\left(\frac{24}{25}\right)\left(\frac{24}{25}\right)\frac{ct}{c}}{\sqrt{1-\left(\frac{24}{25}\right)^2}}=\frac{\left(1-\left(\frac{24}{25}\right)^2\right)t}{\sqrt{1-\left(\frac{24}{25}\right)^2}}=\sqrt{1-\left(\frac{24}{25}\right)^2}\,t$$

이므로 $t=\frac{7}{\sqrt{1-\left(\frac{24}{25}\right)^2}}=25$이고 $x=\left(\frac{24}{25}\right)c(25)=24c$이다. 따라서

$$(t,\ x)=(25,\ 24c)$$

를 얻는다. 그러므로 B가 도착지 행성에서 출발하여 7년 후 지구에 도착하여 A를 만났을 때, 지구에 남아 있던 A의 나이는 $21+2(25)=71$살이다. ✤

길이 수축

길이 수축(length contraction)은 어떤 관성계에서 상대속도 v를 갖는 다른 관성계를 관측할 때 길이가 수축된 것으로 관측되는 것을 뜻한다. 즉 관성계 A에서 움직이는 다른 관성계 B를 보면 B가 가지고 있는 자의 길이가 상대적으로 짧아진 것으로 관측된다. 물론 모든 관성계는 동등하기 때문에 역으로 다른 관성계 B에서 관성계 A를 관측하면 A의 자의 길이가 상대적으로 짧아진 것으로 관측된다.

정확히는 식 (A3.7)의 두 번째 식에서 A에서 관측한 B의 자의 길이가 다음과 같이 보인다.

$$L'={x_1}'-{x_2}'=\frac{x_1-x_2}{\sqrt{1-v^2/c^2}}=\frac{L}{\sqrt{1-v^2/c^2}}$$

이므로

$$L = L'\sqrt{1 - v^2/c^2}$$

여기서, L은 A의 좌표계에서 측정한 자의 길이, L'는 A의 좌표계에 대해 상대속도 v로 이동하는 B의 좌표계에서 측정한 자의 길이이다.

이 두 관측 결과 역시 상호 모순으로 보이지만 그렇지 않다. 길이를 측정하기 위해서는 물체의 양 끝 지점의 위치를 동시에 측정해서 그 차를 구해야 한다. 그러나 A에서 두 지점을 동시에 측정하더라도 이것을 B가 관측했을 때는 동시성의 상대성에 의해 양 끝을 다른 시각에 측정한 것으로 관측된다. 따라서 B가 관측하기에는 A가 잘못된 실험을 하는 것으로 보이고 따라서 B의 길이가 짧아졌다는 A의 관측 결과는 B에게 맞지 않는 것이다.

예제 A3.3 **아이슈타인 기차(Einstein Train)**

기차 안에 있는 관측자에게 길이가 200m인 기차가 기차역 안에 있는 다른 관측자에게 길이 100m인 기차역을 $\frac{\sqrt{3}}{2}c$의 속도로 통과할 때, 기차역의 관측자에게 기차의 길이는 $200\sqrt{1-(\sqrt{3}/2)^2} = 100\text{m}$로 보이므로 기차의 길이가 기차역의 길이와 일치하여 정차하기에 알맞다고 생각한다. 반면, 기차 안에 있는 관측자에게는 기차역의 길이가 $100\sqrt{1-(\sqrt{3}/2)^2} = 50\text{m}$로 보이므로 기차역이 기차 길이의 $\frac{1}{4}$에 불과하여 기차를 세우기에는 기차역이 너무 작다고 생각한다. ✤

좌표변환

3차원 공간 R^3의 좌표계 (x, y, z)에서 두 점 $P = (x_1, y_1, z_1)$, $Q = (x_2, y_2, z_2)$ 사이의 거리를 제곱하면

$$(x_1 - x_2)^2 + (y_1 - y_2)^2 + (z_1 - z_2)^2$$

으로 나타나고, 다른 좌표계 (x', y', z')에서 두 점 P, Q가 $P = (x_1', y_1', z_1')$ $Q = (x_2', y_2', z_2')$으로 표현되면 P, Q 사이의 거리를 제곱하여

$$(x_1' - x_2')^2 + (y_1' - y_2')^2 + (z_1' - z_2')^2$$

으로 나타난다. 이렇게 일정한 두 점 사이의 거리를 다른 좌표를 이용하여 표현할 때 **좌표변**

환(coordinate transformation)이라 한다. 이제 좌표계 $(x,\ y,\ z)$에 대해서 x축의 양의 방향으로 등속도 v로 움직이는 좌표계 $(x',\ y',\ z')$을 생각하면 두 좌표계의 관계는

$$\begin{cases} x' = x - vt \\ y' = y \\ z' = z \end{cases} \qquad \cdots \text{(A3.8)}$$

이고 **갈릴레오 변환**(Galilean transformation)이라 부른다. 이 경우에도 두 점 P, Q를 좌표계 $(x,\ y,\ z)$에서 $(x',\ y',\ z')$으로 변환해도 여전히

$$\begin{aligned}(x_1 - x_2)^2 + (y_1 - y_2)^2 + (z_1 - z_2)^2 \\ = (x_1' - x_2')^2 + (y_1' - y_2')^2 + (z_1' - z_2')^2\end{aligned}$$

을 만족한다.

그러나 광속도 c가 일정하므로 로렌츠 수축에 의하여 더 이상 갈릴레오 변환은 성립하지 않고 2차원 로렌츠 변환 식 (A3.7)로부터 4차원 공간 R^4의 두 좌표계 $(x,\ y,\ z,\ t)$와 $(x',\ y',\ z',\ t')$ 사이의 변환식은

$$\begin{cases} x' = \dfrac{x - vt}{\sqrt{1-(v/c)^2}} \\ y' = y \\ z' = z \\ t' = \dfrac{t - (v/c^2)x}{\sqrt{1-(v/c)^2}} \end{cases} \qquad \cdots \text{(A3.9)}$$

으로 주어지고 **4차원 로렌츠 변환**(4-dimensional Lorentz transformation)이라 한다. 두 식 $x' = \dfrac{x - vt}{\sqrt{1-(v/c)^2}}$과 $t' = \dfrac{t - (v/c^2)x}{\sqrt{1-(v/c)^2}}$으로부터

$$x'^2 - c^2t'^2 = x^2 - c^2t^2$$

이다. $y = y'$과 $z = z'$이므로

$$x'^2 + y'^2 + z'^2 - c^2t'^2 = x^2 + y^2 + z^2 - c^2t^2 \qquad \cdots \text{(A3.10)}$$

을 만족한다. 그러므로 두 점 P, Q 사이의 거리의 제곱은

$$\begin{aligned}(x_1' - x_2')^2 + (y_1' - y_2')^2 + (z_1' - z_2')^2 - c^2(t_1' - t_2')^2 \\ = (x_1 - x_2)^2 + (y_1 - y_2)^2 + (z_1 - z_2)^2 - c^2(t_1 - t_2)^2\end{aligned}$$

으로 나타나고 두 좌표계의 상대적인 등속도 v가 얼마이든지 상관이 없다. 따라서 두 점 사이의 거리는 위와 같이 일정하게 표현된다.

A.4 초기 쌍곡 평면 모형

복비와 선형분수변환

쌍곡기하 모형 중 벨트라미-클라인 모형과 푸앵카레 상반평면 모형 및 원반 모형을 공부하기 위하여 3.3절에서 사영평면의 실선 위의 네 점에서 정의한 복비를 복소수로 일반화 하자. 복소수 z_1, z_2, z_3, z_4 중 최소한 세 점은 0이 아니라는 가정 아래 **복비** $[z_1 z_2 z_3 z_4]$는

$$[z_1 z_2 z_3 z_4] = \frac{(z_1 - z_3)(z_2 - z_4)}{(z_2 - z_3)(z_1 - z_4)}$$

로 정의된다. 복비 $[z_1 z_2 z_3 z_4]$은 복소수이거나 실수, 0 또는 ∞의 값을 갖는다.

또한, **선형분수변환**(linear fractional transformation) $F_A : \mathbb{C} \to \mathbb{C}$ 는 주어진 2×2 복소수 행렬 $A = \begin{pmatrix} a & b \\ c & d \end{pmatrix}$가 $ad - bc \neq 0$일 때

$$F_A(z) = \frac{az + b}{cz + d} \qquad \cdots \text{(A4.1)}$$

정의되고, 다음과 같이 두 변환의 합성과 역변환의 성질을 얻는다. 즉, 두 2×2 복소수 행렬 A, B에 대하여

(1) $F_{AB} = F_A \circ F_B$

(2) $(F_A)^{-1} = F_{A^{-1}}$

이다. $w = F_A(z)$라 하면 역변환은

$$z = (F_A)^{-1}(w) = \frac{dw - b}{-cw + a} \qquad \cdots \text{(A4.2)}$$

이다.

정리 A4.1.1

선형분수변환은 복비를 보존한다.

증명 $w_j = F_A(z_j) = \dfrac{az_j + b}{cz_j + d}$, $j = 1, 2, 3, 4$라 하자. $k = 1, 2, 3, 4$에 대하여

$$w_j - w_k = \frac{(ad-bc)(z_j - z_k)}{(cz_j + d)(cz_k + d)}$$

이므로

$$\begin{aligned}
&(w_1 - w_3)(w_2 - w_4) \\
&\quad = \frac{(ad-bc)^2}{(cz_1+d)(cz_2+d)(cz_3+d)(cz_4+d)}(z_1 - z_3)(z_2 - z_4), \\
&(w_2 - w_3)(w_1 - w_4) \\
&\quad = \frac{(ad-bc)^2}{(cz_1+d)(cz_2+d)(cz_3+d)(cz_4+d)}(z_2 - z_3)(z_1 - z_4)
\end{aligned}$$

를 만족한다. 따라서

$$\begin{aligned}
[F_A(z_1)\,F_A(z_2)\,F_A(z_3)\,F_A(z_4)] &= \frac{(w_1 - w_3)(w_2 - w_4)}{(w_2 - w_3)(w_1 - w_4)} \\
&= \frac{(z_1 - z_3)(z_2 - z_4)}{(z_2 - z_3)(z_1 - z_4)} = [z_1\, z_2\, z_3\, z_4]
\end{aligned}$$

✤

정리 A4.1.2

선형분수변환 $w = \dfrac{az+b}{cz+d}$는 다음 세 가지 간단한 형태의 선형분수변환, 즉

$$w = \alpha z, \quad w = z + \beta, \quad w = \frac{1}{z} \qquad \cdots \text{(A4.3)}$$

의 합성으로 표현된다.

증명 $a \neq 0$인 경우에는

$$\begin{aligned}
w_1 &= \frac{a^2}{ad-bc}z, \ w_2 = w_1 + \frac{ab}{ad-bc}, \\
w_3 &= \frac{1}{w_2}, \quad w_4 = w_3 + \frac{c}{a}, \quad w = \frac{1}{w_4}
\end{aligned}$$

을 합성하여

$$w = \frac{az+b}{cz+d}$$

을 얻는다. 만약 $a=0$인 경우에는

$$w_1 = cz,\ w_2 = w_1 + d,\ w_3 = \frac{1}{w_2},\ w = bw_3$$

를 합성하여

$$w = \frac{b}{cz+d}$$

를 얻는다. ✤

정리 A4.1.2의 식 (A4.3)의 첫 번째와 두 번째 변환은 직선을 직선으로 보내는 변환임은 명백하다. 그러나 세 번째 변환은 직선을 직선으로 보내지 않는다. 그럼에도 불구하고 위의 세 가지 변환 모두는 원을 원으로 보낸다.

정리 A4.1.3

선형분수변환은 원을 원으로 보낸다.

증명 중심이 c이고 반지름이 R인 원

$$|z-c| = R$$

을 식 (A4.3)의 각 경우로 변환하자.

(a) 변환 $w = \alpha z$인 경우에는 $\left|\frac{w}{\alpha} - c\right| = R$이므로 중심이 $c\alpha$이고 반지름이 $|\alpha|R$인 원

$$|w - c\alpha| = |\alpha|R$$

로 보내진다.

(b) $w = z + \beta$인 경우에는 $|w-\beta-c| = R$이므로 중심이 $\beta + c$이고 반지름이 R인 원

$$|w-(\beta+c)|=R$$

로 보내진다.

(c) $w=\frac{1}{z}$인 경우에는 $B^2+C^2-AD>0$을 만족하는 $A,\ B,\ C,\ D\in R$에 대하여 이차식

$$Az\bar{z}+B(z+\bar{z})+iC(\bar{z}-z)+D=0 \qquad \cdots \text{(A4.4)}$$

을 생각하자. $z=x+iy$이면 이차식은

$$A(x^2+y^2)+2Bx+2Cy+D=0 \qquad \cdots \text{(A4.5)}$$

이므로 $A\neq 0$이면 중심이 $-\frac{1}{A}(B+iC)$이고 반지름이 $\sqrt{\frac{B^2+C^2-AD}{A^2}}$인 원을 의미하고 $A=0$이면 직선을 의미한다. 이제 변환 $w=\frac{1}{z}$에 따라 이차식은

$$Dw\bar{w}+B(w+\bar{w})-iC(\bar{w}-w)+A=0 \qquad \cdots \text{(A4.6)}$$

으로 보내진다. 이는 위의 이차식에서 A와 D만 바뀌는 모양이므로 $D\neq 0$이면 중심이 $-\frac{1}{D}(B+iC)$이고 반지름이 $\sqrt{\frac{B^2+C^2-AD}{D^2}}$인 원을 의미하고 $D=0$이면 마찬가지로 직선을 의미한다. 이 경우 변환 $w=\frac{1}{z}$가 원을 원으로만 직선을 직선으로만 보낸다고 할 수 없다. 오히려 원과 직선을 원과 직선으로 보낸다는 표현이 정확하다.
그럼에도 불구하고, 직선을 반지름이 무한대인 원으로 생각할 수 있으므로 원을 원으로 보낸다고 말할 수 있다. ✤

정리 A4.1.4

선형분수변환은 각을 보존한다.

증명 정리 A4.1.2의 식 (A4.3)의 첫 번째와 두 번째 변환은 명백히 각 θ로 만나는 두 직선을 각 θ로 만나는 두 직선으로 이동한다. 그러므로 세 번째 변환 $w=\frac{1}{z}$가 각을 보존함을 보이자.

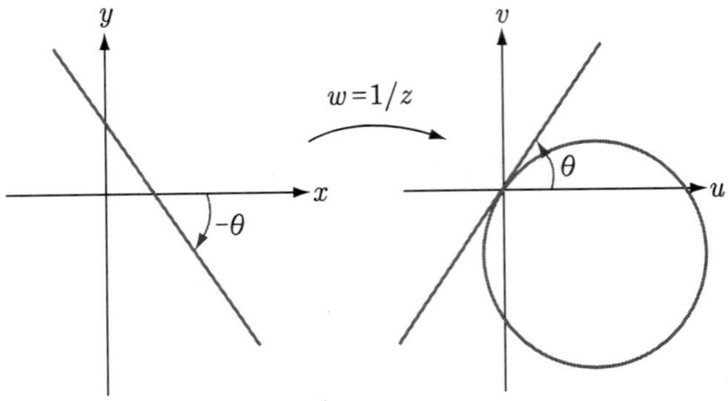

그림 A4.1 각을 보존하는 변환

원점을 지나지 않는 직선은 식 (A4.4)에서 $A=0$인 경우이므로

$$B(z+\overline{z})+iC(\overline{z}-z)+D=0 \quad \cdots \text{(A4.7)}$$

이고 변환 $w=\dfrac{1}{z}$에 의하여 이 직선은 식 (A4.6)으로부터

$$Dw\overline{w}+B(w+\overline{w})-iC(\overline{w}-w)=0 \quad \cdots \text{(A4.8)}$$

으로 보내진다. 식 (A4.8)이 직선이면 $D=0$이어야 하므로

$$B(w+\overline{w})-iC(\overline{w}-w)=0 \quad \cdots \text{(A4.9)}$$

이다. $z=x+iy$, $w=u+iv$라 하면 직선 식 (A4.7)은

$$Bx+Cy+\frac{1}{2}D=0 \quad \cdots \text{(A4.10)}$$

이고 식 (A4.8)은 원점을 지나는 원

$$D(u^2+v^2)+2Bu-2Cv=0 \quad \cdots \text{(A4.11)}$$

을 얻고 직선 식 (A4.9)로부터

$$Bu-Cv=0 \quad \cdots \text{(A4.12)}$$

는 원점에서 원 (A4.11)의 접선이다. 이때 직선 (A4.10)과 직선 (A4.12)의 기울기는 부호만 서로 반대임을 알 수 있다.

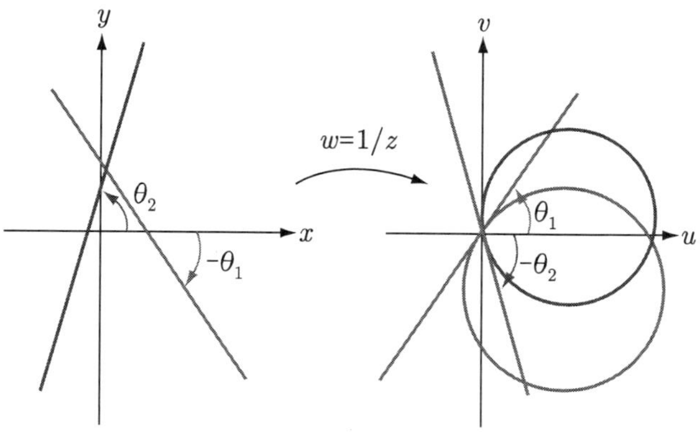

그림 A4.2 사이각을 보존하는 변환

그러므로 그림 A4.2에서처럼 z-평면 위의 두 직선의 사이각 $\theta=\theta_1+\theta_2$는 변환 $w=\dfrac{1}{z}$에 의하여 얻어지는 두 원의 접선의 사이각이 원점에서 $\theta=\theta_1+\theta_2$임을 알 수 있다. ✤

벨트라미-클라인 모형

벨트라미-클라인(Beltrami-Klein) 모형 또는 **클라인**(Klein) 모형은 원의 내부의 점들의 집합이다. 예컨대, $K=\{(x,\ y)\in R^2 \mid x^2+y^2<1\}$. 클라인 모형에서

(1) 원의 내부의 점을 **통상점**(ordinary point),
(2) 원주 위의 점을 **이상점**(ideal point),
(3) 원의 외부의 점을 **초 이상점**(ultra ideal point)이라 한다.

K 위의 직선은 유클리드 평면 위의 원의 내부에서 양 끝점을 제외한 두 점을 잇는 현으로 정의된다. 그러므로 K는 결합공리를 만족한다. 즉, 두 점은 하나의 직선을 결정하고, 두 개의 직선은 많아야 한 점에서 만난다.

두 점 C, D를 지나는 현이 원과 만나는 점을 A, B라 하자. 이때 직선 AH와 GB는 K에서 CD와 만나지 않기 때문에 직선 CD에 평행하다.

더 나아가서 직선 AH와 GB 사이의 X를 지나가는 모든 직선 EF들은 직선 CD에 평행하다. 그러므로 점 X를 지나고, 직선 CD에 평행인 직선은 무수히 많이 존재하므로 쌍곡평행공리를 만족한다.

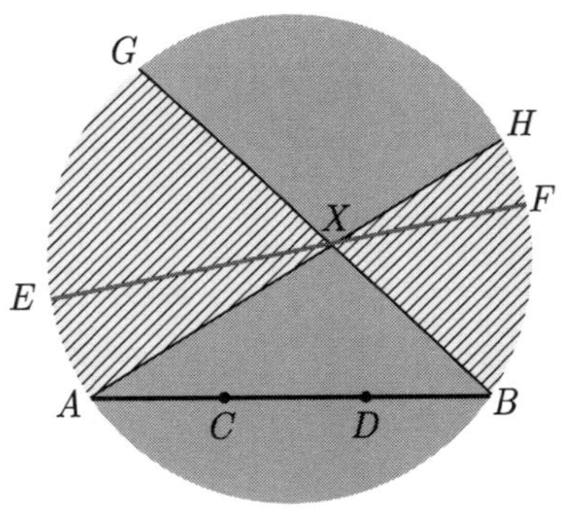

그림 A4.3 쌍곡평행공리

이제 클라인 모형 K의 두 점 사이의 길이를 정의하기 위하여 K의 점들을 복소수로 표시하기 위하여 점 $C=(x,\ y)\in K$를 $z=x+iy$라 하고 직선 CD 위의 점들을 $D=z'$, $A=z_0$, $B=z_1$으로 표시하자. 따라서 직선 CD 위의 네 점 z, z', z_0, z_1의 복비는

$$[z\,z'\,z_0\,z_1]=\frac{(z-z_0)(z'-z_1)}{(z'-z_0)(z-z_1)}$$

으로 주어진다. 그러므로 클라인 모형의 두 점 C와 D 사이의 길이는

$$d(z,\ z') = \frac{1}{2}|\log[z\,z'\,z_0\,z_1]| \qquad \cdots \text{(A4.13)}$$

으로 정의된다. 네 점 $z,\ z',\ z_0,\ z_1$은 일직선 위에 있으므로 $z-z_0,\ z'-z_0,\ z'-z_1,\ z-z'$은 모두 실수비율이고 점들의 순서에 따라 $\dfrac{(z-z_0)(z'-z_1)}{(z'-z_0)(z-z_1)} > 0$임을 알 수 있다. 따라서 $d(z,\ z')$은 잘 정의된다. 이때 z가 z_0에 접근하거나 z'이 z_1에 접근하면 $d(z,\ z')$은 무한대로 접근함을 알 수 있다. 따라서 클라인 모형의 직선의 길이는 무한하고 클라인 모형 위의 임의의 점(통상점)에서 원주 위의 점(이상점)까지는 무한히 멀다.

푸앵카레 상반평면 모형

푸앵카레 모형에는 **푸앵카레 상반평면**(Poincare upper half plane) 모형 P_H와 **푸앵카레 원반**(Poincare Disk) 모형 P_D 두 가지가 있다. 먼저 푸앵카레 상반평면은

$$P_H = \{(x,\ y) \in R^2 \mid y > 0\}$$

이고 P_H-직선은 중심이 x축 위에 있는 반원이거나 x축과 수직으로 만나는 반직선으로 정의한다.

상반평면 위의 임의의 두 점 A, B에 대하여 선분 AB의 수직 이등분선이 x축과 만나는 점을 O라 하면 O가 중심이고 두 점 A, B를 지나는 반원은 유일하게 하나 존재한다. 만약 선분 AB의 수직 이등분 선이 x축과 만나지 않는다면 이 수직이등분선은 x축과 나란하므로 선분 AB를 포함하고 x축과 수직으로 만나는 반직선이 유일하게 존재한다. 그러므로 두 점 A, B를 지나는 P_H-직선이 유일하게 존재한다. 따라서 결합공리를 만족한다.

또한, P_H-직선 ℓ과 ℓ 위에 있지 않은 점 A에 대하여 A를 지나고 ℓ을 만나지 않는 P_H-직선은 무한히 많다. 이는 푸앵카레 상반평면 P_H가 쌍곡평행공리를 만족함을 의미한다.

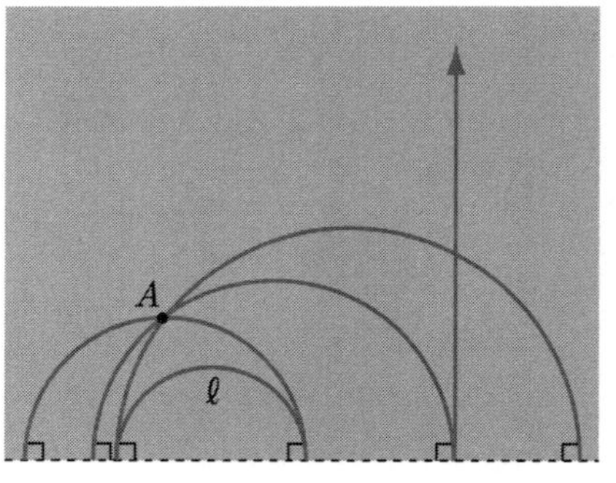

그림 A4.4 푸앵카레 상반평면 모형

이제 P_H-직선을 선형분수변환으로 허수축인 y축으로 보내는 과정을 살펴보자.

먼저 P_H-직선이 x축과 수직으로 만나는 반직선인 경우에는 선형분수변환 $w = z + b\ (b \in R)$ 모양으로 평행이동하면 된다. 즉, $z = x + iy$이면 $b = -x$로 택하면 된다.

또한, P_H-직선이 반원인 경우에는 x축 위의 중심을 평행이동하여 원점으로 옮기고 선형분수변환 $w = \alpha z\ (\alpha > 0)$ 모양으로 중심이 원점이고 반지름이 1인 반원으로 옮긴다. 그리고 선형분수변환 $w = \dfrac{1+z}{1-z}$ 모양으로 허수축인 y축으로 옮긴다. 즉, $z = x + iy$이면 $w = \dfrac{iy}{(1-x)}$

$w = \dfrac{iy}{(1-x)}$로 보낸다. 따라서 좌표평면으로 살펴보면, 점 $z=(-1,\ 0)$은 $w=(0,\ 0)$으로 옮기고, $z=(0,\ 1)$은 $w=(0,\ 1)$로 $z=\left(\dfrac{1}{\sqrt{2}},\ \dfrac{1}{\sqrt{2}}\right)$는 $w=(0,\ 1+\sqrt{2})$로, $z=(1,\ 0)$은 $w=(0,\ \infty)$로 옮김을 알 수 있다.

이제 푸앵카레 상반평면 모형 위의 두 점 z와 z' 사이의 거리 $d(z,\ z')$를 복비를 이용하여 정의하자. z와 z'를 지나가는 유일한 P_H-직선 ℓ이 존재하고 ℓ이 반원 형태인 경우에는 x축에 있는 양 끝점을 x_0, x_1이라 하고 ℓ이 x축에 수직인 반직선인 경우에는 x축 위의 점을 x_0이라 하고 무한대 점을 x_1으로 택한다.

$$d(z,\ z') = |\log[z\, z'\, x_0\, x_1]| \qquad \cdots \text{(A4.14)}$$

이 거리가 잘 정의된다. 왜냐하면 위에서 설명한 바와 같이 임의의 P_H-직선은 선형분수변환에 의하여 항상 허수축인 y축으로 보낼 수 있고 선형분수변환은 항상 복비를 보존하므로 반원으로 표현되는 P_H-직선 ℓ 위의 네 점의 복비는 허수축인 직선 위의 대응하는 네 점의 복비와 일치한다. 그림 A4.5에서처럼 직선 위의 네 점 x_0, z, z', x_1의 복비$[z\, z'\, x_0\, x_1]$는 클라인 모형에서처럼

$$[z\, z'\, x_0\, x_1] = \frac{(z-x_0)(z'-x_1)}{(z'-x_0)(z-x_1)} > 0$$

이므로 잘 정의된다.

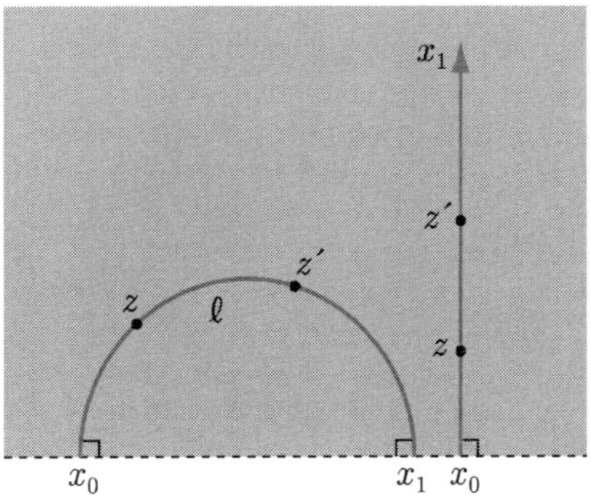

그림 A4.5 반원을 허수축을 변환

푸앵카레 원반 모형

푸앵카레 원반 모형은 클라인 모형처럼 원의 내부의 점들의 집합이다. 즉,

$$P_D = \{(x,\ y) \in R^2 \mid x^2 + y^2 < 1\} = \{z = x + yi \in \mathbb{C} \mid |z|^2 = x^2 + y^2 < 1\}.$$

P_D-직선은 그림 A4.6에서처럼 P_D 내부에서 중심 O를 지나고 끝점을 포함하지 않는 모든 현 ℓ들과 끝점을 포함하지 않고 P_D의 반지름들과 수직인 반지름을 갖는 모든 원호 m들이다.

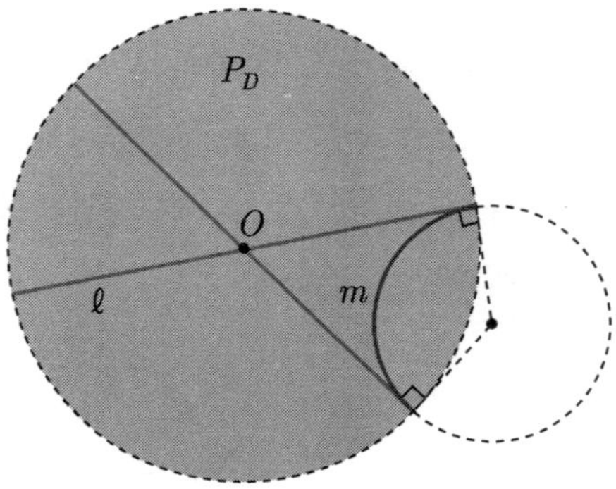

그림 A4.6 푸앵카레 원반 모형의 직선

앞에서 정의한 푸앵카레 상반평면 모형 $P_H = \{z = x + iy \in \mathbb{C} \mid y > 0\}$와 푸앵카레 원반 모형 $P_D = \{w = u + vi \in \mathbb{C} \mid |w|^2 = u^2 + v^2 < 1\}$는 다음과 같은 선형분수변환

$$w = \frac{i - z}{i + z} \qquad \cdots \text{(A4.15)}$$

과 그 역변환

$$z = \frac{i(1 - w)}{1 + w}$$

에 의하여 다음과 같이 일대일 대응 관계를 갖는다.

(1) P_H의 실수축 점들은 P_D의 원주 위의 점들로 보내진다.

구체적으로 $z = x$라 하면 $w = \dfrac{i - x}{i + x}$의 절대값 $|w| = 1$임을 계산해 보자.

$$w=\frac{i-x}{i+x}=\frac{(-i+x)(i-x)}{(-i+x)(i+x)}=\frac{-(i-x)^2}{(1+x^2)}=\frac{(1-x^2)+i(2x)}{(1+x^2)}$$

로부터

$$\overline{w}=\frac{(1-x^2)-i(2x)}{(1+x^2)}$$

이므로

$$|w|^2=w\overline{w}=\frac{(1-x^2)^2+4x^2}{(1+x^2)^2}=1$$

임을 알 수 있다. 따라서 x가 $-\infty$, -1, 0, 1, ∞로 움직일 때 w는 원주 위를 따라 시계 반대방향으로 -1, $-i$, 1, i, -1로 움직인다.

(2) P_H의 허수축 점들은 P_D의 실수축 점들로 보내진다.
구체적으로 $z=iy$라 하면

$$w=\frac{i-iy}{i+iy}=\frac{1-y}{1+y}$$

이고 y가 P_H의 허수축 위에서 0, 1, ∞로 움직일 때 w는 P_D의 실수축 위에서 1, 0, -1로 움직인다.

(3) 중심이 원점이고 반지름이 1인 P_H의 반 원호 위의 점들은 P_D의 허수축 위의 점들로 보내진다.
구체적으로 $z=e^{it}$라 하면

$$w=\frac{i-e^{it}}{i+e^{it}}=\frac{(-i+e^{-it})(i-e^{it})}{(-i+e^{-it})(i+e^{it})}=\frac{i(e^{-it}+e^{it})}{2+i(e^{-it}-e^{it})}$$

이다. 이때

$$e^{-it}+e^{it}=2\cos t,\ e^{-it}-e^{it}=-i(2\sin t)$$

이므로

$$w=\frac{i\cos t}{1+\sin t}$$

이다. P_H의 반 원호를 따라 $t=0, \frac{\pi}{2}, \pi$로 움직이면 w는 P_D의 허수축을 따라 i, 0, $-i$로 움직인다.

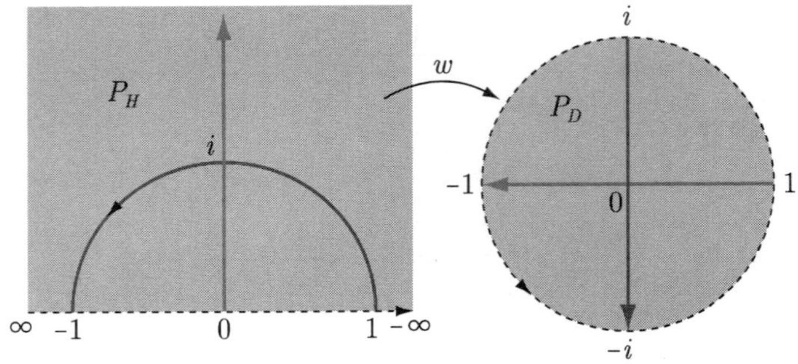

그림 A4.7 P_H의 반 원호를 P_D의 허수축으로 변환

(4) 임의의 P_H-직선인 반 원호는 P_D-직선인 원호로 보낸다.

P_H-직선인 반 원호의 두 끝점을 x_1, x_2이라 하고 선형분수변환 $w=\frac{i-z}{i+z}$에 의하여 P_D의 원주 위의 두 점 w_1, w_2로 보낸다 하자. 두 점의 접선이 만나는 점을 p라 하면 점 p는 w_1, w_2를 지나가는 원의 중심이다. 선형분수변환 $w=\frac{i-z}{i+z}$은 각을 보존하므로 w_1, w_2에서 P_D와 수직으로 만난다. 그러므로 이 원과 P_D의 내부의 공통집합이 P_D-직선인 반 원호이다.

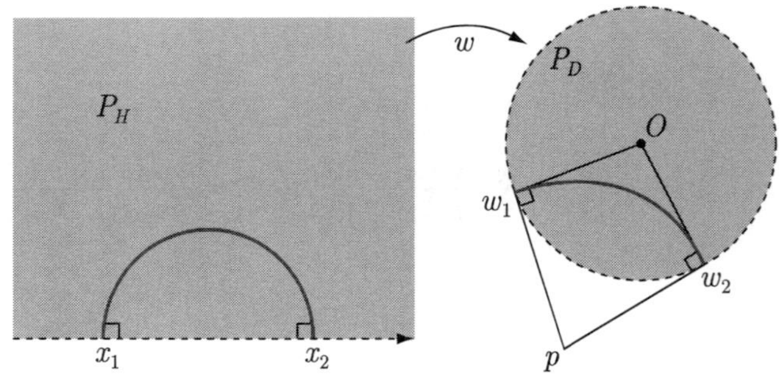

그림 A4.8 P_H의 반 원호는 P_D의 원호로 변환

결론적으로 살펴보면, 정리로부터 선형분수변환은 복비를 보존하므로 P_D의 두 점 사이의 거리는 대응하는 P_H의 두 점 사이의 거리로 정의된다. 따라서 푸앵카레 상반평면 모형 P_H와 푸앵카레 원반 모형 P_D은 본질적으로 같다.

입체사영[1]

입체사영(stereographic projection)은 $S^2 = \{(x,\ y,\ z) \in R^3 \mid x^2+y^2+z^2=1\}$에서 북극점 $N=(0,\ 0,\ 1)$을 뺀 집합으로 xy-평면을 대응시키는 사상으로 다음과 같이 정의한다.

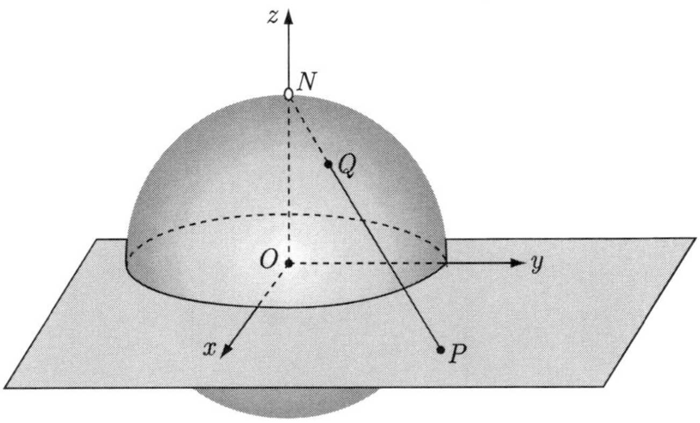

그림 A4.9 북극으로부터 입체사영

북극점 $N=(0,\ 0,\ 1)$과 xy-평면 위의 점 $P=(x,\ y,\ 0)$을 잇는 직선의 식은

$$(1-t)(0,\ 0,\ 1)+t(x,\ y,\ 0)=(tx,\ ty,\ 1-t)$$

이고 이 직선이 구면과 만나는 점 Q의 좌표는

$$(tx)^2+(ty)^2+(1-t)^2=1$$

을 만족한다. t에 대하여 풀면

$$t=0 \text{ 또는 } t=\frac{2}{1+x^2+y^2}$$

이다. 여기서 $t=0$인 경우에는 북극점을 의미하므로

$$t=\frac{2}{1+x^2+y^2}$$

을 $(tx,\ ty,\ 1-t)$에 대입하여 점

---

1) A4.1, A4.2, A4.3, A4.4까지 평면도형 위의 점 z는 복소수를 의미하였다. 그러나 A4.5의 입체도형의 좌표에서 z는 z축을 의미하면서 입체도형 속의 평면도형의 점 z를 여전히 복소수로 사용한다.

$$Q=\left(\frac{2x}{1+x^2+y^2},\ \frac{2y}{1+x^2+y^2},\ \frac{-1+x^2+y^2}{1+x^2+y^2}\right)$$

이다. 이제 역사상을 정의하자. 구면 위의 점 Q에 대하여 점 P의 좌표를 구하자. $Q=(x,\ y,\ z)$와 $N=(0,\ 0,\ 1)$을 잇는 직선의 식은

$$(1-t)(0,\ 0,\ 1)+t(x,\ y,\ z)=(tx,\ ty,\ 1-(1-z)t)$$

이고 xy-평면과 만나기 위하여 z축이 0이어야 한다. 즉, $1-(1-z)t=0$. 따라서

$$t=\frac{1}{1-z}$$

을 위 식에 대입하여

$$P=\left(\frac{x}{1-z},\ \frac{y}{1-z},\ 0\right)$$

을 얻는다. 이때 점 Q가 상반구면 위의 점이면 $z=\sqrt{1-x^2-y^2}$ 이고 Q가 하반구면 위의 점이면 $z=-\sqrt{1-x^2-y^2}$ 이다.

정리 A4.5.1

입체사영 사상은 각을 보존한다.

증명 xy-평면 위에서 점 P를 지나는 직선 ℓ에 대하여, ℓ을 포함하고 북극점 N을 포함하는 평면 π와 구면 S^2와의 교차점들은 Q와 N을 지나가는 원 C이다. 이때 N에서 원 C에 접하는 접선은 ℓ과 평행이다.
이제 xy-평면 π 위에서 점 P를 지나는 다른 직선 m에 대하여, m을 포함하고 북극점 N을 포함하는 평면 π와 구면 S^2와의 교차점들은 Q와 N을 지나가는 또 다른 원 C'이다. 이때 N에서 원 C'에 접하는 접선은 m과 평행이다.

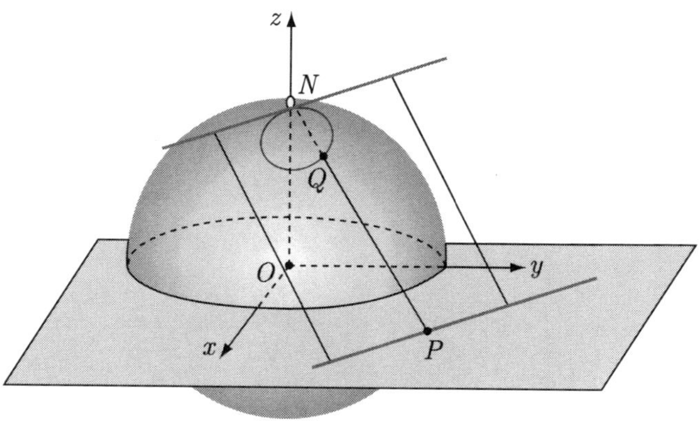

그림 A4.10 각을 보존하는 입체사영

따라서 점 P에서 두 직선 ℓ과 m의 교차각을 θ라 하면 점 N에서 두 원 C와 C'의 접선들의 교차각도 θ이다.

일반적으로 두 원이 두 점에서 만날 때, 만나는 점에서 두 원의 접선들끼리의 교차각은 일치한다.

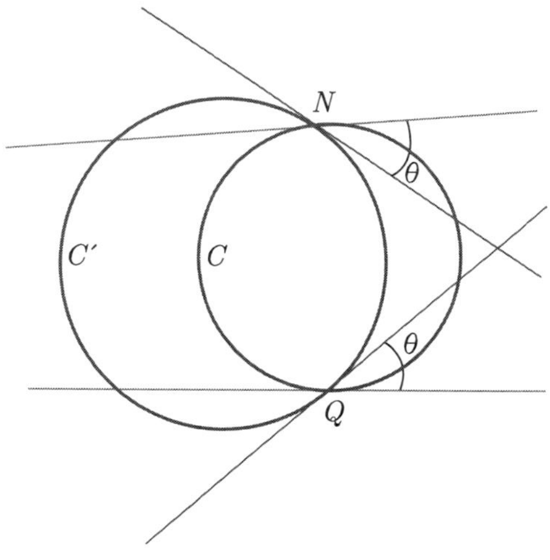

그림 A4.11 두 원의 접선의 교차각

그러므로 점 Q에서 두 원 C와 C'의 두 접선의 교차각도 θ이다. ✤

이제 구면에서 xy-평면에서 적도로 둘러싸인 단위원반 내부의 점들은 클라인 모형 K와 푸앵카레 원반 모형 P_D를 동시에 생각할 수 있다. 클라인 모형 K 위의 점을 $(x,\ y)$라 하자.

이 점을 남반구면으로 수직으로 사영하면 대응관계는

$$(x,\ y) \mapsto \left(x,\ y,\ -\sqrt{1-x^2-y^2}\right)$$

이고, 이 대응점을 다시 입체사영으로 열린 원판의 푸앵카레 원반 모형 P_D로 보내는 대응관계는

$$\left(x,\ y,\ -\sqrt{1-x^2-y^2}\right) \mapsto \left(\frac{x}{1+\sqrt{1-x^2-y^2}},\ \frac{y}{1+\sqrt{1-x^2-y^2}}\right)$$

이다.

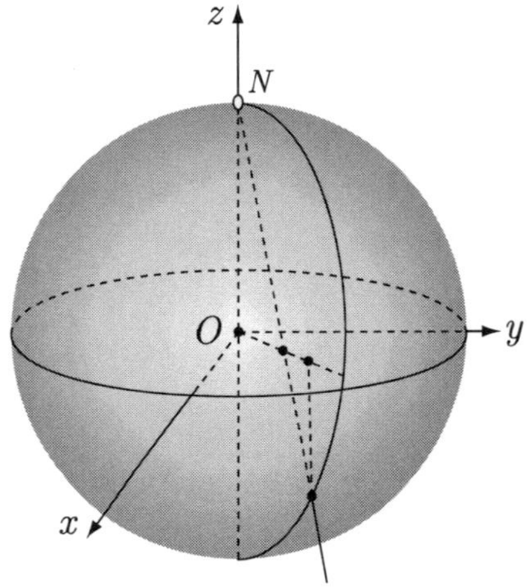

그림 A4.12 K의 점을 P_D의 점으로 대응

따라서 클라인 모형 K 위의 점을 푸앵카레 원반 모형 P_D로 보내는 대응관계는

$$(x,\ y) \mapsto \left(\frac{x}{1+\sqrt{1-x^2-y^2}},\ \frac{y}{1+\sqrt{1-x^2-y^2}}\right) \qquad \cdots \text{(A4.16)}$$

임을 알 수 있다.

정리 A4.5.2

대응식 (A4.16)은 클라인 모형 K의 직선을 푸앵카레 원반 모형 P_D의 직선으로 적도에서 수직인 원호로 보낸다.

증명 z축을 중심으로 원반을 회전하여 K의 직선이 $x = a(0 \le a < 1)$라 하자. $a = 0$인 경우에는 K의 직선은 원점을 지나는 y축 위의 지름선이고 대응식 (A4.16)에 의하여 P_D의 직선도 y축 위의 지름선이다.

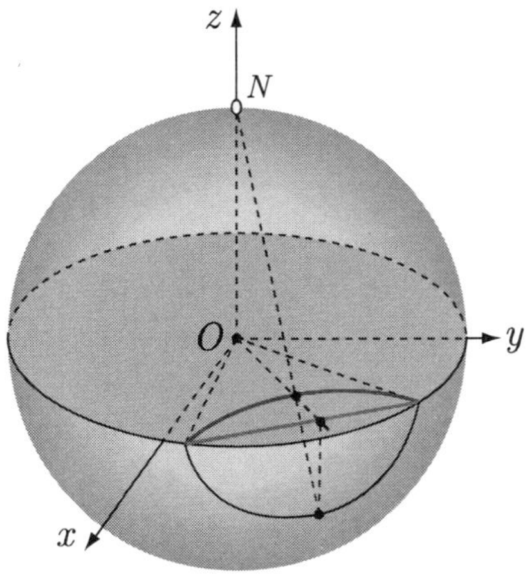

그림 A4.13 K의 직선을 P_D의 직선으로 대응

이제 $a \neq 0$이라 하자. K의 직선 좌표를 (x, y)라 하고 이에 대응하는 P_D의 직선 좌표를 (u, v)라 하면 대응식 (A4.16)에 의하여 K의 직선 $x = a$를 P_D의 직선

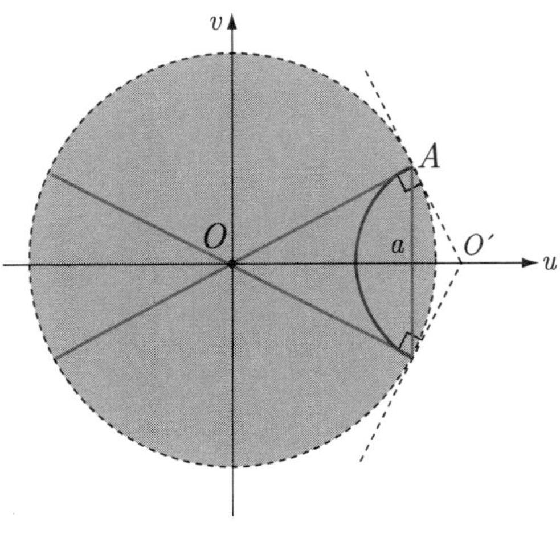

그림 A4.14 K의 직선 $x = a$를 P_D의 직선으로 대응

$$u = \frac{a}{1+\sqrt{1-a^2-y^2}}, \quad v = \frac{y}{1+\sqrt{1-a^2-y^2}} \qquad \cdots \text{(A4.17)}$$

로 보낸다.

그러므로 식 (A4.17)에서 y를 소거하기 위하여

$$\sqrt{1-a^2-y^2} = \frac{a}{u}, \quad \sqrt{1-a^2-y^2} = \frac{y}{v}$$

로부터 $\frac{a}{u} = \frac{y}{v}$를 얻는다. 즉, $y = \frac{av}{u}$를 다시 (A4.17)의 첫 식에 대입하면

$$1+\sqrt{1-a^2-\left(\frac{av}{u}\right)^2} = \frac{a}{u}$$

$$1-a^2-\frac{a^2v^2}{u^2} = \frac{(a-u)^2}{u^2}$$

$$a^2u^2-2au+a^2v^2 = -a^2$$

$$\left(\frac{u-1}{a}\right)^2 + v^2 = \frac{1-a^2}{a^2} \qquad \cdots \text{(A4.18)}$$

이므로 중심이 $\left(\frac{1}{a},\ 0\right)$이고 반지름이 $\frac{\sqrt{1-a^2}}{a}$인 원이다. 이 원과 P_D의 원주 $u^2+v^2=1$이 만나는 점은 $u=a$일 때 $v=\pm\sqrt{1-a^2}$이므로

$$\left(a,\ \sqrt{1-a^2}\right),\ \left(a,\ -\sqrt{1-a^2}\right)$$

이다. $O' = \left(\frac{1}{a},\ 0\right)$, $A = \left(a,\ \sqrt{1-a^2}\right)$라 하면 원점 O에 대하여

$$\overline{OA}^2 + \overline{O'A}^2 = a^2+1-a^2+\left(a-\frac{1}{a}\right)^2+1-a^2 = \frac{1}{a^2} = \overline{OO'}^2$$

이므로 피타고라스 정리로부터 $\angle(OAO') = \frac{\pi}{2}$임을 알 수 있다. 그러므로 P_D의 직선이 원주와 양 끝점에서 수직으로 만난다. ✤

참고

(1) 클라인 모형 K 위의 두 점 $z,\ z'$ 사이의 거리는 복비를 이용하여 $d(z,\ z') = \frac{1}{2}\left|\log[z\ z'\ z_0\ z_1]\right|$으로 정의되고 푸앵카레 상반평면 모형 P_H 위에서는 $d(z,\ z')$

$= |\log[z\, z'\, x_0\, x_1]|$으로 정의됨을 기억하자.

(2) 앞에서 설명한 바와 같이 푸앵카레 원반 모형 위의 임의의 P_D-직선은 선형분수변환식 (A4.15) $w = \dfrac{i-z}{i+z}$의 역변환식 $z = \dfrac{i(1-w)}{1+w}$에 의하여 푸앵카fp 상반평면 모형의 P_H-직선과 일대일 대응한다. 이들 선형분수변환식들은 복비를 보존하므로 거리도 보존한다.
그러므로 푸앵카레 원반 모형 P_D의 거리를 푸앵카레 상반평면 모형 P_H의 거리인 식 (A4.14)로 정의하면 된다.

정리 A4.5.3

> 클라인 모형 K 위의 두 점과 이들에 대응하는 푸앵카레 원반 모형 P_D 위의 두 점 사이의 거리는 일치한다.

증명 임의의 두 점 $z_1,\ z_2 \in K$와 이들에 대응하는 점 $w_1,\ w_2 \in P_D$에 대하여 $d(z_1,\ z_2) = d(w_1,\ w_2)$임을 보이자.
P_D에서 $w_1,\ w_2$를 잇는 P_D-직선이 존재하고 이에 대응하는 P_H-직선은 선형변환식 (A4.1) $w = \dfrac{az+b}{cz+d}$에 의하여 적당한 실수 $a,\ b,\ c,\ d$에 대하여 푸앵카레 상반평면 모형의 허수축으로 보낸다. 이를 다시 선형분수변환식 (A4.15) $w = \dfrac{i-z}{i+z}$에 의하여 푸앵카레 원반 모형 위의 P_D-직선인 원점을 지나는 실수축 위의 지름선으로 대응한다.
따라서 $w_1,\ w_2 \in P_D$가 실수축 위에 있는 경우를 증명하면 충분하다.
클라인 모형 K 위의 점을 푸앵카레 원반 모형 P_D로 보내는 대응식 (A4.16)으로부터 $z = x + iy$일 때

$$w = \frac{x+iy}{1+\sqrt{1-x^2-y^2}}$$

으로 대응하므로 w가 실선 위의 점이면 $y = 0$이므로 z도 실선 위에 있다.
$z_1 = x_1,\ z_2 = x_2 \in K,\ w_1 = u_1,\ w_2 = u_2 \in P_D$라 놓으면 $i = 1,\ 2$에 대하여

$$u_1 = \frac{x_i}{1+\sqrt{1-x_i^2}} \qquad \cdots \text{(A4.19)}$$

이므로 P_D 위의 복비

$$[w_1\, w_2 - 1\ 1] = \frac{(1+u_1)(1-u_2)}{(1+u_2)(1-u_1)}$$

에 식 (A4.19)를 대입하여

$$\begin{aligned}
[w_1\, w_2 - 1\ 1] &= \frac{\left(1+\dfrac{x_1}{1+\sqrt{1-x_1^2}}\right)\left(1-\dfrac{x_2}{1+\sqrt{1-x_2^2}}\right)}{\left(1+\dfrac{x_2}{1+\sqrt{1-x_2^2}}\right)\left(1-\dfrac{x_1}{1+\sqrt{1-x_1^2}}\right)} \\
&= \frac{\left(1+x_1+\sqrt{1-x_1^2}\right)\left(1-x_2+\sqrt{1-x_2^2}\right)}{\left(1+x_2+\sqrt{1-x_2^2}\right)\left(1-x_1+\sqrt{1-x_1^2}\right)} \\
&= \frac{\left(-2x_1\sqrt{1-x_1^2}\right)\left(2x_2\sqrt{1-x_2^2}\right)}{2x_2(1+x_2)2x_1(x_1-1)} \\
&= \frac{\sqrt{1-x_1^2}\,\sqrt{1-x_2^2}}{(1-x_1)(1+x_2)} \\
&= \sqrt{\frac{(1+x_1)(1-x_2)}{(1-x_1)(1+x_2)}} \\
&= [x_1,\ x_2,\ -1,\ 1]^{\frac{1}{2}}
\end{aligned}$$

을 얻는다. 식(A4.13)과 식(A4.14)에 의하여

$$d(w_1,\ w_2) = d(z_1,\ z_2)$$

임을 알 수 있다. ✤

A.5 유클리드 평면, 구면, 쌍곡 평면의 비교

<table>
<tr><th></th><th>유클리드 평면 E^2
(Euclidean Plane)</th><th>구면S^2
(Sphere)</th><th>사영평면 P^2
(Projective Plane)</th><th>쌍곡평면$\mathbb{H}^2$
(Hyperbolic Plane)</th></tr>
<tr><td>직선</td><td>$\ell=\{x \mid (x-P)\cdot v^{\perp}\}$
v는 ℓ의 방향벡터</td><td>$\ell=\{x\in S^2 \mid x\cdot\xi=0\}$ ξ는 단위벡터</td><td>$\pi : S^2\to P^2$
$\bar{\ell}=\pi\ell$, ℓ은
S^2 위의 직선</td><td>$\ell=\{x\in\mathbb{H}^2 \mid \langle x,\xi\rangle=0\}$
ξ는 단위 공간류 벡터</td></tr>
<tr><td>평행선</td><td>1개
(유클리드 평행공리)</td><td>0개 (타원 평행공리),
2개의 교차점</td><td>0개 (타원 평행공리),
1개의 교차점</td><td>무수히 많다.
(쌍곡 평행공리)</td></tr>
<tr><td>수직선</td><td>방향벡터가 v,w이면,
$v\cdot w=0$</td><td>두 극을 ξ,η라 할 때,
$\xi\cdot\eta=0$</td><td>두 극을 $\pi(\xi)=\bar{\xi},\pi(\eta)=\bar{\eta}$라 할 때,
$\bar{\xi}\cdot\bar{\eta}=0$</td><td>극을 ξ,η라 할 때,
$\langle\xi,\eta\rangle=0$</td></tr>
<tr><td>거리</td><td>$d(x,y)=|x-y|$</td><td>$d(x,y)=\cos^{-1}(x\cdot y)$</td><td>$\pi(x)=\bar{x},\pi(y)=\bar{y}$라 할 때,
$d(\bar{x},\bar{y})=\cos^{-1}(|x\cdot y|)$</td><td>$d(x,y)$
$=\cosh^{-1}(-<x,y>)$</td></tr>
<tr><td>반사</td><td>$\Omega_\ell x=$
$x-2((x-P)\cdot v^{\perp})v^{\perp}$</td><td>$\Omega_\ell x=x-2(x\cdot\xi)\xi$</td><td>$\Omega_{\pi\ell}\,\pi x=\pi(\Omega_\ell\, x)$</td><td>$\Omega_\alpha\, x=x-2\langle x,\xi\rangle\xi$</td></tr>
<tr><td>회전</td><td>$\Omega_\alpha\Omega_\beta=$
$\begin{pmatrix}\cos2\psi & -\sin2\psi\\ \sin2\psi & \cos2\psi\end{pmatrix}$
$=rot\ \psi$,
$\psi=\phi-\theta$</td><td rowspan="3">$\Omega_\alpha\Omega_\beta=$
$\begin{pmatrix}\cos2\psi & -\sin2\psi & 0\\ \sin2\psi & \cos2\psi & 0\\ 0 & 0 & 1\end{pmatrix}$
$=\begin{pmatrix}rot2\psi & 0\\ 0 & 1\end{pmatrix}$,
$\psi=\phi-\theta$</td><td rowspan="3">$\Omega_{\pi\alpha}\Omega_{\pi\beta}=$
$\begin{pmatrix}\cos2\psi & -\sin2\psi & 0\\ \sin2\psi & \cos2\psi & 0\\ 0 & 0 & 1\end{pmatrix}$
$=\begin{pmatrix}rot2\psi & 0\\ 0 & 1\end{pmatrix}$,
$\psi=\phi-\theta$,
$0\le\theta,\ \phi\le\frac{\pi}{2}$</td><td>$\Omega_\alpha\Omega_\beta=$
$\begin{pmatrix}\cos2\psi & -\sin2\psi & 0\\ \sin2\psi & \cos2\psi & 0\\ 0 & 0 & 1\end{pmatrix}$,
$\psi=\theta-\phi$</td></tr>
<tr><td>이동</td><td rowspan="2">$Tx=$
$x+2((Q-P)\cdot N)N$,
$Tx=x+\lambda N$</td><td>$\Omega_\alpha\Omega_\beta=$
$\begin{pmatrix}1 & 0 & 0\\ 0 & \cosh2\psi & \sinh2\psi\\ 0 & \sinh2\psi & \cosh2\psi\end{pmatrix}$,
$\psi=u-v$</td></tr>
<tr><td>평행이동</td><td>$\Omega_\alpha\Omega_\beta=$
$\begin{pmatrix}1 & -h & -h\\ h & 1-\frac{h^2}{2} & -\frac{h^2}{2}\\ -h & \frac{h^2}{2} & 1+\frac{h^2}{2}\end{pmatrix}$,
$h=2(r-s)$</td></tr>
<tr><td>삼각부등식</td><td colspan="4">$d(P,Q)+d(P,R)\ge d(Q,R)$, 등식이 성립할 필요충분조건은 P,Q,R이 공선적이다.
P^2에서는 $d(P,Q)+d(Q,R)=\pi-d(P,R)$도 P,Q,R이 공선적일 필요조건이다.</td></tr>
</table>

정답 및 풀이

제1장 연습문제 풀이

1. 단위원 $S' = \{X \in R^2 | d(X, O) = 1\}$과 점 (2, 2) 사이의 거리를 R^2 위에서 (a) 유클리드 거리, (b) 택시거리, (c) 사각거리로 주어질 때, 각각을 구하여라.

풀이 $d(S', (2, 2))$=단위원 위의 점과 (2, 2)의 거리 중 최소거리

(a) 유클리드 거리에서의 단위원은

$$S' = \{X \in R^2 | d(X, O) = 1\}$$
$$= \{X \in R^2 | \sqrt{(x-0)^2 + (y-0)^2} = 1\}$$
$$= \{X \in R^2 | x^2 + y^2 = 1\}$$

즉, 원점을 중심으로 반지름이 1인 원이다.

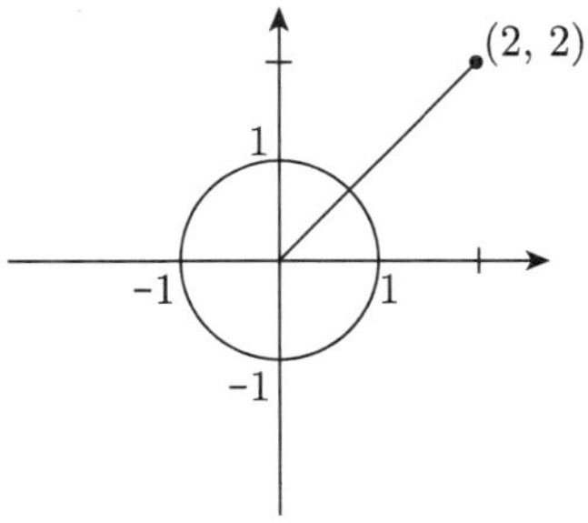

$$\therefore\ d(S', (2, 2)) = d((0, 0), (2, 2)) - 1$$
$$= \sqrt{8} - 1$$
$$= 2\sqrt{2} - 1$$

(b) 택시거리에서의 단위원은

$$S' = \{X \in R^2 | d(X, O) = 1\}$$
$$= \{X \in R^2 | |x+0| + |y+0| = 1\}$$
$$= \{X \in R^2 | |x| + |y| = 1\}$$

즉, 마름모꼴이다.

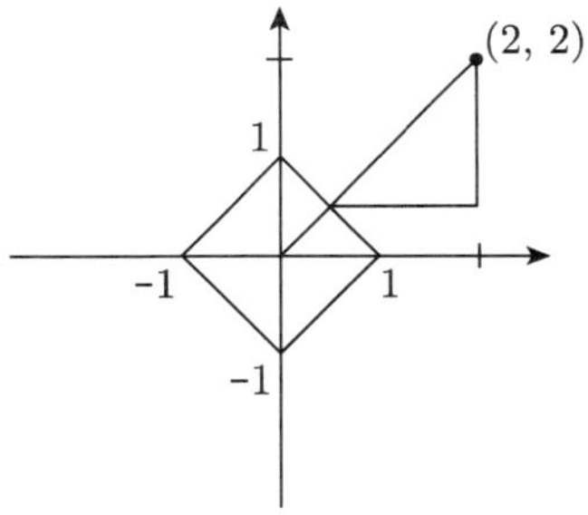

마름모와 점 사이의 최단거리는 $\left(\frac{1}{2}, \frac{1}{2}\right)$과 (2, 2) 사이의 택시거리이다.

$$\therefore\ d(S', (2, 2)) = d\left(\left(\frac{1}{2}, \frac{1}{2}\right), (2, 2)\right)$$
$$= \left|\frac{1}{2} - 2\right| + \left|\frac{1}{2} - 2\right|$$
$$= 3$$

(c) 사각거리에서의 단위원은

$$S' = \{X \in R^2 | d(X, O) = 1\}$$
$$= \{X \in R^2 | \max\{|x-0|, |y-0|\} = 1\}$$
$$= \{X \in R^2 | \max\{|x|, |y|\} = 1\}$$

즉, 한 변의 길이가 2인 정사각형이다. 이 정사각형과 (2, 2) 사이의 최단거리는 (1, 1)과 (2, 2) 사이의 사각거리이다.

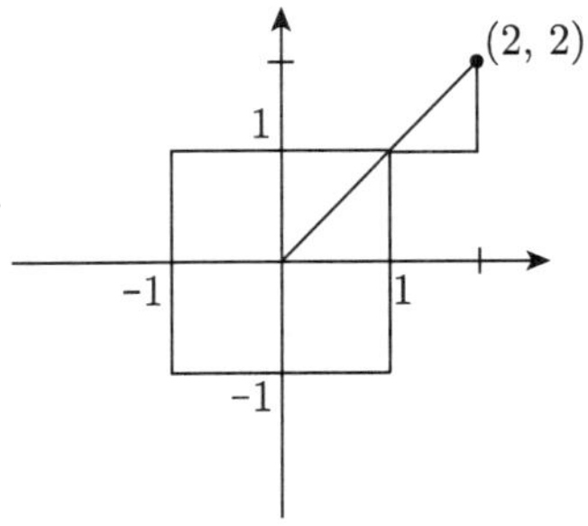

$$\therefore\ d(S', (2, 2)) = d((1, 1), (2, 2))$$
$$= \max\{|1-2|, |1-2|\}$$
$$= \max\{1, 1\} = 1$$

2. 두 직선 $\alpha,\ \beta \in \mathcal{P}(l)$와 $T_\lambda,\ T_\mu \in T(E^2)$에 대하여 다음을 증명하여라.

(1) $\Omega_\alpha T_\lambda X = \Omega_{\alpha-\mu/2} X$ (2) $T_\lambda \Omega_\beta X = \Omega_{\beta-\lambda/2} X$

(3) $\Omega_\alpha T_\mu x = \Omega_{a-\frac{\mu}{2}} x$ (4) $T_\lambda \Omega_\beta X = \Omega_{b+\frac{\lambda}{2}} X$

풀이 단위벡터 N을 직선 l의 방향벡터라 하면 이 N은 $\alpha,\ \beta$의 수직벡터이다. l과 α의 교차점을 $P+aN$, l과 β의 교차점을 $P+bN$이라고 나타내자.

(1) $(\Omega_\alpha T_\mu)X = \Omega_\alpha(T_\mu X)$

$$\begin{aligned}
&= T_\mu X - 2((T_\mu X - (P+aN)) \cdot N)N \\
&= X + \mu N - 2((X+\mu N - (P+aN)) \cdot N)N \\
&= X + 2\left(\frac{\mu}{2} N \cdot N\right)N - 2((X+\mu N-(P+aN)) \cdot N)N \\
&= X - 2\left(\left(X-(P+aN)+\frac{\mu}{2}N\right) \cdot N\right)N \\
&= X - 2\left(\left(X-\left(P+\left(a-\frac{\mu}{2}\right)N\right)\right) \cdot N\right)N \\
&= \Omega_{\alpha-\mu/2} X
\end{aligned}$$

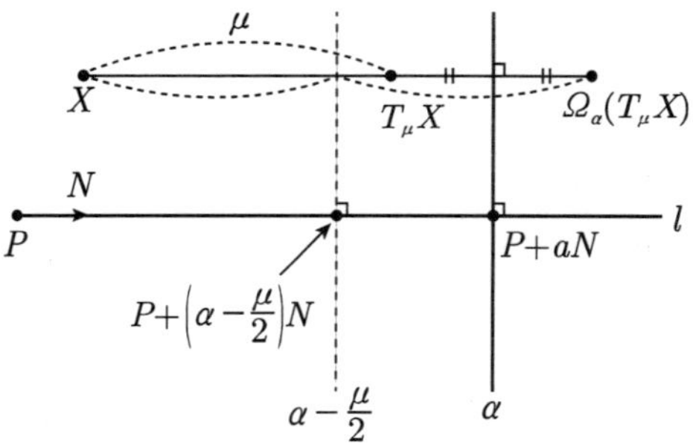

이때, 직선 $\alpha-\frac{\mu}{2}$는 l과 수직이면서 $P+\left(a-\frac{\mu}{2}\right)N$을 지나는 직선이다.

(2) $(T_\lambda \Omega_\beta)X = T_\lambda(\Omega_\beta X)$

$$\begin{aligned}
&= \Omega_\beta X + \lambda N \\
&= X - 2((X-(P+bN)) \cdot N)N + \lambda N \\
&= X - 2((X-(P+bN)) \cdot N)N + 2\left(\frac{\lambda}{2}N \cdot N\right)N \\
&= X - 2\left(\left(X-(P+bN)-\frac{\lambda}{2}N\right) \cdot N\right)N \\
&= X - 2\left(\left(X-\left(P+\left(b+\frac{\lambda}{2}\right)N\right)\right) \cdot N\right)N \\
&= \Omega_{\beta+\lambda/2} X
\end{aligned}$$

이때, 직선 $\beta+\frac{\lambda}{2}$는 l과 수직이면서 $P+\left(b+\frac{\lambda}{2}\right)N$을 지나는 직선이다.

(3) $\Omega_\alpha T_\mu x=\Omega_{a-\frac{\mu}{2}}x$

$$\begin{aligned}\Omega_\alpha T_\mu X&=\Omega_\alpha(X+\mu N)\\&=X+\mu N-2[((X+\mu N)-(P+aN))\cdot N]N\\&=X+\mu N-2[((X-P)+(\mu-a)N)\cdot N]N\\&=X-2\left[(X-P)\cdot N+\mu-a-\frac{\mu}{2}\right]N\\&=X-2\left[(X-P)\cdot N+\frac{\mu}{2}-a\right]N\\&=X-2\left[\left(X-\left(P+\left(a-\frac{\mu}{2}\right)N\right)\cdot N\right]N\\&=\Omega_{a-\frac{\mu}{2}}X\end{aligned}$$

(4) $T_\lambda\Omega_\beta X=\Omega_{b+\frac{\lambda}{2}}X$

$$\begin{aligned}T_\lambda\Omega_\beta X&=T_\lambda[(X-2((X-P-bN)\cdot N)N]\\&=X-2[(X-P-bN)\cdot N]N+\lambda N\\&=X-2\left((X-P-bN)\cdot N-\frac{\lambda}{2}\right)N\\&=X-2\left(\left(X-P-bN-\frac{\lambda}{2}N\right)\cdot N\right)N\\&=X-2\left[X-\left(P+\left(b+\frac{\lambda}{2}\right)N\right)\cdot N\right]N\\&=\Omega_{b+\frac{\lambda}{2}}X\end{aligned}$$

3. (a) 직선 $l: 2x+y=1$에 수직인 직선 m이 점 $Q=(2,\ 1)$을 지나갈 때 점 $X=(3,\ 2)$의 $\Omega_l\Omega_m X$와 $\Omega_m\Omega_l X$를 구하여라.

풀이 l의 방향벡터 $v=\left(\frac{1}{\sqrt{5}},\ \frac{-2}{\sqrt{5}}\right)$이고, $l\perp m$이므로 m의 방향벡터 $v^\perp=\left(\frac{2}{\sqrt{5}},\ \frac{1}{\sqrt{5}}\right)$이다. 따라서

(1) $\Omega_m X=X-2((X-Q)\cdot v)v$

$$\begin{aligned}&=(3,2)-2\left((1,1)\cdot\left(\frac{1}{\sqrt{5}},\frac{-2}{\sqrt{5}}\right)\right)\left(\frac{1}{\sqrt{5}},\frac{-2}{\sqrt{5}}\right)\\&=(3,2)-2\left(\frac{1}{\sqrt{5}}-\frac{2}{\sqrt{5}}\right)\left(\frac{1}{\sqrt{5}},\frac{-2}{\sqrt{5}}\right)\\&=(3,2)+\frac{2}{\sqrt{5}}\left(\frac{1}{\sqrt{5}},\ \frac{-2}{\sqrt{5}}\right)\end{aligned}$$

$$= (3,2) + \left(\frac{2}{5}, \frac{-4}{5}\right) = \left(\frac{17}{5}, \frac{6}{5}\right)$$

$$\begin{aligned}
\Omega_\ell(\Omega_m X) &= \Omega_m X - 2((\Omega_m X - P)\cdot v^\perp)v^\perp \\
&= \left(\frac{17}{5}, \frac{6}{5}\right) - 2\left(\left(\frac{17}{5}, \frac{1}{5}\right)\cdot\left(\frac{2}{\sqrt{5}}, \frac{1}{\sqrt{5}}\right)\right)\left(\frac{2}{\sqrt{5}}, \frac{1}{\sqrt{5}}\right) \\
&= \left(\frac{17}{5}, \frac{6}{5}\right) - 2\left(\frac{34\sqrt{5}}{25} + \frac{\sqrt{5}}{25}\right)\left(\frac{2}{\sqrt{5}}, \frac{1}{\sqrt{5}}\right) \\
&= \left(\frac{17}{5}, \frac{6}{5}\right) - \frac{14\sqrt{5}}{5}\left(\frac{2}{\sqrt{5}}, \frac{1}{\sqrt{5}}\right) \\
&= \left(\frac{17}{5}, \frac{6}{5}\right) - \left(\frac{28}{5}, \frac{14}{5}\right) = \left(\frac{-11}{5}, \frac{-8}{5}\right)
\end{aligned}$$

$$\therefore\ \Omega_\ell\Omega_m X = \left(\frac{-11}{5}, \frac{-8}{5}\right)$$

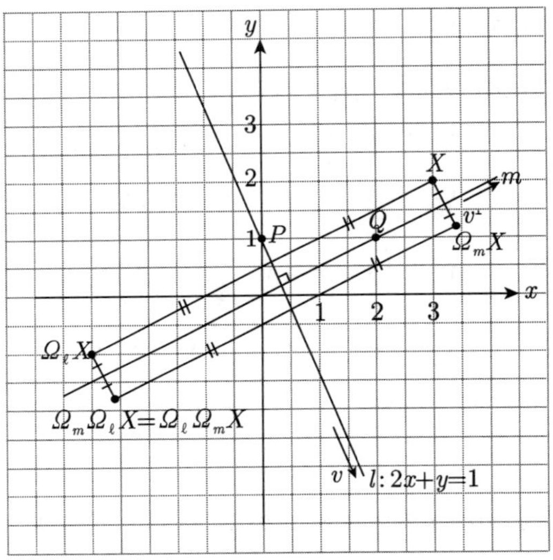

(2) $\Omega_\ell X = X - 2((X-P)\cot v^\perp)v^\perp$

$$\begin{aligned}
&= (3,2) - 2\left((3,1)\cdot\left(\frac{2}{\sqrt{5}}, \frac{1}{\sqrt{5}}\right)\right)\left(\frac{2}{\sqrt{5}}, \frac{1}{\sqrt{5}}\right) \\
&= (3,2) - 2\left(\frac{6}{\sqrt{5}} + \frac{1}{\sqrt{5}}\right)\left(\frac{2}{\sqrt{5}}, \frac{1}{\sqrt{5}}\right) \\
&= (3,2) - \frac{14}{\sqrt{5}}\left(\frac{2}{\sqrt{5}}, \frac{1}{\sqrt{5}}\right) \\
&= (3,2) - \left(\frac{28}{5}, \frac{14}{5}\right) = \left(\frac{-13}{5}, \frac{-4}{5}\right)
\end{aligned}$$

$$\begin{aligned}\Omega_m(\Omega_\ell X) &= \Omega_\ell X - 2((\Omega_\ell X - Q)\cdot v)v \\ &= \left(\frac{-13}{5}, \frac{-4}{5}\right) - 2\left(\left(\frac{-23}{5}, \frac{-9}{5}\right)\cdot\left(\frac{1}{\sqrt{5}}, \frac{-2}{\sqrt{5}}\right)\right)\left(\frac{1}{\sqrt{5}}, \frac{-2}{\sqrt{5}}\right) \\ &= \left(\frac{-13}{5}, \frac{-4}{5}\right) - 2\left(\frac{-23\sqrt{5}}{25} + \frac{18\sqrt{5}}{25}\right)\left(\frac{1}{\sqrt{5}}, \frac{-2}{\sqrt{5}}\right) \\ &= \left(\frac{-13}{5}, \frac{-4}{5}\right) + \frac{2\sqrt{5}}{5}\left(\frac{1}{\sqrt{5}}, \frac{-2}{\sqrt{5}}\right) \\ &= \left(\frac{-13}{5}, \frac{-4}{5}\right) + \left(\frac{2}{5}, \frac{-4}{5}\right) = \left(\frac{-11}{5}, \frac{-8}{5}\right)\end{aligned}$$

$$\therefore\ \Omega_m\Omega_\ell X = \left(\frac{-11}{5}, \frac{-8}{5}\right)$$

$$\therefore\ \Omega_\ell\Omega_m X = \Omega_m\Omega_\ell X = \left(\frac{-11}{5}, \frac{-8}{5}\right)$$

(b) E^2에서 ℓ은 점 $(0,\ 1)$을 지나고 기울기가 $\frac{1}{4}$인 직선이라 하자. 점 $X=(1,\ -2)$에 대하여 직선 m이 점 $Q=(1,\ 0)$을 지나고 $m//\ell$(평행)인 경우 $\Omega_\ell\Omega_m X$를 계산하여라.

풀이 $m//\ell$이므로 $l,\ m$의 방향벡터 v와 단위직교벡터 $v^\perp$는 $v=\left(\frac{4}{\sqrt{17}}, \frac{1}{\sqrt{17}}\right)$, $v^\perp=\left(-\frac{1}{\sqrt{17}}, \frac{4}{\sqrt{17}}\right)$. 따라서

$$\begin{aligned}\Omega_m X &= X - 2((X-Q)\cdot v^\perp)v^\perp \\ &= (1,\ -2) - 2((0,\ -2)\cdot\left(-\frac{1}{\sqrt{17}}, \frac{4}{\sqrt{17}}\right)\left(-\frac{1}{\sqrt{17}}, \frac{4}{\sqrt{17}}\right) \\ &= (1,\ -2) + \frac{16}{\sqrt{17}}\left(\frac{-1}{\sqrt{17}}, \frac{4}{\sqrt{17}}\right) \\ &= (1,\ -2) + \left(-\frac{16}{17}, \frac{64}{17}\right) = \left(\frac{1}{17}, \frac{30}{17}\right)\end{aligned}$$

$$\begin{aligned}\Omega_\ell\Omega_m(1,\ -2) &= \Omega_\ell\left(\frac{1}{\sqrt{17}}, \frac{30}{\sqrt{17}}\right) \\ &= \left(\frac{1}{\sqrt{17}}, \frac{30}{\sqrt{17}}\right) - 2\left(\left(\left(\frac{1}{\sqrt{17}}, \frac{30}{\sqrt{17}}\right) - (0,\ 1)\right)\cdot v^\perp\right)v^\perp \\ &= \left(\frac{1}{\sqrt{17}}, \frac{30}{\sqrt{17}}\right) - 2\left(\left(\frac{1}{\sqrt{17}}, \frac{13}{\sqrt{17}}\right)\cdot\left(-\frac{1}{\sqrt{17}}, \frac{4}{\sqrt{17}}\right)\right)\left(-\frac{1}{\sqrt{17}}, \frac{4}{\sqrt{17}}\right) \\ &= \left(\frac{1}{\sqrt{17}}, \frac{30}{\sqrt{17}}\right) - 2\frac{51}{\sqrt{17}}\left(-\frac{1}{\sqrt{17}}, \frac{4}{\sqrt{17}}\right) \\ &= \left(\frac{1}{\sqrt{17}}, \frac{30}{\sqrt{17}}\right) + \left(\frac{6}{\sqrt{17}}, -\frac{24}{\sqrt{17}}\right) = \left(\frac{7}{\sqrt{17}}, \frac{6}{\sqrt{17}}\right)\end{aligned}$$

(c) E^2에서 ℓ은 점 $(0,\ 1)$을 지나고 기울기가 $\frac{1}{2}$인 직선이라 하자. 점 $X=(1,\ -2)$에 대하여 직선

m이 점 $Q=(1, 0)$을 지나고 $m//\ell$(평행)인 경우 $\Omega_\ell \Omega_m X$를 계산하여라.

풀이 직선 ℓ의 기울기가 $\frac{1}{2}$이므로 방향벡터 $v=\left(\frac{2}{\sqrt{5}}, \frac{1}{\sqrt{5}}\right)$이다.

그러므로 $v^\perp=\left(\frac{1}{\sqrt{5}}, -\frac{2}{\sqrt{5}}\right)$이다. 따라서

$$\Omega_\ell X=(1, -2)-2(((1, -2)-(1, 0))\cdot(\frac{1}{\sqrt{5}}, -\frac{2}{\sqrt{5}}))(\frac{1}{\sqrt{5}}, -\frac{2}{\sqrt{5}})$$

$$=(1, -2)-2((0, -2)\cdot(\frac{1}{\sqrt{5}}, -\frac{2}{\sqrt{5}}))(\frac{1}{\sqrt{5}}-, \frac{2}{\sqrt{5}})$$

$$=(1, -2)-\frac{8}{\sqrt{5}}(\frac{1}{\sqrt{5}}, -\frac{2}{\sqrt{5}})=(-\frac{3}{5}, \frac{6}{5})$$

$$\Omega_\ell \Omega_m X=\Omega_\ell(-\frac{3}{5}, \frac{6}{5})$$

$$=(-\frac{3}{5}, \frac{6}{5})-2(((-\frac{3}{5}, \frac{6}{5})-(0, 1))\cdot(\frac{1}{\sqrt{5}}, -\frac{2}{\sqrt{5}}))(\frac{1}{\sqrt{5}}, -\frac{2}{\sqrt{5}})$$

$$=(-\frac{3}{5}, \frac{6}{5})-2((-\frac{3}{5}, \frac{1}{5})\cdot(\frac{1}{\sqrt{5}}, -\frac{2}{\sqrt{5}}))(\frac{1}{\sqrt{5}}, -\frac{2}{\sqrt{5}})$$

$$=(-\frac{3}{5}, \frac{6}{5})+\frac{2}{\sqrt{5}}(\frac{1}{\sqrt{5}}, -\frac{2}{\sqrt{5}})=(-\frac{1}{5}, \frac{2}{5})$$

4. (a) E^2 위의 기하도형 F가 예 1.8.3과 예 1.8.4와 같을 때 이들의 대칭군을 구하고 그림으로 설명하여라. 또한 F가 정오각형일 때도 설명하여라.

풀이 **직사각형**

$\mathcal{S}(\mathcal{F})=\{I, \sigma, \tau, \rho\}$로 주어진다. I, σ는 대친축에 대해 0°, 180° 회전을 의미하고 τ, ρ는 두 수직축에 대한 반사를 의미한다.

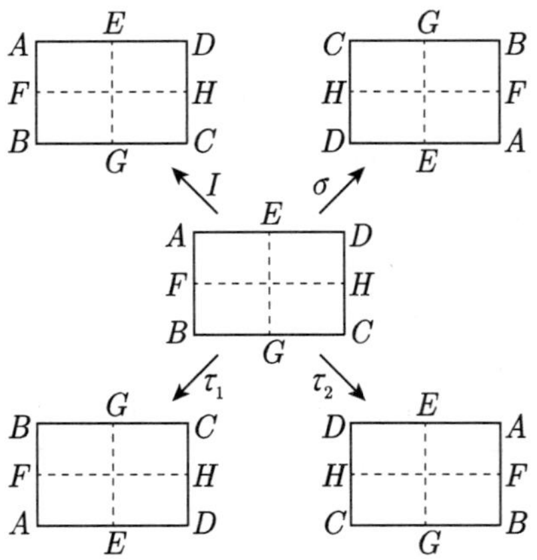

정사각형

$\mathcal{S}(\mathcal{F})=\{I, \sigma_1, \sigma_2, \sigma_3, \tau_1, \tau_2, \tau_3, \tau_4\}$으로 주어진다. 이때 $I, \sigma_1, \sigma_2, \sigma_3$는 한 대칭축에 대해 0, 90, 180, 270° 회전을 의미하고 $\tau_1, \tau_2, \tau_3, \tau_4$는 4개의 대칭축에 대한 반사를 의미한다.

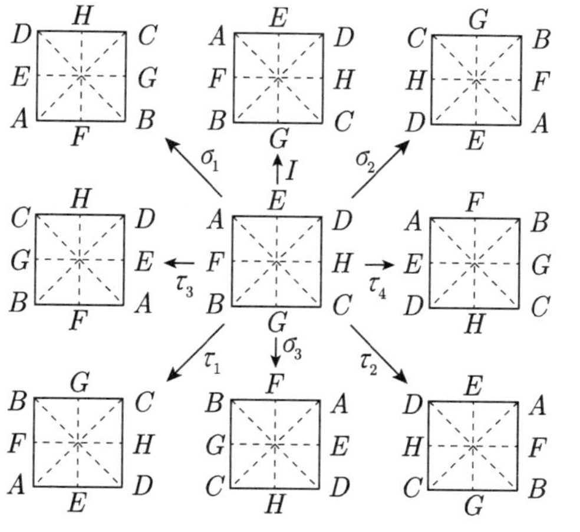

정오각형

$\mathcal{S}(\mathcal{F})=\{I, \sigma_1, \sigma_2, \sigma_3, \sigma_4, \tau_1, \tau_2, \tau_3, \tau_4, \tau_5\}$으로 주어진다. 이때 $I, \sigma_1, \sigma_2, \sigma_3, \sigma_4$는 한 대칭축에 대해 0, 72, 144, 216, 288° 회전을 나타내고 $\tau_1, \tau_2, \tau_3, \tau_4, \tau_5$는 5개의 대칭축에 대한 반사를 의미한다.

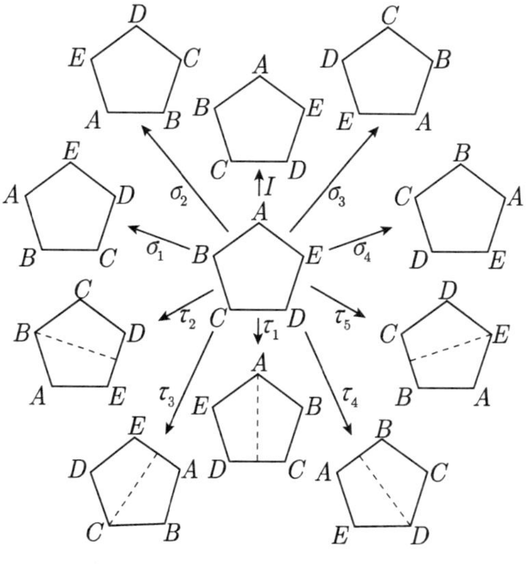

마름모꼴

$\mathcal{S}(\mathcal{F})=\{I, \sigma_1, \tau_1, \tau_2\}$으로 주어진다. 이때 σ_1는 한 대칭축에 대해 180° 회전을 나타내고

τ_1, τ_2는 2개의 대칭축에 대한 반사를 의미한다.

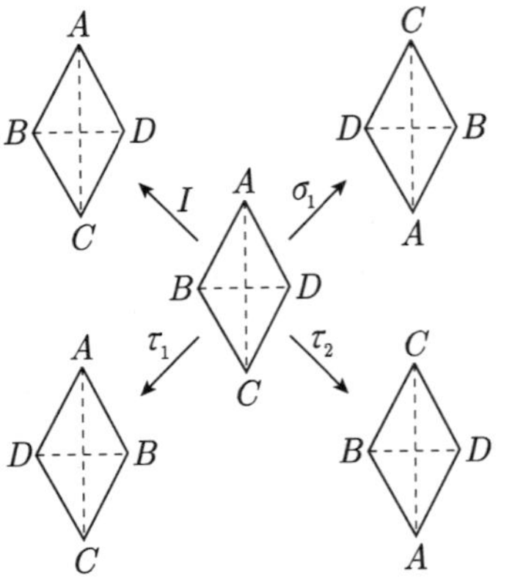

(b) 이등변 사다리꼴의 대칭군 $\mathcal{S}(\mathcal{F}_1)$을 만들고 이등병 삼각형의 대칭군 $\mathcal{S}(\mathcal{F}_2)$와 동형임을 설명여라.

풀이 **$\mathcal{T}_1$=이등변 삼각형**

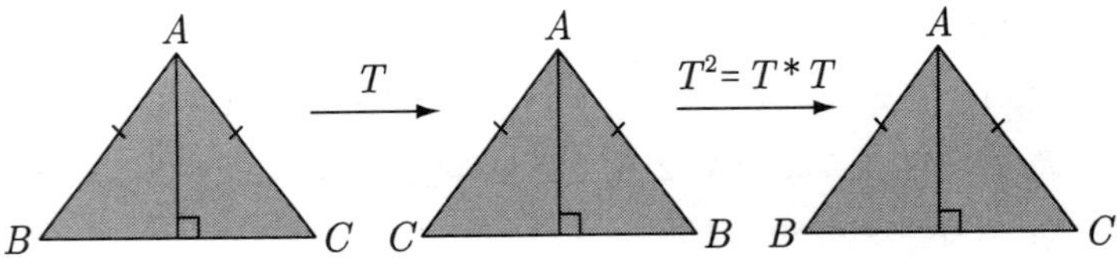

$\mathcal{T}_1$를 대칭축에 의하여 두 번 적용하면 원래의 도형으로 나타나므로 $T^2 = I$은 항등함수이다. $\mathcal{S}(\mathcal{T}_1) = \{I, T\}$

$\mathcal{T}_2$=이등변 삼각형

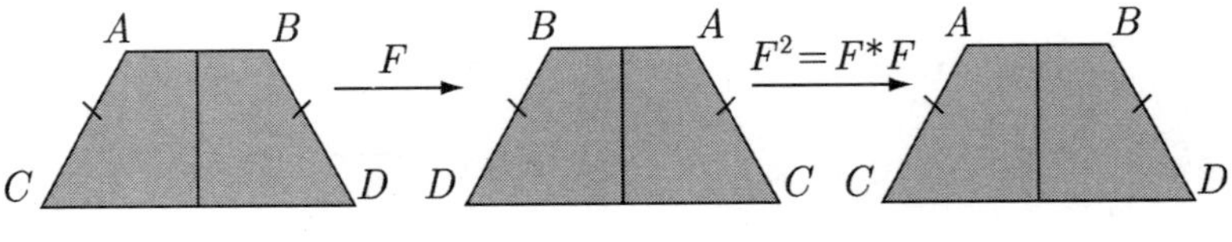

$\mathcal{T}_2$를 대칭축에 의하여 두 번 적용하면 원래의 도형으로 나타나므로 $F^2 = I$은 항등함수이다. $\mathcal{S}(\mathcal{T}_2) = \{I, F\}$

따라서 두 군은 항등원 I이 항등원 I로 대응하고 T를 F로 대응하면 이 대응은 동치이다. 즉, f: $\mathcal{S}(\mathcal{T}_1) \to \mathcal{S}(\mathcal{T}_2)$은 $f(I) = I$, $f(T) = F$ 로 정의하면 f는 일대일 대응 함수이다. 또한

	I	T
I	I	T
F	F	I

$$f(I\cdot I)=f(I)=I=I\cdot I=f(I)f(I)$$
$$f(I\cdot T)=f(T)=F=I\cdot F=f(I)f(T)$$
$$f(T\cdot I)=f(T)=F=F\cdot I=f(T)f(I)$$
$$f(T\cdot T)=f(I)=I=F\cdot F=f(T)f(T)$$

이므로 f는 준동형사상이다.

따라서 f는 동형사상이다.

5. (a) 직선 l은 점 (0, 1)을 지나고 $x-3y+3=0$을 만족하는 직선이라 하자.
세 점 $(-1,\ 0)$, $\left(\frac{1}{2},\ 0\right)$, $(0,\ 1)$을 지나가고 l에 수직인 세 직선 α, β, γ에 대하여 $\Omega_\alpha\Omega_\beta\Omega_\gamma=\Omega_\delta$을 만족하는 직선 $\delta\in P(l)$을 구하여라.

풀이 먼저 세 점을 각각 $a=(-1,\ 0)\in\alpha,\ b=\left(\frac{1}{2},\ 0\right)\in\beta,\ c=(1,\ 0)\in\gamma$라고 놓는다.

직선 δ을 구하기 위해 δ 위의 점 d와 δ의 방향벡터를 구해보자.

우선 δ는 $\delta\in P(l)$이므로 직선 l과 수직임을 알 수 있다.

l의 방향벡터를 v라고 놓으면,

$x-3y+3=0$의 기울기가 $\frac{1}{3}$이므로 $\left(1,\ \frac{1}{3}\right)//(3,\ 1)$

$$\therefore\ v=\left(\frac{3}{\sqrt{10}},\ \frac{1}{\sqrt{10}}\right)$$

δ과 l은 수직이므로 δ의 방향벡터는 $v^\perp$이 된다.

$$v^\perp=\begin{pmatrix}\cos\frac{\pi}{2} & -\sin\frac{\pi}{2}\\ \sin\frac{\pi}{2} & \cos\frac{\pi}{2}\end{pmatrix}\begin{pmatrix}\frac{3}{\sqrt{10}}\\ \frac{1}{\sqrt{10}}\end{pmatrix}=\begin{pmatrix}0 & -1\\ 1 & 0\end{pmatrix}\begin{pmatrix}\frac{3}{\sqrt{10}}\\ \frac{1}{\sqrt{10}}\end{pmatrix}=\begin{pmatrix}\frac{-1}{\sqrt{10}}\\ \frac{3}{\sqrt{10}}\end{pmatrix}$$

$$\therefore\ v^\perp=\left(\frac{-1}{\sqrt{10}},\ \frac{3}{\sqrt{10}}\right)$$

이제 δ 위의 점을 구하는데 삼반사 정리를 이용한다.

처음에 a$\in\alpha$, b$\in\beta$, c$\in\gamma$라고 정리하였으므로 삼반사 정리식에 대입하면

$\Omega_\gamma\Omega_\beta\Omega_\alpha x=x-2((x-(P+(c-b+a)N)\cdot N)N$이 된다.

따라서 δ가 지나는 점이 $c-b+a$라는 것을 알 수 있다.

$$\therefore d=c-b+a=(1,\ 0)-\left(\frac{1}{2},\ 0\right)+(-1,\ 0)=\left(-\frac{1}{2},\ 0\right)$$

직선 δ의 방향 벡터는 $\left(\frac{-1}{\sqrt{10}},\ \frac{3}{\sqrt{10}}\right)$이고 δ 위의 점은 $\left(-\frac{1}{2},\ 0\right)$이므로 구하는 직선 δ는

다음과 같다.

$\therefore\ \delta=\left(-\frac{1}{2},\ 0\right)+t\left(-\frac{1}{\sqrt{10}},\ \frac{3}{\sqrt{10}}\right),\ t\in R$

(b) 직선 ℓ은 점 $(0,\ 1)$을 지나고 $x-y+1=0$을 만족하는 직선이라 하자. 세 점 $(-1,\ 0)$, $(0,\ 0)$, $\left(\frac{3}{2,}\ 0\right)$을 지나가고 ℓ에 수직인 세 직선 $\alpha,\ \beta,\ \gamma$ 에 대하여 $\Omega_\alpha\Omega_\beta\Omega_\gamma=\Omega_\delta$을 만족하는 직선 $\delta\in$P(ℓ)을 구하여라.

풀이 먼저 세 점을 각각 $a=(-1,\ 0)\in\alpha,\ b=\left(\frac{1}{2},\ 0\right)\in\beta,\ c=(1,\ 0)\in\gamma$라고 놓는다.

직선 δ을 구하기 위해 δ 위의 점 d와 δ의 방향벡터를 구해보자.

우선 δ는 $\delta\in P(l)$이므로 직선 l과 수직임을 알 수 있다.

l의 방향벡터를 v라고 놓으면,

$x-y+1=0$의 기울기가 1이므로

$\therefore\ v=\left(\frac{1}{\sqrt{2}},\ \frac{1}{\sqrt{2}}\right)$

$\therefore\ v^\perp=\left(\frac{-1}{\sqrt{2}},\ \frac{1}{\sqrt{2}}\right)$

이제 δ 위의 점을 구하는데 삼반사 정리를 이용한다.

세 점 a$\in\alpha$, b$\in\beta$, c$\in\gamma$에 대해서 삼반사 정리에 대입하면

$\Omega_\delta=\Omega_\gamma\Omega_\beta\Omega_\alpha x=x-2((x-(P+(c-b+a)N)\cdot N)N$이 된다.

따라서 δ가 지나는 점이 $c-b+a$라는 것을 알 수 있다.

$\therefore d=-1-0+\frac{3}{2}=\frac{1}{2}$

직선 δ의 방향 벡터는 $\left(\frac{-1}{\sqrt{2}},\ \frac{1}{\sqrt{2}}\right)$이고 δ 위의 점은 $\left(\frac{1}{2},\ 0\right)$이므로 구하는 직선 δ는 다음과 같다.

$\therefore\ \delta=\left(\frac{1}{2},\ 0\right)+t\left(-\frac{1}{\sqrt{2}},\ \frac{1}{\sqrt{2}}\right),\ t\in R$

(c) 직선 ℓ은 점 $(0,\ 1)$을 지나고 x축과 평행한 직선이라 하자. 세 점 $(-1,\ 0)$, $(0,\ 0)$, $(2,\ 0)$을 지나가고 ℓ에 수직인 세 직선 $\alpha,\ \beta,\ \gamma$ 에 대하여 $\Omega_\alpha\Omega_\beta\Omega_\gamma=\Omega_\delta$을 만족하는 직선 $\delta\in$P(ℓ)를 구하여라.

풀이 직선 ℓ의 방향벡터 $\left(\frac{1}{\sqrt{2}},\ \frac{1}{\sqrt{2}}\right)$은 직선 $\alpha,\ \beta,\ \gamma$ 에 대한 단위직교벡터 N에 대응한다.

$$\Omega_\alpha\Omega_\beta\Omega_\gamma X=X-2(X-P-(-1-0+2)N)\cdot N)N=X-2(X-P-N)\cdot N)N$$

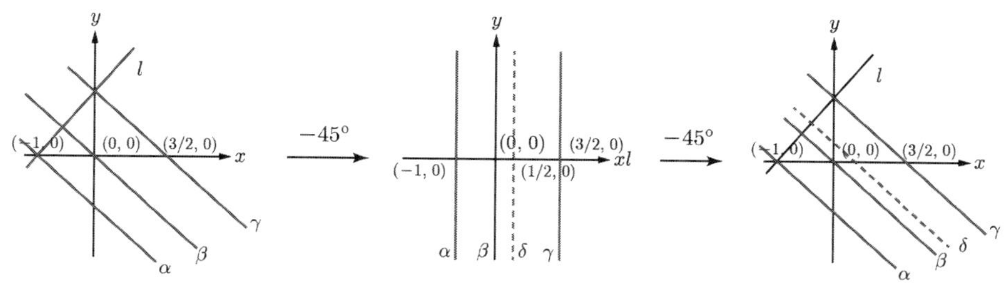

직선 δ의 방향 벡터는 $\left(\frac{-1}{\sqrt{2}},\ \frac{1}{\sqrt{2}}\right)$이고 δ 위의 점은 $(1,\ 0)$이므로 구하는 직선 δ는 다음과 같다.

$$\therefore\ \delta = (1,\ 0) + t\left(-\frac{1}{\sqrt{2}},\ \frac{1}{\sqrt{2}}\right),\ t \in R$$

6. 점 P에 대한 회전군 $ROT(P)$와 특수 직교군 $SO(2)$가 대수적 동형임을 보여라.

풀이 주장: $ROT(P) := \{rot_\theta P \mid 0 \le \theta < 2\pi\}$, $SO(2) = \{rot\,\alpha \mid 0 \le \alpha < 2\pi\}$일 때 함수 $\phi : ROT(P) \to SO(2)$, $\phi(rot_\theta P) = rot_\theta$가 동형사상이다.

(i) 함수 ϕ가 단사이다.

$$\begin{aligned}\because\ \ker\phi &= \{rot_x P \mid \phi(rot_x P) = rot\,0\}\\ &= \{rot_x P \mid rot x = rot 0\}\ i.e.\ x = 0\\ &= \{rot_0 P\}\\ &= \{I\}\end{aligned}$$

(ii) 함수 ϕ가 전사이다.

$$\because\ \forall\, rot\,\alpha \in SO(2),\ \phi(rot_\alpha P) = rot\,\alpha$$

(iii) 함수 ϕ는 준 동형 사상이다.

$$\because\ \forall\, rot_\alpha P,\ rot_\beta P \in ROT(P)$$

$$\begin{aligned}\phi(rot_\alpha P \circ rot_\beta P) &= \phi(rot_{\alpha+\beta} P)\\ &= rot(\alpha+\beta)\\ &= rot\,\alpha \circ rot\,\beta\\ &= \phi(rot_\alpha P) \circ \phi(rot_\beta P)\end{aligned}$$

7. 함수 $F: E^2 \to E^2$가 준동형사상일 때 $KerF = \{0\} \Leftrightarrow F$는 일대일 함수임을 증명하여라.

풀이 (i) $KerF = \{0\} \Rightarrow F$는 일대일 함수

준동형사상 $F: E^2 \to E^2$에 대하여 $KerF = \{0\}$이면

$F(v) = F(w)$일 때 $F(v-w) = F(v) - F(w) = 0$이므로

$v - w \in KerF = \{0\}$에서 $v - w = 0$이고 $v = w$

(ii) $KerF=\{0\} \Leftarrow F$는 일대일 함수

F가 단사 함수이면 $v \in KerF$일 때 $F(v)=0=F(0)$이므로 $v=0$

즉, $KerF=\{0\}$

8. 모든 평행이동의 집합 $T(E^2)=\{\tau_v | \tau_v(x)=x+v,\ v \in E^2\}$가

(a) 등장군 $\mathcal{I}(E^2)$의 가환부분군이고, (b) $(R^2,\ +)$과 동형임을 보여라.

풀이 (a) ① $\tau_v\tau_u=\tau_{v+u}$ ② $\tau_0=I$ ③ $\tau_{-v}=(\tau_v)^{-1}$ ④ $d(\tau_v X,\ \tau_v Y)=d(X,\ Y)$임을 보이면 된다.

① $\tau_v\tau_u(X)=\tau_v(X+u)=X+u+v$

$\tau_{v+u}=X+u+v$ (덧셈에 대하여 닫혀있다.)

$\tau_v\tau_u(X)=\tau_u\tau_v(X)$ (가환)

② $\tau_0\tau_v=\tau_0(v+X)=v+X=\tau_v$

$\tau_v\tau_0=\tau_v(X)=X+v=\tau_v$

$\therefore$ τ_0: 항등원

③ $\tau_x\tau_v=\tau_x(v+X)=\tau(v+x+X)=\tau_0(X)=X$

$\therefore$ $x=-v$

$\tau_{-v}X=X-v$

$-v \in E^2$이므로 역원 존재

④ $d(\tau_v X,\ \tau_v Y)=d(X+v,\ Y+v)=||(X+v)-(Y+v)||$

$=||X-Y||=d(X,\ Y)$

(b) $T(E^2) \cong (R^2,\ +)$

① 준동형사상 ② 일대일 ③ onto임을 보이면 된다

$F: v \to X+v=T_v(X)$

① $\tau_v\tau_u=\tau_{v+u}$

② $\tau_v=\tau_u$

$\Rightarrow X+v=X+u$

$\Rightarrow v=u$

$\therefore$ 단사

③ $\forall x+v \in E^2$ 에 대하여 $\exists v \in E^2$ $s.t$

$\tau_v X=X+v$

9. 정리 1.7.6과 정리 1.7.7을 증명하여라.

(a) 정리 1.7.6(회전에 대한 삼반사 정리)

(b) 정리 1.7.7(회전에 대한 표현 정리)

풀이 (a) $\Omega_\alpha=\tau_p\Omega_{\alpha_0}\tau_{-p}$, $\Omega_\beta=\tau_p\Omega_{\beta_0}\tau_{-p}$, $\Omega_\gamma=\tau_p\Omega_{\gamma_0}\tau_{-p}$

$$\Rightarrow \Omega_\alpha \Omega_\beta \Omega_\gamma = \tau_p \Omega_{\alpha_0} \tau_{-p} \tau_p \Omega_{\beta_0} \tau_{-p} \tau_p \Omega_{\gamma_0} \tau_{-p}$$
$$= \tau_p (\Omega_{\alpha_0} \Omega_{\beta_0} \Omega_{\gamma_0}) \tau_{-p}$$
$$= \tau_p (ref\theta \, ref\phi \, ref\psi) \tau_{-p}$$
$$= \tau_p (ref\theta \, rot2(\phi - \psi)) \tau_{-p}$$
$$ref\theta \, rot2(\phi-\psi) = \begin{pmatrix} \cos 2\theta & \sin 2\theta \\ \sin 2\theta & -\cos 2\theta \end{pmatrix} \begin{pmatrix} \cos 2(\phi-\psi) & -\sin 2(\phi-\psi) \\ \sin 2(\phi-\psi) & \cos 2(\phi-\psi) \end{pmatrix}$$
$$= \begin{pmatrix} \cos 2(\theta-\phi+\psi) & \sin 2(\theta-\phi+\psi) \\ \sin 2(\theta-\phi+\psi) & -\cos 2(\theta-\phi+\psi) \end{pmatrix}$$
$$= ref(\theta-\phi+\psi)$$

δ는 $\Omega_\delta = \tau_p \, ref(\theta-\phi+\psi) \tau_{-p}$

$\therefore$ δ를 P를 지나고 방향벡터가 $(\cos(\theta-\phi+\psi), \sin(\theta-\phi+\psi))$인 직선이다.

(b) 삼반사 정리로부터 $\Omega_\alpha \Omega_\beta \Omega_l = \Omega_{m'}$을 만족하는 점 P를 지나는 직선 m'이 존재한다.

$\Omega_\alpha \Omega_\beta \Omega_l \Omega_l = \Omega_{m'} \Omega_l$

$T = \Omega_\alpha \Omega_\beta = \Omega_{m'} \Omega_l$

이와 같이 $\Omega_l \Omega_\alpha \Omega_\beta = \Omega_m$을 만족하는 점 P를 지나는 직선 m이 존재.

$\Omega_l \Omega_l \Omega_\alpha \Omega_\beta = \Omega_l \Omega_m$

$T = \Omega_\alpha \Omega_\beta = \Omega_l \Omega_m$

$\therefore$ $\Omega_{m'} \Omega_l = \Omega_l \Omega_m$

10. 이동군 $TRANS(\ell)$은 등장군 $I(E^2)$의 부분군임을 보여라.

증명 l을 따라 이동하는 모든 이동함수의 집합 $TRANS(\ell)$은 군이 된다.

(1) $(T_\lambda T_\mu)X = T_{\lambda+\mu}X = T_{\mu+\lambda}X = (T_\mu T_\lambda)X$

$T_\lambda(T_\mu X) = T_\lambda(X+\mu N) = X+\mu N+\lambda N = X+(\mu+\lambda)N$

마찬가지로, $T_\mu(T_\lambda X) = X+(\mu+\lambda)N$

(2) T_0는 $T_0 T_\lambda = T_\lambda$과 $T_\lambda T_0 = T_\lambda$을 만족하는 항등원

$T_\lambda(T_0 X) = T_\lambda(X+0N) = X+\lambda N$

마찬가지로, $T_0(T_\lambda X) = X+\lambda N$

(3) $T_\lambda T_{-\lambda} = T_0 = T_{-\lambda} T_\lambda$를 만족하므로 $T_{-\lambda}$는 $T_{-\lambda}$의 역원

$T_\lambda(T_{-\lambda}X) = T_\lambda(X-\lambda N) = X+(-\lambda+\lambda)N = X$

마찬가지로, $T_{-\lambda}(T_\lambda X) = X+(-\lambda+\lambda)N = X$

(4) $\tau_\lambda \in I(E^2)$

$\forall \tau_\lambda \in TRAN(l)$,

$d(\tau_\lambda X, \tau_\lambda Y) = |\tau_\lambda X - \tau_\lambda Y| = |(X+\lambda N)-(Y+\lambda N)| = |X-Y| = d(X, Y)$

제2장 연습문제 풀이

1. E^3에서 원점 O와 점 $(1,\ 0,\ \sqrt{3})$을 지나가는 직선의 구면 S^2와 만나는 점을 ξ라 할 때

(a) ξ를 극으로 갖는 S^2 위의 직선 l의 방정식을 구하여라.

(b) S^2 위의 점 $P=(0,\ 1,\ 0)$가 l을 따라 $\frac{\pi}{3}$만큼 회전할 때 나타나는 점 Q를 구하여라.

풀이 (a) $(0,\ 0,\ 0)$과 $(1,\ 0,\ \sqrt{3})$를 지나는 직선의 방향벡터를 $(1,\ 0,\ \sqrt{3})$로 택할 수 있다. 그러면 이 직선의 식은

$$m : x=(0,\ 0,\ 0)+t(1,\ 0,\ \sqrt{3})=(t,\ 0,\ \sqrt{3}t)$$

이다. 이때 S^2 위의 점을 생각해야 하므로 $t^2+(\sqrt{3}t)^2=1$, 즉 $t=\pm\frac{1}{2}$이다. 따라서

$$\xi=\pm\left(\frac{1}{2},\ 0,\ \frac{\sqrt{3}}{2}\right)$$

를 극으로 하는 직선 l의 방정식은 $l=\{X\in S^2|X\cdot\xi=0\}$이므로

$$X\cdot\xi=(x,\ y,\ z)\cdot\left(\frac{1}{2},\ 0,\ \frac{\sqrt{3}}{2}\right)=0$$

즉 $x+\sqrt{3}z=0$이므로

$$l=\{(x,\ y,\ z)\in S^2|x+\sqrt{3}z=0\}$$

이다.

(b) 직선 $m=\{(x,\ y,\ z)\in S^2|z=0\}$이라 하고 $n=\{(x,\ y,\ z)\in S^2|y=0\}$이라 하자.

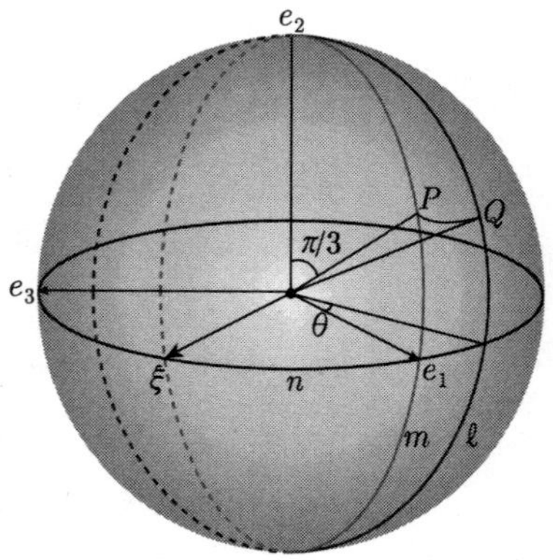

직선 m과 l은 n에 수직이다. 직선 l과 m의 사이각 θ을 구하자.

m과 n이 만나는 점 $(1,\ 0,\ 0)$과 l과 n이 만나는 점 $\left(\frac{\sqrt{3}}{2},\ 0,\ \frac{-1}{2}\right)$ 사이의 각을 구하면 된다.

$\cos\theta=(1,0,0)\cdot\left(\frac{\sqrt{3}}{2},0,\frac{-1}{2}\right)=\frac{\sqrt{3}}{2}$이므로 $\theta=\frac{\pi}{6}$이다.

P를 직선 m을 따라 $\frac{\pi}{3}$만큼 이동하고 직선 ℓ과 평행하게 $\frac{\pi}{6}$만큼 이동하면 Q가 된다.

$$Q=\left(\sin\frac{\pi}{3}\sin\left(\frac{\pi}{2}+\frac{\pi}{6}\right),\ \cos\frac{\pi}{3},\ \sin\frac{\pi}{3}\cos\left(\frac{\pi}{2}+\frac{\pi}{6}\right)\right)=\left(\frac{3}{4},\ \frac{1}{2},\ \frac{-\sqrt{3}}{4}\right)$$

2. 임의의 점 $P \in \ell$는 직선 ℓ의 극 ξ에 대하여 $\xi \cdot P = 0$이므로 $-\xi \cdot P = 0$이다. 그러므로 $-\xi$도 직선 ℓ의 극이다.

3. S^2 위의 두 점 $P = \left(\frac{1}{\sqrt{3}}, \frac{1}{\sqrt{3}}, \frac{1}{\sqrt{3}}\right)$와 $Q = \left(-\frac{1}{\sqrt{2}}, 0, \frac{1}{\sqrt{2}}\right)$에 대하여

(a) 소선분 PQ에 대한 수직 이등분선 ℓ을 구하여라.

(b) 라디안각 $\measuredangle(PQR) = \measuredangle(QPR) = \frac{\pi}{2}$인 구면 이등면삼각형 $\triangle PQR$을 구하라.

풀이 (a) 직선 ℓ은 $\eta = \pm \frac{P-Q}{|P-Q|}$을 극으로 갖는 직선이다.

$$P - Q = \left(\frac{1}{\sqrt{3}} + \frac{1}{\sqrt{2}}, \frac{1}{\sqrt{3}}, \frac{1}{\sqrt{3}} - \frac{1}{\sqrt{2}}\right)$$

$$|P - Q| = \sqrt{2}$$

$$\eta = \pm \frac{P-Q}{|P-Q|} = \pm \frac{1}{\sqrt{2}}\left(\frac{1}{\sqrt{3}} + \frac{1}{\sqrt{2}}, \frac{1}{\sqrt{3}}, \frac{1}{\sqrt{3}} - \frac{1}{\sqrt{2}}\right)$$

$$= \pm\left(\frac{1}{\sqrt{6}} + \frac{1}{2}, \frac{1}{\sqrt{6}}, \frac{1}{\sqrt{6}} - \frac{1}{2}\right)$$

$$\therefore l = \left\{X \in S^2 \,\middle|\, \left(\frac{1}{\sqrt{6}} + \frac{1}{2}\right)x + \frac{1}{\sqrt{6}}y + \left(\frac{1}{\sqrt{6}} - \frac{1}{2}\right)z = 0\right\}$$

$$= \left\{X \in S^2 \,\middle|\, \left(-\frac{1}{\sqrt{6}} - \frac{1}{2}\right)x - \frac{1}{\sqrt{6}}y + \left(-\frac{1}{\sqrt{6}} + \frac{1}{2}\right)z = 0\right\}$$

(b) $$area(\triangle PQR) = \measuredangle(RPQ) + \measuredangle(PQR) + \measuredangle(QRP) - \pi$$

$$= \measuredangle(QRP) + \frac{\pi}{2} + \frac{\pi}{2} - \pi \quad \cdots\cdots (1)$$

이다. 이제 사인법칙을 이용하여 $\measuredangle(QRP)$을 구하여보자.

$\frac{\sin\measuredangle(QRP)}{\sin\angle(QOP)} = \frac{\sin\measuredangle(RPQ)}{\sin\angle(ROQ)} = \frac{\sin\measuredangle(PQR)}{\sin\angle(POR)}$이므로

$$\sin\angle(QOP) = \cos^{-1}\left(\frac{Q}{|Q|} \cdot \frac{P}{|P|}\right) = \cos^{-1}\left(-\frac{1}{\sqrt{6}} + \frac{1}{\sqrt{6}}\right) = \cos^{-1}(0) = \frac{\pi}{2}$$

$$\therefore \sin\angle(QOP) = \frac{\pi}{2}$$

(1)번 식에 대입하면, $\therefore\ area(\triangle PQR) = \frac{\pi}{2}$이다.

사인법칙을 이용하여 $\sin\angle(QOP) = \sin\angle(ROQ) = \sin\angle(POR) = \frac{\pi}{2}$임을 알 수 있다.

그러므로 R의 좌표는 $\frac{P \times Q}{|P \times Q|}$와 같다.

$$P \times Q = \begin{vmatrix} i & j & k \\ \frac{1}{\sqrt{3}} & \frac{1}{\sqrt{3}} & \frac{1}{\sqrt{3}} \\ -\frac{1}{\sqrt{2}} & 0 & \frac{1}{\sqrt{2}} \end{vmatrix} = \left(\frac{1}{\sqrt{6}}, -\frac{2}{\sqrt{6}}, \frac{1}{\sqrt{6}}\right)$$

$$|P\times Q| = 1$$

따라서 $\therefore R = \dfrac{P\times Q}{|P\times Q|} = \left(\dfrac{1}{\sqrt{6}},\ -\dfrac{2}{\sqrt{6}},\ \dfrac{1}{\sqrt{6}}\right)$이다.

4. (a) S^2 위에서 $e_2 = (0,\ 1,\ 0)$를 극으로 갖는 직선 n에 수직인 두 직선 ℓ과 m의 극을 각각 ξ와 η라 하고 E^3의 정규 직교기저 $\{e_1,\ e_2,\ e_3\}$에 대하여 e_1과 $\ell\cap n$의 사이각은 $\pi/3$이고 e_1과 $m\cap n$의 사이각은 $\pi/6$일 때 $P = \dfrac{1}{\sqrt{2}}e_1 + \dfrac{1}{\sqrt{2}}e_2$ 에 대한 회전 $TP = \Omega_\ell\Omega_m P$를 구하여라.

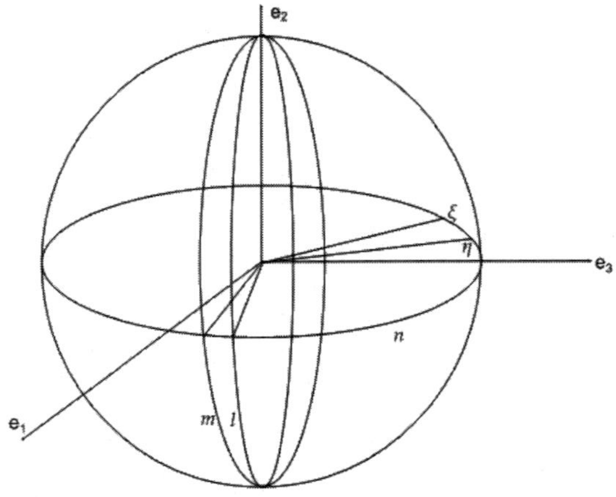

풀이 $\theta = \dfrac{\pi}{3},\ \phi = \dfrac{\pi}{6}$라 하면

$$\Omega_\ell\Omega_m = \begin{pmatrix} \cos 2\theta & 0 & \sin 2\theta \\ 0 & 1 & 0 \\ \sin 2\theta & 0 & \cos 2\theta \end{pmatrix}\begin{pmatrix} \cos 2\phi & 0 & \sin 2\phi \\ 0 & 1 & 0 \\ \sin 2\phi & 0 & \cos 2\phi \end{pmatrix} = \begin{pmatrix} \cos\frac{\pi}{3} & 0 & -\sin\frac{\pi}{3} \\ 0 & 1 & 0 \\ \sin\frac{\pi}{3} & 0 & \cos\frac{\pi}{3} \end{pmatrix} = \begin{pmatrix} \frac{1}{2} & 0 & -\frac{\sqrt{3}}{2} \\ 0 & 1 & 0 \\ \frac{\sqrt{3}}{2} & 0 & \frac{1}{2} \end{pmatrix}$$

따라서 $$TP = \begin{pmatrix} \frac{1}{2} & 0 & -\frac{\sqrt{3}}{2} \\ 0 & 1 & 0 \\ \frac{\sqrt{3}}{2} & 0 & \frac{1}{2} \end{pmatrix}\begin{pmatrix} \frac{1}{\sqrt{2}} \\ \frac{1}{\sqrt{2}} \\ 0 \end{pmatrix} = \begin{pmatrix} \frac{\sqrt{2}}{4} \\ \frac{\sqrt{2}}{2} \\ \frac{\sqrt{6}}{4} \end{pmatrix} = \frac{\sqrt{2}}{4}\mathbf{e}_1 + \frac{\sqrt{2}}{2}\mathbf{e}_2 + \frac{\sqrt{6}}{4}\mathbf{e}_3$$

(b) E^3의 정규직교기저 $\{e_1,\ e_2,\ e_3\}$에 대하여, S^2 위에서 e_1과 ℓ과 n의 교점과의 사이각은 $\dfrac{\pi}{2}$이고 e_1과 m과 n의 교점과의 사이각이 $\dfrac{\pi}{4}$일 때, 점 $P = \dfrac{1}{\sqrt{3}}e_1 - \dfrac{1}{\sqrt{3}}e_2 + \dfrac{1}{\sqrt{3}}e_3$ 에 대하여

(i) 회전 $TP = \Omega_\ell\Omega_m P$를 구하여라.

(ii) P를 회전 $Q = TP$ 로 보내는 반사를 구하여라.

풀이 (i) Ω_ℓ의 표현 행렬을 $\begin{pmatrix} ref\theta & 0 \\ 0 & 1 \end{pmatrix}$이라 하고

Ω_m의 표현 행렬을 $\begin{pmatrix} ref\psi & 0 \\ 0 & 1 \end{pmatrix}$이라 하면

$\Omega_\ell \Omega_m = \begin{pmatrix} ref\theta & 0 \\ 0 & 1 \end{pmatrix}\begin{pmatrix} ref\psi & 0 \\ 0 & 1 \end{pmatrix} = \begin{pmatrix} rot2(\theta-\psi) & 0 \\ 0 & 1 \end{pmatrix}$이므로

$\theta = \frac{\pi}{2}$, $\psi = \frac{\pi}{4}$를 대입하면

$$\Omega_\ell \Omega_m = \begin{pmatrix} rot\,2\left(\frac{\pi}{4}\right) & 0 \\ 0 & 1 \end{pmatrix} = \begin{pmatrix} rot\left(\frac{\pi}{2}\right) & 0 \\ 0 & 1 \end{pmatrix} = \begin{pmatrix} \cos\frac{\pi}{2} & -\sin\frac{\pi}{2} & 0 \\ \sin\frac{\pi}{2} & \cos\frac{\pi}{2} & 0 \\ 0 & 0 & 1 \end{pmatrix} = \begin{pmatrix} 0 & -1 & 0 \\ 1 & 0 & 0 \\ 0 & 0 & 1 \end{pmatrix}.$$

이때 P는 $\frac{1}{\sqrt{3}}e_1 - \frac{1}{\sqrt{3}}e_2 + \frac{1}{\sqrt{3}}e_3$이므로

$$\Omega_\ell \Omega_m P = \begin{pmatrix} 0 & -1 & 0 \\ 1 & 0 & 0 \\ 0 & 0 & 1 \end{pmatrix}\begin{pmatrix} \frac{1}{\sqrt{3}} \\ -\frac{1}{\sqrt{3}} \\ \frac{1}{\sqrt{3}} \end{pmatrix} = \begin{pmatrix} \frac{1}{\sqrt{3}} \\ \frac{1}{\sqrt{3}} \\ \frac{1}{\sqrt{3}} \end{pmatrix}$$

$\therefore TP = \left(\frac{1}{\sqrt{3}}, \frac{1}{\sqrt{3}}, \frac{1}{\sqrt{3}}\right)$

(ii) 정리에 의해 $\xi = \pm\frac{Q-P}{|Q-P|}$를 극으로 갖는 직선 α가 $Q = TP$를 만족시키는 유일한 직선이다. 그러나 주어진 특별한 Q가 없기 때문에 (a)에서 구한 $\left(\frac{1}{\sqrt{3}}, \frac{1}{\sqrt{3}}, \frac{1}{\sqrt{3}}\right)$를 Q라 한다면, $Q-P = \left(0, \frac{2}{\sqrt{3}}, 0\right)$이고 $|Q-P| = \frac{2}{\sqrt{3}}$이므로 $\frac{Q-P}{|Q-P|} = (0, 1, 0)$이 되어 극이 $\xi = \pm(0, 1, 0)$이 되므로 직선의 방정식은

$$\alpha = \{X \in S^2 | y = 0\} = \{X \in S^2 | -y = 0\}.$$

그러므로 P를 Q로 보내는 반사는 Ω_α이다.

$\therefore \Omega_\alpha P = Q$

5. E^3의 정규직교 기저 $\{e_1, e_2, e_3\}$에 대하여, S^2 위에서 e_3에 대한 회전 α의 표현행렬 $\begin{pmatrix} rot\left(\frac{\pi}{4}\right) & 0 \\ 0 & 1 \end{pmatrix}$과 e_1에 대한 반회전 β의 표현행렬 $\begin{pmatrix} 0 & 1 & 0 \\ -1 & 0 & 0 \\ 0 & 0 & 1 \end{pmatrix}$이 군을 생성함을 보여라

풀이 α의 표현 행렬 $\begin{pmatrix} rot\left(\frac{\pi}{4}\right) & 0 \\ 0 & 1 \end{pmatrix}$ α^2의 표현 행렬 $\begin{pmatrix} rot\left(\frac{2\pi}{4}\right) & 0 \\ 0 & 1 \end{pmatrix}$이다. 따라서 $\alpha^8 = I$.

이때 β의 표현행렬 $\begin{pmatrix} 0 & 1 & 0 \\ -1 & 0 & 0 \\ 0 & 0 & 1 \end{pmatrix} = \begin{pmatrix} rot\left(\frac{6\pi}{4}\right) & 0 \\ 0 & 1 \end{pmatrix}$. 따라서 $\beta=\alpha^6$이다.

$$\langle\{\alpha,\ \beta\}\rangle=\langle\{\alpha\}\rangle(\because \beta=\alpha^6),\ \langle\{\alpha\}\rangle=\ \{I,\ \alpha,\ \alpha^2,\ \alpha^3,\ \alpha^4,\ \alpha^5,\ \alpha^6,\ \alpha^7\}$$

이때 연산을 결과를 표로 나타내면

(1) 행렬의 곱은 교환법칙이 성립하고, $\langle\{\alpha,\ \beta\}\rangle$의 임의의 두 원소의 곱이 $\langle\{\alpha,\ \beta\}\rangle$의 원소가 된다.

(2) 항등원이 존재한다.

(3) $\langle\{\alpha,\ \beta\}\rangle$안의 모든 원소에 대해 역원이 존재한다.

결론: (1), (2), (3)에 의하여 $\langle\{\alpha,\ \beta\}\rangle$는 군이다.

$\circ$	I	α	α^2	α^3	α^4	α^5	α^6	α^7
I	I	α	α^2	α^3	α^4	α^5	α^6	α^7
α	α	α^2	α^3	α^4	α^5	α^6	α^7	I
α^2	α^2	α^3	α^4	α^5	α^6	α^7	I	α
α^3	α^3	α^4	α^5	α^6	α^7	I	α	α^2
α^4	α^4	α^5	α^6	α^7	I	α	α^2	α^3
α^5	α^5	α^6	α^7	I	α	α^2	α^3	α^4
α^6	α^6	α^7	I	α	α^2	α^3	α^4	α^5
α^7	α^7	I	α	α^2	α^3	α^4	α^5	α^6

6. $P=\left(\frac{1}{\sqrt{2}},\ 0,\ \frac{1}{\sqrt{2}}\right)$, $Q=\left(\frac{1}{\sqrt{3}},\ -\frac{1}{\sqrt{3}},\ \frac{1}{\sqrt{3}}\right)$, $R=\left(\frac{2}{\sqrt{5}},\ \frac{1}{\sqrt{5}},\ 0\right)$가 S^2 위의 세 점일 때,

(a) 두 팔 $\overrightarrow{PQ}$, $\overrightarrow{PR}$를 교환하는 반사를 구하여라.

(b) 구면삼각형 $\triangle PQR$의 중점을 구하여라.

풀이 (a) 점 P, Q를 지나는 직선을 ℓ이라 하고 그 극을 ξ라고 하면

$$P\times Q=\left(\frac{1}{\sqrt{6}},\ 0,\ -\frac{1}{\sqrt{6}}\right)\ |P\times Q|=\frac{1}{\sqrt{3}}$$

$$\xi=\frac{P\times Q}{|P\times Q|}=\left(\frac{1}{\sqrt{2}},\ 0,\ -\frac{1}{\sqrt{2}}\right)$$

이다.

점 P, R을 지나는 직선을 m이라 하고 그 극을 η라고 하면

$$P\times R=\left(-\frac{1}{\sqrt{10}},\ \frac{2}{\sqrt{10}},\ \frac{1}{\sqrt{10}}\right)\ |P\times R|=\sqrt{\frac{3}{5}}$$

$$\eta=\frac{P\times R}{|P\times R|}=\left(-\frac{1}{\sqrt{6}},\ \frac{2}{\sqrt{6}},\ \frac{1}{\sqrt{6}}\right)$$

이다.

두 팔 $\overrightarrow{PQ}$, $\overrightarrow{PR}$를 교환하는 반사는 직선 ℓ과 직선 m의 극을 교환하는 반사와 일치한다.

교환하는 반사의 직선을 n이라고 두면 그 극은 $\pm\frac{\xi-\eta}{|\xi-\eta|}$가 된다

$$\xi-\eta=\left(\frac{1}{\sqrt{2}}+\frac{1}{\sqrt{6}},\ -\frac{2}{\sqrt{6}},\ -\frac{1}{\sqrt{2}}-\frac{1}{\sqrt{6}}\right)$$

$$|\xi-\eta|=\sqrt{2+\frac{2}{\sqrt{3}}}=\frac{\sqrt{6+2\sqrt{3}}}{\sqrt{3}}$$

$$\frac{\xi-\eta}{|\xi-\eta|}=\pm\frac{\sqrt{3}}{\sqrt{6+2\sqrt{3}}}\left(\frac{1}{\sqrt{2}}+\frac{1}{\sqrt{6}},\ -\frac{2}{\sqrt{6}},\ -\frac{1}{\sqrt{2}}-\frac{1}{\sqrt{6}}\right)$$

$$\text{직선 } n=\left\{(x,y,z)\in S^2\middle|\left(\frac{1}{\sqrt{2}}+\frac{1}{\sqrt{6}}\right)x-\frac{2}{\sqrt{6}}y-\left(\frac{1}{\sqrt{2}}+\frac{1}{\sqrt{6}}\right)z=0\right\}$$

두 팔 $\overrightarrow{PQ}$, $\overrightarrow{PR}$를 교환하는 반사는 직선 n이 된다.

(b) 구면삼각형 $\triangle PQR$의 중점을 구하자.

구면삼각형 $\triangle PQR$의 중점을 G라 하자

$$G=\left(\frac{x_1+x_2+x_3}{3},\ \frac{y_1+y_2+y_3}{3},\ \frac{z_1+z_2+z_3}{3}\right)$$

$$=\left(\frac{\frac{1}{\sqrt{2}}+\frac{1}{\sqrt{3}}+\frac{2}{\sqrt{5}}}{3},\ \frac{0+\frac{-1}{\sqrt{3}}+\frac{1}{\sqrt{5}}}{3},\ \frac{\frac{1}{\sqrt{2}}+\frac{1}{\sqrt{3}}+0}{3}\right)$$

$$=\frac{1}{3}\left(\frac{\sqrt{15}+\sqrt{10}+2\sqrt{6}}{\sqrt{30}},\ \frac{\sqrt{3}-\sqrt{5}}{\sqrt{15}},\ \frac{\sqrt{3}+\sqrt{2}}{\sqrt{6}}\right)$$

$$=\frac{1}{3}\left(\frac{15\sqrt{2}+10\sqrt{3}+12\sqrt{5}}{30},\ \frac{3\sqrt{5}-5\sqrt{3}}{15},\ \frac{3\sqrt{2}+2\sqrt{3}}{6}\right)$$

따라서, $G=\left(\frac{15\sqrt{2}+10\sqrt{3}+12\sqrt{5}}{90},\ \frac{3\sqrt{5}-5\sqrt{3}}{45},\ \frac{3\sqrt{2}+2\sqrt{3}}{18}\right)$이

구면삼각형 $\triangle PQR$의 중점이 된다.

7. S^2 위의 세 점 $P=\left(\frac{1}{2},\ \frac{\sqrt{3}}{2},\ 0\right)$, $Q=\left(\frac{\sqrt{3}}{2},\ \frac{1}{2},\ 0\right)$, $R=(0,\ 0,\ 1)$에 대하여

(a) 라디안 각 $\sphericalangle(PRQ)$을 구하여라.

(b) 라디안 각 $\sphericalangle(PQR)$, $\sphericalangle(QPR)$을 사인법칙을 이용하여 구하여라.

(c) 삼각형 $\triangle PQR$의 면적을 구하여라.

풀이 (a) $\sphericalangle(PRQ)=\cos^{-1}\left(\dfrac{R\times P}{|R\times P|}\cdot\dfrac{R\times Q}{|R\times Q|}\right)$ ($\because$ 정의)

$$=\cos^{-1}\left(\left(-\frac{\sqrt{3}}{2},\ \frac{1}{2},\ 0\right)\cdot\left(\frac{1}{2},\ -\frac{\sqrt{3}}{2},\ 0\right)\right)$$

$$=\cos^{-1}\left(-\frac{\sqrt{3}}{4}-\frac{\sqrt{3}}{4}\right)$$

$$=\cos^{-1}\left(-\frac{\sqrt{3}}{2}\right)$$

$$=\frac{5\pi}{6}\quad\left(0\le\theta\le\pi\text{이므로 }\frac{5\pi}{6}\text{이다.}\right)$$

(b) $\dfrac{\sin\sphericalangle QPR}{\sin\angle QOR}=\dfrac{\sin\sphericalangle PQR}{\sin\angle POR}=\dfrac{\sin\sphericalangle PRQ}{\sin\angle POQ}$를 이용

(i) $\angle QOR=\cos^{-1}\left(\dfrac{Q\cdot R}{|Q|\cdot|R|}\right)=\cos^{-1}\left(\dfrac{0}{1\cdot 1}\right)=\dfrac{\pi}{2}$

$\angle POR=\cos^{-1}\left(\dfrac{P\cdot R}{|P|\cdot|R|}\right)=\cos^{-1}\left(\dfrac{0}{1\cdot 1}\right)=\dfrac{\pi}{2}$

$\angle POQ=\cos^{-1}\left(\dfrac{P\cdot Q}{|P|\cdot|Q|}\right)=\cos^{-1}\left(\dfrac{\frac{\sqrt{3}}{2}}{1\cdot 1}\right)=\dfrac{\pi}{6}$

(ii) $\dfrac{\sin\sphericalangle PRQ}{\sin\angle POQ}=\dfrac{\sin\frac{\pi}{6}}{\sin\frac{\pi}{6}}=1$

(iii) $\dfrac{\sin\sphericalangle QPR}{\sin\angle QOR}=\dfrac{\sin\sphericalangle PQR}{\sin\angle POR}=\dfrac{\sin\sphericalangle PRQ}{\sin\angle POQ}=1$

$\left(\sin\dfrac{\pi}{2}\right)=\sin\angle QOR=\sin\sphericalangle QPR$

$\therefore\ \sphericalangle QPR=\dfrac{\pi}{2}$

$\left(\sin\dfrac{\pi}{2}\right)=\sin\angle POR=\sin\sphericalangle PQR$

$\therefore\ \sphericalangle PQR=\dfrac{\pi}{2}$

(c) 삼각형 $\triangle PQR$의 면적$=\sphericalangle(PQR)+\sphericalangle(QRP)+\sphericalangle(RPQ)-\pi=\dfrac{\pi}{2}+\dfrac{\pi}{6}+\dfrac{\pi}{2}-\pi=\dfrac{\pi}{6}$

8. $P\times Q=0$이므로 P와 Q는 서로 나란하다. 마찬가지로 $Q\times R=0$이므로 Q와 R도 나란하다. 따라서 세 단위 벡터 P, Q, R은 서로 나란하므로 서로 대척적이다. 그러므로 여전히 한 직선 위에 있다.

9. $ROT(P)$을 S^2 위의 점 P에 대한 회전군이라 하자.

(a) 임의의 $T=\Omega_\alpha\Omega_\beta\in ROT(P)$와 점 P를 지나는 직선 ℓ에 대하여 $T=\Omega_l\Omega_m=\Omega_{m'}\Omega_l$을 만족하는 점 P를 지나는 두 직선 m, m'이 유일하게 존재함을 보여라.(즉, S^2 위의 회전에 대한 표현정리 증명.)

(b) $ROT(Q)$를 S^2 위의 점 Q에 대한 회전군이라 할 때 $ROT(P)$와 $ROT(Q)$가 서로 (대수적) 동형임을 보여라.(즉, $ROT(P)\approx ROT(Q)$임을 보여라.)

증명 (a) S^2 위의 점 P를 지나는 세 직선 ℓ, α, β에 대하여 회전에 대한 삼반사 정리를 적용하면 $\Omega_l\Omega_\alpha\Omega_\beta=\Omega_m$ 을 만족하는 직선 m이 유일하게 존재한다. 양변에 Ω_ℓ을 작용시키면

$$\Omega_\ell\Omega_\ell\Omega_\alpha\Omega_\beta=\Omega_\ell\Omega_m$$
$$\Rightarrow(\Omega_\ell\Omega_\ell)(\Omega_\alpha\Omega_\beta)=\Omega_\ell\Omega_m\Rightarrow\Omega_\alpha\Omega_\beta=\Omega_\ell\Omega_m\ (\because\ \Omega_\ell\Omega_\ell=I)$$
$$\Rightarrow T=\Omega_\alpha\Omega_\beta=\Omega_\ell\Omega_m$$

$\therefore$ $T=\Omega_\ell\Omega_m$를 만족하는 점 P를 지나는 직선 m이 유일하게 존재한다.

마찬가지로, S^2 위의 점 P를 지나는 세 직선 α, β, ℓ에 대하여 회전에 대한 삼반사 정리를 적용하면 $\Omega_\alpha\Omega_\beta\Omega_\ell=\Omega_{m'}$을 만족하는 직선 m'가 유일하게 존재한다.
양변에 Ω_ℓ을 작용시키면,

$$\Omega_\alpha\Omega_\beta\Omega_\ell\Omega_\ell=\Omega_{m'}\Omega_\ell$$
$$\Rightarrow(\Omega_\alpha\Omega_\beta)(\Omega_\ell\Omega_\ell)=\Omega_{m'}\Omega_\ell\Rightarrow\Omega_\alpha\Omega_\beta=\Omega_{m'}\Omega_\ell\ (\because\ \Omega_\ell\Omega_\ell=I)$$
$$\Rightarrow T=\Omega_\alpha\Omega_\beta=\Omega_{m'}\Omega_\ell$$

$\therefore$ $T=\Omega_{m'}\Omega_\ell$를 만족하는 점 P를 지나는 직선 m'가 유일하게 존재한다.

$\therefore$ 임의의 $T=\Omega_\alpha\Omega_\beta\in ROT(P)$와 점 P를 지나는 직선 ℓ에 대하여 $T=\Omega_\ell\Omega_m=\Omega_{m'}\Omega_\ell$을 만족하는 점 P를 지나는 두 직선 m, m'이 유일하게 존재한다.

(b) 함수 $\phi: ROT(P)\to ROT(Q)$가 동형사상임을 보이기 위하여 S^2 위의 임의의 점 P에 대한 회전 T에 대하여 $T=\tau_{-\theta}S\tau_\theta$을 만족하도록 $\phi(T)=S$라 정의하자.

(i) 임의의 T_1, $T_2\in ROT(P)$를 다음과 같이 놓으면,

$T_1=\tau_{-\theta}S_1\tau_\theta$, $T_2=\tau_{-\theta}S_2\tau_\theta$ $(\Rightarrow\phi(T_1)=S_1,\ \phi(T_2)=S_2)$

$\phi(T_1T_2)=\phi(\tau_{-\theta}S_1\tau_\theta\tau_{-\theta}S_2\tau_\theta)=\phi(\tau_{-\theta}S_1S_2\tau_\theta)=S_1S_2=\phi(T_1)\cdot\phi(T_2)$

따라서, 함수 ϕ가 준동형사상이다.

(ii) $\phi(T_1)=\phi(T_2)\Rightarrow S_1=S_2\Rightarrow\tau_{-\theta}S_1\tau_\theta=\tau_{-\theta}S_2\tau_\theta\Rightarrow T_1=T_2$

따라서, 함수 ϕ는 단사함수이다.

(iii) 임의의 $S\in ROT(Q)$에 대하여,

$\phi(\tau_{-\theta}S\tau_\theta)=S$를 만족하는 $T=\tau_{-\theta}S\tau_\theta\in ROT(P)$가 존재한다($\because$ 함수 ϕ의 정의).

따라서, 함수 ϕ는 전사함수이다.

(i), (ii), (iii)에 의해 함수 $\phi: ROT(P)\to ROT(Q)$는 동형사상이다.

10. S^2 위의 삼각형 $\triangle ABC$ 에서 사인법칙과 코사인법칙을 이용하여

(1) 만약 $A=30°$, $b=45°$, $c=60°$일 때 각 a, B, C를 구하여라.

(2) 만약 $a=30°$, $b=45°$, $c=60°$일 때 각 A, B, C를 구하여라.

풀이 * 구면삼각형 위의 사인법칙: $\dfrac{\sin A}{\sin a}=\dfrac{\sin B}{\sin b}=\dfrac{\sin C}{\sin c}$

* 구면삼각형 위의 코사인법칙: $\cos a=\cos b\cos c+\sin b\sin c\cos A$

(1) $A=30°$, $b=45°$, $c=60°$

$$\cos a=\frac{\sqrt{2}}{2}\frac{1}{2}+\frac{\sqrt{2}}{2}\frac{\sqrt{3}}{2}\frac{\sqrt{3}}{2}=\frac{5\sqrt{2}}{8}$$

$$\sin a=\sqrt{1-\cos^2 a}=\sqrt{1-\left(\frac{5\sqrt{2}}{8}\right)^2}=\frac{7}{4\sqrt{2}}$$

$\dfrac{\sin A}{\sin a}=\dfrac{2\sqrt{2}}{7}$이므로 사인법칙을 사용하면

$$\frac{\sin A}{\sin a}=\frac{2\sqrt{2}}{7}=\frac{\sin B}{\sin b}=\frac{\sin B}{1/2} \Rightarrow \sin B=\frac{\sqrt{2}}{7}$$

$$\frac{\sin A}{\sin a}=\frac{2\sqrt{2}}{7}=\frac{\sin C}{\sin c}=\frac{\sin C}{\sqrt{3}/2} \Rightarrow \sin C=\frac{\sqrt{6}}{7}$$

$$\therefore\ a=\sin^{-1}\left(\frac{7}{4\sqrt{2}}\right),\ B=\sin^{-1}\left(\frac{\sqrt{2}}{7}\right),\ C=\sin^{-1}\left(\frac{\sqrt{6}}{7}\right).$$

(2) $A=30°$, $b=45°$, $c=60°$

코사인법칙을 사용하면

$\cos a=\cos b\cos c+\sin b\sin c\cos A$이므로

$$\frac{\sqrt{3}}{2}=\frac{\sqrt{2}}{2}\frac{1}{2}+\frac{\sqrt{2}}{2}\frac{3}{2}\cos A \Rightarrow \cos A=\frac{2\sqrt{3}-\sqrt{2}}{\sqrt{6}}=\sqrt{2}-\frac{\sqrt{3}}{3}$$

$\cos b=\cos a\cos c+\sin a\sin c\cos B$이므로

$$\frac{\sqrt{2}}{2}=\frac{\sqrt{3}}{2}\frac{1}{2}+\frac{1}{2}\frac{\sqrt{3}}{2}\cos B \Rightarrow \cos B=\frac{2\sqrt{2}-\sqrt{3}}{\sqrt{3}}=\frac{2\sqrt{6}}{3}-1$$

$\cos c=\cos a\cos b+\sin a\sin b\cos C$이므로

$$\frac{1}{2}=\frac{\sqrt{2}}{2}\frac{\sqrt{3}}{2}+\frac{1}{2}\frac{\sqrt{2}}{2}\cos C \Rightarrow \cos C=\frac{2-\sqrt{6}}{\sqrt{2}}=\sqrt{2}-\sqrt{3}$$

$$\therefore\ A=\cos^{-1}(\sqrt{2}-\frac{\sqrt{3}}{3}),\ B=\cos^{-1}(\frac{2\sqrt{6}}{3}-1),\ C=\cos^{-1}(\sqrt{2}-\sqrt{3}).$$

제3장 연습문제 풀이

1. 복비 $[\infty, 0, 1, \lambda]$에서 $\infty, 0, 1, \lambda$의 순서를 바꾸면 다음 값 $\lambda, \frac{1}{\lambda}, 1-\lambda, \frac{1}{1-\lambda}, \frac{1-\lambda}{\lambda}, \frac{\lambda}{1-\lambda}$ 중 하나임을 보여라.

풀이 $[\infty, a, b, c]=\frac{c-a}{b-a}$이므로

$$[\infty, 0, 1, \lambda]=\frac{\lambda-0}{1-0}=\lambda,\ [\infty, 1, 0, \lambda]=\frac{\lambda-1}{0-1}=1-\lambda,$$

$$[\infty, 1, \lambda, 0]=\frac{0-1}{\lambda-1}=\frac{1}{\lambda-1},\ [\infty, 0, \lambda, 1]=\frac{1-0}{\lambda-0}=\frac{1}{\lambda},$$

$$[\infty, \lambda, 1, 0]=\frac{0-\lambda}{1-\lambda}=\frac{\lambda}{\lambda-1},\ [\infty, \lambda, 0, 1]=\frac{1-\lambda}{0-\lambda}=\frac{\lambda-1}{\lambda}$$

이다. $[a, b, c, d]=\frac{1}{[b, a, c, d]}$이므로

$$[0, \infty, 1, \lambda]=\frac{1}{\lambda},\ [1, \infty, 0, \lambda]=\frac{1}{1-\lambda},\ [1, \infty, \lambda, 0]=\lambda-1,$$

$$[0, \infty, \lambda, 1]=\lambda,\ [\lambda, \infty, 1, 0]=\frac{\lambda-1}{\lambda},\ [\lambda, \infty, 0, 1]=\frac{\lambda}{\lambda-1}$$

이다. $[a, b, c, \infty]=\frac{c-a}{c-b}$, $[a, b, c, d]=\frac{1}{[b, a, c, d]}$이므로

$$[\lambda, 0, 1, \infty]=\frac{1-\lambda}{1-0}=1-\lambda,\ [\lambda, 1, 0, \infty]=\frac{0-\lambda}{0-1}=\lambda,$$

$$[0, 1, \lambda, \infty]=\frac{\lambda}{\lambda-1},\ [0, \lambda, 1, \infty]=\frac{1}{1-\lambda},$$

$$[1, \lambda, 0, \infty]=\frac{1}{\lambda},\ [1, 0, \lambda, \infty]=\frac{\lambda-1}{\lambda}$$

이다. $[a, b, \infty, c]=\frac{c-b}{c-a}$, $[a, b, c, d]=\frac{1}{[b, a, c, d]}$이므로

$$[\lambda, 0, \infty, 1]=\frac{1-0}{1-\lambda}=\frac{1}{1-\lambda},\ [\lambda, 1, \infty, 0]=\frac{0-1}{0-\lambda}=\frac{1}{\lambda},$$

$$[0, 1, \infty, \lambda]=\frac{\lambda-1}{\lambda},\ [0, \lambda, \infty, 1]=1-\lambda,$$

$$[1, \lambda, \infty, 0]=\lambda,\ [1, 0, \infty, \lambda]=\frac{\lambda}{\lambda-1}$$

따라서 $\lambda, \frac{1}{\lambda}, 1-\lambda, \frac{1}{1-\lambda}, \frac{\lambda-1}{\lambda}, \frac{\lambda}{\lambda-1}$ 중 하나이다.

2. 원점에서 평면 G: $z=-1$ 위의 두 직선 $L_1=\{x=1/2, z=-1\}$, $L_2=\{x=-1/2, z=-1\}$로 사영하는 투영평면 H: $y=1$ 위의 대응곡선을 구하여라.

풀이 $(x,\ y,\ -1)\in G$, $(x',\ 1,\ z')\in H$라 하자.
원점에서 출발하는 방사선에 위 두 점이 놓일 조건은 $t(x,\ y,\ -1)=(x',\ 1,\ z')$이다.
따라서 $tx=x'$, $ty=1$, $-t=z'$이므로 t를 소거하여 $x=-\frac{x'}{z'}$, $y=-\frac{1}{z'}$이므로
H 위에서 L_1에 대응하는 직선은 $-\frac{x'}{z'}=\frac{1}{2}$, $y'=1$이고 L_2에 대응하는 직선은 $-\frac{x'}{z'}=-\frac{1}{2}$, $y'=1$이다. 즉, $y'=1$인 $x'z'$평면 H 위에서 $z'=-2x'$이고 $z'=2x'$이다.

3. 원점에서 평면 $G: x=1$ 위의 원 $y^2+z^2=1$을 사영할 때 투영평면 $H: y=1$ 위의 대응곡선을 구하여라.

풀이 투영평면 H 위의 점 $(x,\ 1,\ z)$와 G 위의 대응점 $(1,\ y',\ z')$은 원점을 지나고 일직선 위에 있으므로

$$(1,\ y',\ z')=(0,\ 0,\ 0)+t(x,\ 1,\ z)=(tx,\ t,\ tz)$$

즉,

$$tx=1,\ y'=t,\ z'=tz$$

이고 $t=\frac{1}{x}$이므로 y', z'에 각각 대입하면

$$y'=\frac{1}{x},\ z'=\frac{z}{x}$$

이다. $(1,\ y',\ z')$는 평면 $G: x=1$의 원 $y^2+z^2=1$위의 점이므로 원에 대입하면

$$\left(\frac{1}{x}\right)^2+\left(\frac{z}{x}\right)^2=1$$
$$1+z^2=x^2$$

이다. 따라서 원점에서 평면 $G: x=1$ 위의 원 $y^2+z^2=1$을 사영할 때 투영평면 $H: y=1$ 위의 대응하는 곡선의 방정식은

$$1+z^2=x^2,\ y=1$$

이다.

4. 원점에서 평면 $G: x=1$ 위의 쌍곡선 $y^2-z^2=1$을 사영할 때 투영평면 $H: y=1$ 위의 대응곡선을 구하여라.

풀이 두 점 $(1,\ y',\ z')\in G$, $(x,\ 1,\ z)\in H$는 한 방사선 위에 있으므로 $(1,\ y',\ z')=t(x,\ 1,\ z)$이다. 따라서 $1=tx$, $y'=t$, $z'=tz$이고 $t=\frac{1}{x}$이므로 y', z'에 각각 대입하면 $y'=\frac{1}{x}$,

$z' = \dfrac{z}{x}$ 이다.

$\left(1, \dfrac{1}{x}, \dfrac{z}{x}\right) = (1, y', z') \in G$이므로 G에 대입하면,

$$\frac{1}{x^2} - \frac{z^2}{x^2} = 1$$

$$1 - z^2 = x^2$$

$$x^2 + z^2 = 1$$

이다. 따라서 대응하는 곡선의 방정식은 $x^2+z^2=1$, $y=1$이다.

5. 연습문제 3번, 4번과 유사하므로 해답을 생략한다.

6. P^2 위의 두 직선 $x-2y+z=0$과 $2x+y-2z=0$의 공통수선을 구하여라.

풀이 $x-2y+z=0 \Rightarrow (1, -2, 1)\cdot(x, y, z)=0$이므로 직선 $x-2y+z=0$의 극은 $(1, -2, 1)$과 평행한 벡터이다.

마찬가지로 직선 $2x+y-2z=0$의 극은 $(2, 1, -2)$와 평행한 벡터이다.

그러므로 두 직선에 수직인 직선의 극은

$(1, -2, 1)\times(2, 1, -2) = \begin{vmatrix} i & j & k \\ 1 & -2 & 1 \\ 2 & 1 & -2 \end{vmatrix} = (3, 4, 5)$과 평행한 벡터이다.

정리 3.2.2에 의해 P^2 위의 서로 다른 두 직선은 유일한 공통수선을 갖기 때문에 이는 다음과 같이 구할 수 있다.

$$(3, 4, 5)\cdot(x, y, z)=0 \Rightarrow 3x+4y+5z=0.$$

7. (a) S^2 위에서 극 $\xi=\left(\dfrac{1}{\sqrt{3}}, \dfrac{1}{\sqrt{3}}, \dfrac{1}{\sqrt{3}}\right)$을 갖는 직선 ℓ에 대하여 반사 Ω_ℓ의 대응행렬을 구하고, P^2 위에서 반사 $\Omega_{\pi\ell}$의 고정점을 구하여라.

풀이 임의의 $X=(x, y, z)\in S^2$에 대하여

$$\begin{aligned}
\Omega_\ell X &= X - 2(X\cdot\xi)\xi \\
&= (x, y, z) - 2\left(\frac{1}{\sqrt{3}}x + \frac{1}{\sqrt{3}}y + \frac{1}{\sqrt{3}}z\right)\cdot\left(\frac{1}{\sqrt{3}}\ \frac{1}{\sqrt{3}}\ \frac{1}{\sqrt{3}}\right) \\
&= (x, y, z) - \frac{2}{3}(x+y+z)\cdot(1, 1, 1) \\
&= \left(\frac{1}{3}x - \frac{2}{3}y - \frac{2}{3}z, -\frac{2}{3}x + \frac{1}{3}y - \frac{2}{3}z, -\frac{2}{3}x - \frac{2}{3}y + \frac{1}{3}z\right)
\end{aligned}$$

이므로 $\Omega_\ell = \begin{pmatrix} \frac{1}{3} & -\frac{2}{3} & -\frac{2}{3} \\ -\frac{2}{3} & \frac{1}{3} & -\frac{2}{3} \\ -\frac{2}{3} & -\frac{2}{3} & \frac{1}{3} \end{pmatrix}$이다.

정리 3.8.1에 의하면 $\Omega_{\pi\ell}$은 $\pi\ell$ 위의 모든 점과 $\pi\xi$를 고정점으로 갖는다.

S^2 위에서 X는

$$0 = X \cdot \xi = (x,\ y,\ z) \cdot \left(\frac{1}{\sqrt{3},}\ \frac{1}{\sqrt{3},}\ \frac{1}{\sqrt{3}}\right) = \frac{1}{\sqrt{3}}(x+y+z)$$

를 만족하는 ℓ 위의 점이면 $\pi X \in \pi\ell$이고 E^3에서 ℓ을 포함한 평면은 사영평면 P^2에서 한 직선이다. 그러므로 평면 $x+y+z=0$에 대한 P^2 위의 $\pi\ell$의 모든 점과 P^2 위의 점 $\pi\left(\frac{1}{\sqrt{3},}\ \frac{1}{\sqrt{3},}\ \frac{1}{\sqrt{3}}\right)$을 고정점으로 갖는다.

(b) 사영평면 P^2 위에서 직선 $\pi\ell$이 극 $\pi\xi = (0,\ 1,\ 1)$을 가질 때, P^2 위에서 반사 $\Omega_{\pi\ell}$의 고정점들을 구하여라.

풀이 P^2 위에서 극 $\pi\xi = (0,\ 1,\ 1)$은 S^2에서 극 $\xi = \frac{1}{\sqrt{2}}(0,\ 1,\ 1)$으로 대응시키자.

점 $X = (x,\ y,\ z) \in S^2$에 대한 반사 $\Omega_\ell X$은

$$\begin{aligned} \Omega_\ell X &= X - 2(X \cdot \xi)\xi = (x,\ y,\ z) - \frac{2}{\sqrt{2}}(y+z)\frac{1}{\sqrt{2}}(0,\ 1,\ 1) \\ &= (x,\ y,\ z) - (y+z)(0,\ 1,\ 1) = (x,\ -z,\ -y) \end{aligned}$$

이므로

$$\Omega_\ell = \begin{pmatrix} 1 & 0 & 0 \\ 0 & 0 & -1 \\ 0 & -1 & 0 \end{pmatrix}$$

이다. $\Omega_{\pi\ell}$의 고정점들은 $\pi\ell$ 위의 모든 점 $(x,\ y,\ z)$와 극 $\pi\xi = (0,\ 1,\ 1)$이므로 $\pi\ell \cdot \pi\xi = 0$으로부터 $y+z=0$을 만족하는 점은 $(x,\ y,\ z)$와 $\pi\xi = (0,\ 1,\ 1)$이다.

8. 점 $(1,\ 2,\ 0) \in P^2$가 적당한 기저에 대하여 직선 $\bar{\ell}$의 극 $\bar{\xi}$의 동차좌표라 할 때 P^2 위의 직선 $\bar{\ell}$의 방정식을 구하여라.

풀이 $(1,\ 2,\ 0)$의 극좌표는 0보다 크거나 같으므로 P^2 위의 점 $(1,\ 2,\ 0)$을 S^2 위로 보내도 방향은 변하지 않는다.

그 점을 $\bar{\xi}$라고 하면 $\bar{\xi} = \frac{1}{\sqrt{5}}(1,\ 2,\ 0)$.

S^2 위의 직선 $\bar{\ell}=\frac{1}{\sqrt{5}}((1,\ 2,\ 0)\cdot(x,\ y,\ z))=\frac{1}{\sqrt{5}}x+\frac{2}{\sqrt{5}}y=0$

$\Rightarrow x+2y=0$이므로 $\bar{\ell}=x+2y=0$

9. 두 점 $P=\left(\frac{1}{\sqrt{3}},\ \frac{1}{\sqrt{3}},\ \frac{1}{\sqrt{3}}\right)$과 $Q=\left(\frac{-1}{\sqrt{2}},\ 0,\ \frac{1}{\sqrt{2}}\right)$을 지나가는 P^2 위의 직선 l을 구하여라.

풀이 결합공리 I 에 의해 P^2 위의 서로 다른 두 점을 지나는 직선 l은 유일하게 존재하며, 서로 다른 두 점 P와 Q를 지나가는 P^2 위의 직선 l의 극을 $\xi=\frac{P\times Q}{|P\times Q|}$이라 하자.

$$P\times Q=\begin{pmatrix} i & j & k \\ \frac{1}{\sqrt{3}} & \frac{1}{\sqrt{3}} & \frac{1}{\sqrt{3}} \\ \frac{-1}{\sqrt{2}} & 0 & \frac{1}{\sqrt{2}} \end{pmatrix}=\frac{1}{\sqrt{6}}i-\frac{2}{\sqrt{6}}j+\frac{1}{\sqrt{6}}k=\left(\frac{1}{\sqrt{6}},\ -\frac{2}{\sqrt{6}},\ \frac{1}{\sqrt{6}}\right)$$

이고, $|P\times Q|=\sqrt{\frac{1}{6}+\frac{4}{6}+\frac{1}{6}}=1$이므로, $\xi=\frac{P\times Q}{|P\times Q|}=\left(\frac{1}{\sqrt{6}},\ -\frac{2}{\sqrt{6}},\ \frac{1}{\sqrt{6}}\right)$이다.
따라서 직선 l의 방정식은

$$(x,\ y,\ z)\cdot\left(\frac{1}{\sqrt{6}},\ \frac{-2}{\sqrt{6}},\ \frac{1}{\sqrt{6}}\right)=\frac{1}{\sqrt{6}}x-\frac{2}{\sqrt{6}}y+\frac{1}{\sqrt{6}}=0$$

이다.
즉, 두 점 P와 Q를 지나가는 P^2 위의 직선 l의 방정식은 $x-2y+z=0$이다.

제4장 연습문제 풀이

1. L^3의 두 점 $u=(2,\ 1,\ 3)$, $v=(-2,\ 1,\ 0)$에 대하여 다음을 구하여라.

풀이 (a) $\langle u,\ v\rangle=2\cdot(-2)+1\cdot1-3\cdot0=-3$.

(b) $u\times_L v=\begin{vmatrix} \boldsymbol{i} & \boldsymbol{j} & -\boldsymbol{k} \\ 2 & 1 & 3 \\ -2 & 1 & 0 \end{vmatrix}=(-3,\ -6,\ -4)$.

(c) $\frac{u}{|u|}=\frac{u}{\sqrt{|\langle u,\ u\rangle|}}=\frac{u}{\sqrt{|4+1-9|}}=\frac{u}{\sqrt{|-4|}}=\frac{1}{2}(2,\ 1,\ 3)$

(d) $|u\times_L v|=\sqrt{|\langle u\times_L v,\ u\times_L v\rangle|}=\sqrt{|9+36-16|}=\sqrt{29}$

5. 두 벡터 $\xi=\left(\frac{1}{\sqrt{2}},\ \frac{1}{\sqrt{2}},\ 0\right)$, $\eta=\frac{1}{2\sqrt{3}}(3,\ 2,\ 1)\in L^3$에 대해서 ξ와 $\frac{\xi\times_L\eta}{|\xi\times_L\eta|}$을 포함하는 정규직

교기저를 구하여라.

풀이 ξ와 $\dfrac{(\xi\times_L\eta)}{|\xi\times_L\eta|}$을 포함하는 정규직교기저들을 e_1, e_2, e_3라고 했을 때 정리 4.1.8에 의하여 두 개의 단위 공간류 벡터와 하나의 단위 시간류 벡터로 구성되어야 한다.

$e_1=\xi=\left(\dfrac{1}{\sqrt{2}},\ \dfrac{1}{\sqrt{2}},\ 0\right)$, $e_2=\dfrac{(\xi\times_L\eta)}{|\xi\times_L\eta|}=(1,\ -1,\ 1)$이고

$\langle e_1,\ e_1\rangle=1$, $\langle e_2,\ e_2\rangle=1$이므로 둘 다 단위 공간류 벡터이다. 따라서 e_3는 e_1, e_2에 수직인 단위 시간류 벡터이어야 하므로

$$e_3=e_1\times_L e_2=\left(\frac{1}{\sqrt{2}},\ \frac{1}{\sqrt{2}},\ 0\right)\times_L(1,\ -1,\ 1)=\left(\frac{1}{\sqrt{2}},\ -\frac{1}{\sqrt{2}},\ \frac{2}{\sqrt{2}}\right)$$

이고 $\langle e_3\times e_3\rangle=-1$로 단위 시간류 벡터임을 알 수 있다.
따라서 구하고자 하는 정규직교기저는

$$e_1=\left(\frac{1}{\sqrt{2}},\ \frac{1}{\sqrt{2}},\ 0\right),\ e_2=(1,\ -1,\ 1),\ e_3=\left(\frac{1}{\sqrt{2}},\ -\frac{1}{\sqrt{2}},\ \frac{2}{\sqrt{2}}\right)$$

이다.

7. $a=(a_1,\ a_2,\ a_3)$, $b=(b_1,\ b_2,\ b_3)$, $c=(c_1,\ c_2,\ c_3)\in L^3$일 때

(1) $\langle a,\ b\times_L c\rangle=\det(a,\ b,\ c)$임을 보여라.

(2) $b\times_L c\neq 0 \Leftrightarrow b,\ c$가 일차독립임을 보여라.

(3) $\langle a\times_L b,\ c\rangle\neq 0 \Leftrightarrow a,\ b,\ c$가 일차독립임을 보여라.

증명 (1) $b\times_L c=\begin{vmatrix} \boldsymbol{i} & \boldsymbol{j} & -\boldsymbol{k} \\ b_1 & b_2 & b_3 \\ c_1 & c_2 & c_3 \end{vmatrix}=(b_2c_3-c_2b_3)\boldsymbol{i}-(b_1c_3-c_1b_3)\boldsymbol{j}-(b_1c_2-c_1b_2)\boldsymbol{k}$

$<a,\ b\times_L c>$

$=(a_1,\ a_2,\ a_3)\cdot\{(b_2c_3-c_2b_3)\boldsymbol{i}-(b_1c_3-c_1b_3)\boldsymbol{j}-(b_1c_2-c_1b_2)\boldsymbol{k}\}$

$=\ a_1(b_2c_3-c_2b_3)-a_2(b_1c_3-c_1b_3)+a_3(b_1c_2-c_1b_2)$

$\Leftrightarrow \det(a,\ b,\ c)=\begin{vmatrix} a_1 & a_2 & a_3 \\ b_1 & b_2 & b_3 \\ c_1 & c_2 & c_3 \end{vmatrix}=a_1\begin{vmatrix} b_2 & b_3 \\ c_2 & c_3 \end{vmatrix}-a_2\begin{vmatrix} b_1 & b_3 \\ c_1 & c_3 \end{vmatrix}+a_3\begin{vmatrix} b_1 & b_2 \\ c_1 & c_2 \end{vmatrix}$

(2) 벡터 $\{v_1,\ v_2,\ \cdots,\ v_p\}\subset R^n$일 때 $a_1v_1+a_2v_2+\cdots+a_pv_p=0$, $a_i\in R$가 자명한 해만을 가질 때 일차 독립이라고 한다. 즉, 특정 벡터들의 모임 중 어떤 벡터도 나머지 벡터들의 일차결합으로 만들어질 수 없는 경우이다.

$(\Rightarrow)$ $b\times_L c=\begin{vmatrix} \boldsymbol{i} & \boldsymbol{j} & -\boldsymbol{k} \\ b_1 & b_2 & b_3 \\ c_1 & c_2 & c_3 \end{vmatrix}=(b_2c_3-b_3c_2)\boldsymbol{i}-(b_1c_3-b_3c_1)\boldsymbol{j}-(b_1c_2-b_2c_1)\boldsymbol{k}\neq 0$

$b_2c_3-b_3c_2\neq 0$, $b_1c_3-b_3c_1\neq 0$, $b_1c_2-b_2c_1\neq 0$이므로 각각 b_i, c_j이 서로의 상수배가 되지 않으므로 b, c는 일차독립이 된다.

($\Leftarrow$) b, c가 일차독립이면 $b\times_L c\neq 0$이다.

b, c가 일차독립이면 $b_i\neq kb_j$, $c_i\neq mc_j$, k, $m\in R$이 되고

$b_2c_3-b_3c_2\neq 0$, $b_1c_3-b_3c_1\neq 0$, $b_1c_2-b_2c_1\neq 0$이 되므로 $b\times_L c\neq 0$이다.

(3) $\langle a\times_L b,\ c\rangle=c_1(a_2b_3-a_3b_2)-c_2(a_1b_3-a_3b_1)-c_3(a_1b_2-a_2b_1)$

($\Rightarrow$) $\langle a\times_L b,\ c\rangle\neq 0$이면 a, b, c는 일차독립이다.

$\langle a\times_L b,\ c\rangle\neq 0$이려면 $c_i\neq 0$, $i=1,\ 2,\ 3$이거나

$a_2b_3\neq a_3b_2$, $a_1b_3\neq a_3b_1$, $a_1b_2\neq a_2b_1$이다. 즉, c_i끼리 상수배가 되지 않고, a, b끼리도 상수배가 되지 않아야 하므로 a, b, c는 일차독립이다.

($\Leftarrow$) a, b, c가 일차독립이면 $\langle a\times_L b,\ c\rangle\neq 0$이다.

8. $A=\boldsymbol{i}+\boldsymbol{j}+\boldsymbol{k}$, $B=\boldsymbol{i}+2\boldsymbol{j}+\boldsymbol{k}$에 대해서

(a) A와 B가 L^3에서 공간류 벡터임을 보여라.

(b) $A\times_L B$가 $\boldsymbol{L}^3$에서 빛류 벡터임을 보여라.

증명 (a) $\langle A,\ A\rangle=1+1-1=1>0$, $\langle B,\ B\rangle=1+4-1=4>0$

(b) $A\times_L B=\begin{vmatrix} \boldsymbol{i} & \boldsymbol{j} & -\boldsymbol{k} \\ 1 & 1 & 1 \\ 1 & 2 & 1 \end{vmatrix}=(-1,\ 0,\ -1)$, $\langle A\times_L B,\ A\times_L B\rangle=1-1=0$

9. (a) L^3에서 역 코시-슈바르츠 부등식이 성립하지 않고, 서로 평행하지 않으며 수직이 아닌 두 공간류 벡터 x, y의 예를 구하여라.

(b) L^2에서 두 공간류 벡터 x, y에 대하여 $\langle x,\ y\rangle\geq |x||y|$가 성립함을 보이고, 등식이 성립할 필요충분조건은 적당한 $k>0$에 대해서 $y=kx$이다.

풀이 (a) $\boldsymbol{L}^3$에서 역 코시-슈바르츠 부등식은 x, $y\in L^3$가 공간류 벡터일 때 $\langle x,\ y\rangle\geq|x||y|$이다. 두 벡터 $x=(1,\ 0,\ 0)$, $y=(1,\ 1,\ 0)\in L^3$에 대하여

$$\langle x,x\rangle=1>0,$$
$$\langle y,y\rangle=2>0$$

이므로 모두 공간류 벡터이다. 또한,

$$\langle x,\ y\rangle=1\neq 0$$

이므로 x, y가 수직이 아니다. 더 나아가서

$$|x||y|=1\sqrt{2}=\sqrt{2}$$

로부터 $1<\sqrt{2}$이므로 $\langle x,\ y\rangle\geq|x||y|$가 성립하지 않으며 등식도 성립하지 않는다.

더 나아가서

$y=kx \Leftrightarrow (1,\ 1,\ 0)=k(1,\ 0,\ 0)$

를 만족하는 실수 k가 존재하지 않으므로 두 벡터는 평행이 아니다.

(b) $\cosh\theta \ge 1$이고 $x,\ y$가 쌍곡각이 정의되는 임의의 두 공간류 벡터이므로 식 $\langle x,\ y\rangle = |x||y|\cosh\theta$이 성립하게 되어 이로부터 $\dfrac{\langle x,\ y\rangle}{|x||y|} \ge 1$임을 알 수 있다.
따라서 $\langle x,\ y\rangle \ge |x||y|$가 성립한다.
등호가 성립할 필요충분조건은 산술 기하 평균의 등식이 성립하는 조건과 같다.

$$2x_1x_2y_1y_2=(x_1y_2)^2+(x_2y_1)^2 \Rightarrow 0=(x_1y_2-x_2y_1)^2$$
$$\Rightarrow x_1y_2=x_2y_1$$

이므로 $y_1=\dfrac{x_1}{x_2}y_2$라 하면

$$y=(y_1,\ y_2)=\left(\frac{x_1}{x_2}y_2,\ y_2\right)=\left(\frac{y_2}{x_2}x_1,\ \frac{y_2}{x_2}x_2\right)$$

이다. $k=\dfrac{y_2}{x_2}$라고 놓으면

$$y=(kx_1,\ kx_2)=kx$$

가 성립한다. 따라서 등식이 성립할 필요충분조건은 $y=kx$이다.

10. $\xi\times_L\eta$가 0이 아닌 빛류 벡터이고 $\langle\xi,\ \eta\rangle^2=\langle\xi,\ \xi\rangle\langle\eta,\ \eta\rangle$을 만족하는 공간류 벡터 ξ와 η를 구하여라.

풀이 $\xi\times_L\eta$가 0이 아닌 빛류 벡터이므로, $\langle\xi\times_L\eta,\ \xi\times_L\eta\rangle=0$이 성립한다.
한편 $\langle\xi\times_L\eta,\ \xi\times_L\eta\rangle=-(\langle\xi,\ \xi\rangle\langle\eta,\ \eta\rangle-\langle\xi,\ \eta\rangle^2)$이므로
$\langle\xi,\ \eta\rangle^2=\langle\xi,\ \xi\rangle\langle\eta,\ \eta\rangle$이 성립함을 알 수 있다.
이러한 예로 $\xi=(1,\ 1,\ 1)$, $\eta=(2,\ 1,\ 2)$라고 놓으면 각각은 공간류 벡터이고
$\xi\times_L\eta=(1,\ 0,\ 1)$이므로 $\xi\times_L\eta$는 빛류 벡터임을 알 수 있다.

11. 공간류 삼각형에서 쌍곡사인법칙을 유도하는 방법을 따른다.

12. 첫 번째 식을 유도하는 방법대로 식 (4.4), (4.5), (4.6)을 상호간에 더한 후 빼주면 유도된다.

제5장 연습문제 풀이

1. H^2 위에서 등장사상 $T:H^2\to H^2$가 잘 정의됨을 보이고, 세 점 P, Q, R이 공선적일 필요충분조건은 TP, TQ, TR이 공선적임을 보여라.

증명 (i) 등장사상 T는 잘 정의되었다.

(ii) 세 점 P, Q, R이 공선적일 필요충분조건은 TP, TQ, TR이 공선적이다.

삼각 부등식으로부터

$$d(P,\ Q)+d(P,\ R)\geq d(Q,\ R)$$

의 등식이 성립할 필요충분조건은 P, Q, R이 공선적일 때이므로 $P,\ Q,\ R\in\mathbb{H}^2$이 공선적이다.

한편 $d(P,\ Q)+d(P,\ R)\geq d(Q,\ R)$

$d(TP,\ TQ)+d(TP,\ TR)=d(TQ,\ TR)$

$\Leftrightarrow TP,\ TQ,\ TR\in H^2$이 공선적이다.

2. 정규직교기저 $\{e_1$: 공간류, e_2: 공간류, e_3: 시간류$\}$에 대하여 H^2 위에서 α가 시간류 점 $P=e_3$를 지나고 극 $\xi=(-\sin\theta)e_1+(\cos\theta)e_2$를 갖는 직선일 때 $\Omega_\alpha(e_2)=(\sin2\theta)e_1-(\cos2\theta)e_2$임을 보여라.

증명 α가 점 P를 지나는 직선이고, 그 극이 ξ이므로

$$\alpha=\{x\in H^2|<x,\ \xi>=0,\ \xi=-\sin\theta\, e_1+\cos\theta\, e_2\}$$

로 나타낼 수 있다. 따라서

$$\begin{aligned}\Omega_\alpha e_2&=e_2-2\langle e_2,\ \xi\rangle\xi\\&=e_2-2\langle e_2,\ -\sin\theta\, e_1+\cos\theta\, e_2\rangle(-\sin\theta\, e_1+\cos\theta\, e_2)\\&=e_2-2\cos\theta(-\sin\theta\, e_1+\cos\theta\, e_2)\\&=2\sin\theta\cos\theta\, e_1+(1-2\cos^2\theta)\,e_2\\&=\sin2\theta\, e_1-\cos2\theta\, e_2\end{aligned}$$

이다.

3. H^2의 한 점 P를 지나는 직선들의 집합 P에 대하여 회전에 대한 삼반사 정리를 증명하여라. 즉, $\mathscr{P}$의 세직선 α, β, γ에 대하여 $\Omega_\alpha\Omega_\beta\Omega_\gamma=\Omega_\delta$을 만족하는 직선 δ가 $\mathscr{P}$에서 유일하게 존재한다.

증명 집합 $\mathscr{P}$는 점 p를 지나는 모든 직선들의 집합이므로

$$\alpha=\{x\in \boldsymbol{H}^2|\langle x,\ \xi\rangle=0\},\quad \beta=\{y\in \boldsymbol{H}^2|\langle y,\ \xi\rangle=0\},\quad \gamma=\{z\in \boldsymbol{H}^2|\langle z,\ \xi\rangle=0\}$$

라 두고 직선 α, β, γ의 반사를 $\Omega_\alpha = \begin{pmatrix} ref\theta & 0 \\ 0 & 1 \end{pmatrix}$, $\Omega_\beta = \begin{pmatrix} ref\phi, & 0 \\ 0 & 1 \end{pmatrix}$, $\Omega_\gamma = \begin{pmatrix} ref\psi & 0 \\ 0 & 1 \end{pmatrix}$ 라 하자.

삼반사는 $\Omega_\alpha \Omega_\beta \Omega_\gamma = \begin{pmatrix} ref\phi ref\theta ref\psi & 0 \\ 0 & 1 \end{pmatrix} = \begin{pmatrix} ref(\phi - \theta + \psi) & 0 \\ 0 & 1 \end{pmatrix}$이다.

$\delta := \theta - \phi + \psi$라고 하면 $\Omega_\alpha \Omega_\beta \Omega_\gamma = \Omega_\delta$을 만족하는 직선 δ가 $\mathcal{P}$에서 유일하게 존재한다.

4. $\mathbb{H}^2$의 한 점 P를 지나는 직선들의 집합 $\mathcal{P}$에 대하여 회전에 대한 표현 정리를 증명하여라. 즉, $\mathcal{P}$의 두 직선 α, β에 대하여 회전 $T = \Omega_\alpha \Omega_\beta$와 $\mathcal{P}$의 한 직선 ℓ에 대하여 $T = \Omega_\ell \Omega_m = \Omega_{m'} \Omega_\ell$을 만족하는 직선 δ가 $\mathcal{P}$에서 유일하게 존재한다.

풀이 $\delta \in \mathcal{P}$가 유일하지 않다고 가정하자.

회전의 삼반사 정리를 이용하여

case1) H^2 위의 점 P를 지나는 세 직선 l, α, β에 대하여 $\Omega_l \Omega_\alpha \Omega_\beta = \Omega_m$ 을 만족하는 직선 m이 유일하게 존재한다.

양변에 Ω_l을 취하면 $\Omega_l \Omega_l \Omega_\alpha \Omega_\beta = \Omega_l \Omega_m$

$\Rightarrow (\Omega_l \Omega_l)(\Omega_\alpha \Omega_\beta) = \Omega_l \Omega_m \Rightarrow \Omega_\alpha \Omega_\beta = \Omega_l \Omega_m$ ($\because \Omega_l \Omega_l = I$)

$\therefore T = \Omega_l \Omega_m$ 를 만족하는 점 P를 지나는 직선 m이 유일하게 존재한다.

case2) H^2 위의 점 P를 지나는 세 직선 l, α, β에 대하여 $\Omega_l \Omega_\alpha \Omega_\beta = \Omega_m$ 을 만족하는 직선 m'이 유일하게 존재한다.

양변에 Ω_l을 취하면 $\Omega_l \Omega_l \Omega_\alpha \Omega_\beta = \Omega_l \Omega_{m'}$

$\Rightarrow (\Omega_l \Omega_l)(\Omega_\alpha \Omega_\beta) = \Omega_l \Omega_{m'} \Rightarrow \Omega_\alpha \Omega_\beta = \Omega_l \Omega_{m'}$ ($\because \Omega_l \Omega_l = I$)

$\therefore T = \Omega_l \Omega_{m'}$ 를 만족하는 점 P를 지나는 직선 m'이 유일하게 존재한다.

이는 모순. 따라서 $\exists ! \delta \in \mathcal{P}$ $s.t.$ $T = \Omega_\ell \Omega_m = \Omega_{m'} \Omega_\ell$

5. (a) 민코프스키 공간 L^3의 두 벡터 $\xi = (1, 1, 1)$, $\eta = (1, 2, 1)$ 방향을 각각 극으로 갖는 쌍곡평면 $\mathbb{H}^2$ 위에서 두 직선 ℓ과 m이 평행임을 보여라.

풀이 $\xi \times \eta = (-1, 0, -1)$은 빛류벡터이고 ξ와 η를 극으로 하는 직선 ℓ과 m이 만나는 점은 $\pm \dfrac{\xi \times \eta}{|\xi \times \eta|}$이고 빛류 방향이다. 그러므로 두 직선은 평행하다.

(b) ξ와 η가 H^2의 두 직선 m과 n의 극이라 하고 m과 n이 H^2에서 교차한다면 그 교차점을 구하여라. 또한 m과 n이 H^2에서 초평행한다면 $m \perp \ell$과 $n \perp \ell$을 만족하는 직선 ℓ을 구하여라.

풀이 H^2 위의 두 직선 m, n의 극을 ξ, η라 할 때 m, n이 H^2에서 교차이기 때문에 $\xi \times_L \eta$이 시간류벡터이고 교차점은 $\dfrac{\xi \times_L \eta}{|\xi \times_L \eta|}$이다.

정리 5.7.1에 의해 H^2에서 두 직선 m, n이 초평행 $\Leftrightarrow$ m, n에 각각 수직인 직선 ℓ이 H^2에 존재 m, n이 초평행이라 하였으므로 $\zeta = \dfrac{\xi \times_L \eta}{|\xi \times_L \eta|}$이라 하면 ζ는 $\langle \xi, \zeta \rangle = 0$, $\langle \eta, \zeta \rangle$

$=0$을 만족하는 단위공간류 벡터이고 ζ를 극으로 하는 직선을 ℓ이라 하면 ℓ은 $m\perp\ell$, $n\perp\ell$을 만족하는 직선이다.

6. (a) ξ와 η가 $\mathbb{H}^2$의 두 초평행선 ℓ과 m의 극이라 할 때 $d(\ell, m)=\cosh^{-1}(|\langle\xi, \eta\rangle|)$를 증명하여라.

증명 H^2의 두 직선의 ℓ과 m에 수직한 직선 n은 극을 $\dfrac{\xi\times_L\eta}{|\xi\times_L\eta|}$로 갖는 직선으로 유일하게 존재한다. 또한 두 직선의 ℓ과 m의 거리는 두 직선 사이의 최단거리이므로 수직선 n상에 존재하며, $\ell\cap n$과 $m\cap n$사이의 거리와 일치한다. 이제, $x=\ell\cap n$, $y=m\cap n$라고 하자. H^2에서 두 직선의 교점은 두 직선의 극의 외적을 그 크기로 나눈 것임을 상기하자. n의 극을 ζ라고 놓으면 x와 y는 다음과 같다.

$$x=\frac{\xi\times_L\zeta}{|\xi\times_L\zeta|},\quad y=\frac{\eta\times_L\zeta}{|\eta\times_L\zeta|}$$

H^2의 직선 ℓ, m의 극 ξ, η는 단위 공간류 벡터이므로, ζ는 단위 시간류 벡터이다. 또한, $\ell\perp n$, $m\perp n$는 $\langle\xi\times_L\zeta\rangle=0$, $\langle\eta\times_L\zeta\rangle=0$와 동치임을 상기하자. 이를 이용해 위의 식을 간단히 정리해보자.

① $|\xi\times_L\zeta|=\sqrt{|\langle\xi\times_L\zeta,\ \xi\times_L\zeta\rangle|}$
$=\sqrt{|\langle\xi, \xi\rangle\langle\zeta, \zeta\rangle-\langle\xi, \zeta\rangle^2|}$
$=\sqrt{|1\times(-1)-0^2|}$
$=\sqrt{|-1|}$
$=1$

② $|\eta\times_L\zeta|=\sqrt{|\langle\eta\times_L\zeta,\ \eta\times_L\zeta\rangle|}$
$=\sqrt{|\langle\eta, \eta\rangle\langle\zeta, \zeta\rangle-\langle\eta, \zeta\rangle^2|}$
$=\sqrt{|1\times(-1)-0^2|}$
$=\sqrt{|-1|}$
$=1$

①과 ②에 의해 $x=\xi\times_L\zeta$, $y=\eta\times_L\zeta$이다. 이제 두 교점 사이의 거리를 구하자. 두 교점은 각각 ℓ와 m위의 점이므로 시간류 벡터이다.

따라서 두 점 사이의 거리 $d(x, y)=\cosh^{-1}(|\langle x, y\rangle|)$이며, 위에서 구한 x와 y를 이용하면 내적 값은 다음과 같다.

$$\begin{aligned}\langle x, y\rangle &= \langle\xi\times_L\zeta,\ \eta\times_L\zeta\rangle\\ &=-(\langle\xi, \eta\rangle\langle\zeta, \zeta\rangle-\langle\zeta, \eta\rangle\langle\xi, \zeta\rangle)\\ &=-((-1)\langle\xi, \eta\rangle-0)\\ &=-(-\langle\xi, \eta\rangle)\\ &=\langle\xi, \eta\rangle\end{aligned}$$

따라서 $d(\ell, m)=d(\xi, \eta)=\cosh^{-1}(|\langle\xi, \eta\rangle|)$가 성립함을 보였다.

(b) ξ와 η가 쌍곡평면 $\mathbb{H}^2$ 위에서 두 직선 ℓ과 m의 극이라 할 때, ℓ과 m이 교차하는 경우, 평행인 경우 각각 ℓ과 m의 거리 $d(\ell, m)$의 값은 무엇인가? 설명하여라.

풀이 두 직선 ℓ과 m의 거리 $d(\ell, m)$는 두 직선 위의 각 점들끼리 최소의 거리값이므로 ℓ과 m이 교차하는 경우는 w에서 서로 만나므로 $d(\ell, m)=d(w, w)=0$이다.
ℓ과 m이 평행하는 경우는 빛류벡터 p에서 만나므로 임의의 $x\in\ell$와 $y\in m$에 대하여 $x\to p$이고 $y\to p$일 때 $d(\ell, m)\to d(p, p)=0$이다.

7. (a) 민코프스키 공간 L^3의 정규직교기저 $\{e_1$(공간류), e_2(공간류, e_3(시간류) $\}$에 대하여 쌍곡평면 H^2 위에서 한 직선 ℓ의 극이 e_1일 때 $\xi=\cosh 2\theta\, e_2+\sinh 2\theta\, e_3$을 극으로 갖는 직선 α가 ℓ과 수직임을 보이고, 반사 Ω_α의 대응행렬을 구하여라.

풀이 $\langle e, \xi\rangle=\langle e_1, \cosh2\theta e_2+\sinh2\theta e_3\rangle=\cosh2\theta\langle e_1, e_2\rangle+\sinh2\theta\langle e_1, e_3\rangle=0$
$\Rightarrow$ α와 ℓ은 수직

$$\Omega_\alpha e_1=e_1-2\langle e_1, \xi\rangle\xi=e_1$$

$$\begin{aligned}\Omega_\alpha e_2&=e_2-2\langle e_2, \xi\rangle\xi\\&=e_2-2\cosh2\theta(\cosh2\theta e_2+\sinh2\theta e_3)\\&=e_2-2\cosh^2 2\theta e_2-2\sinh2\theta\cosh2\theta e_3\\&=(1-2\cosh^2 2\theta)e_2+\sinh4\theta e_3\\&=(-\cosh4\theta)e_2+(\sinh4\theta)e_3\end{aligned}$$

$$1-\cosh^2 x=-\sinh^2 x$$

$$\begin{aligned}1-2\cosh^2 x&=-\sinh^2 x-\cosh^2 x\\&=-(\sinh^2 x+\cosh^2 x)\\&=-\cosh2x\end{aligned}$$

$$\begin{aligned}\Omega_\alpha e_3&=e_3-2\langle e_3, \xi\rangle\xi\\&=e_3+2\sinh2\theta(\cosh2\theta e_2+\sinh2\theta e_3)\\&=2\sinh2\theta\cosh2\theta e_2+(1+2\sinh^2 2\theta)e_3\\&=(\sinh4\theta)e_2+(\cosh4\theta)e_3\end{aligned}$$

$$\cosh2\theta=\cosh^2\theta+\sinh^2\theta$$

$$\sinh^2\theta+1=\cosh^2\theta$$

$$2\sinh^2\theta+1=\cosh^2\theta+\sinh^2\theta=\cosh2\theta$$

$$\Omega_\alpha=\begin{bmatrix}1&0&0\\0&-\cosh4\theta&\sinh4\theta\\0&\sinh4\theta&\cosh4\theta\end{bmatrix}$$

(b) 민코프스키 공간 L^3의 정규직교기저 $\{e_1$(공간류), e_2(공간류, e_3(시간류) $\}$에 대하여 쌍곡평면 $\mathbb{H}^2$ 위에서 한 직선 ℓ의 극이 e_1일 때 $\xi=\cosh\frac{\theta}{2}e_2+\sinh\frac{\theta}{2}e_3$를 극으로 갖는 직선 m이 ℓ과 수직임을 보이고, 반사 Ω_m의 대응행렬을 구하여라.

풀이 두 극이 e_1과 $\xi=\cosh\frac{\theta}{2}e_2+\sinh\frac{\theta}{2}e_3$ 방향이고 이들은 서로 수직이므로 이들을 극으로 갖는 두 직선은 서로 수직이다. 이제 $\xi=\cosh\frac{\theta}{2}e_2+\sinh\frac{\theta}{2}e_3$를 극으로 갖는 직선 m의 반사 Ω_m의 대응행렬을 구하자.

$$\Omega_m e_1=e_1-2(e_1\cdot\xi)\xi=e_1$$

$$\Omega_m e_2=e_2-2(e_2\cdot\xi)\xi=e_2-2\cosh\frac{\theta}{2}\left(\cosh\frac{\theta}{2}e_2+\sinh\frac{\theta}{2}e_3\right)$$
$$=\left(1-2\cosh^2\frac{\theta}{2}\right)e_2-2\sinh\frac{\theta}{2}cosh\frac{\theta}{2}e_3=-\cosh\theta e_2-\sinh\theta e_3$$

$$\Omega_m e_3=e_3-2(e_3\cdot\xi)\xi=e_3+2\sinh\frac{\theta}{2}\left(\cosh\frac{\theta}{2}e_2+\sinh\frac{\theta}{2}e_3\right)$$
$$=\left(1+2\sinh^2\frac{\theta}{2}\right)e_3+2\sinh\frac{\theta}{2}\cosh\frac{\theta}{2}e_2=\sinh\theta e_2+\cosh\theta e_3$$

그러므로

$$\Omega_\ell=\begin{pmatrix}1 & 0 & 0\\ 0 & -\cosh\theta & -\sinh\theta\\ 0 & \sinh\theta & \cosh\theta\end{pmatrix}$$

8. 민코프스키 공간 L^3의 정규직교기저 $\{e_1$(공간류), e_2(공간류), e_3(시간류)$\}$에 대하여 빛류 직선 $\ell=t(e_2+e_3)$, $t\in R$과 쌍곡평면 $\boldsymbol{H}^2$ 위에서 극이 $\xi=e_1+re_2+re_3$인 직선 α가 수직임을 보이고, α의 반사 Ω_α에 대한 대응행렬을 구하여라.

풀이 $\boldsymbol{L}^3$의 정규직교기저 $\{e_1, e_2, e_3\}$에 대하여 $\langle e_1, e_1\rangle=1$, $\langle e_2, e_2\rangle=1$, $\langle e_3, e_3\rangle=-1$이고, $\langle e_i, e_j\rangle=0(i\neq j)$이다.

$$\begin{aligned}\Omega_\alpha l &= l-2\langle l, \xi\rangle\xi\\ &=(te_2+te_3)-2\langle te_2+te_3, e_1+re_2+re_3\rangle(e_1+re_2+re_3)\\ &=(te_2+te_3)-2tr\langle e_2, e_2\rangle(e_1+re_2+re_3)-2tr\langle e_3, e_3\rangle(e_1+re_2+re_3)\\ &=(te_2+te_3)-2tr(e_1+re_2+re_3)+2tr(e_1+re_2+re_3)\\ &=te_2+te_3=l.\end{aligned}$$

즉, $\Omega_\alpha l=l$이므로 정리 5.6.3에 의해 $\alpha=l$ 또는 $\alpha\perp l$. $\alpha\neq l$이므로 α와 l은 수직이다. 쌍곡평면 $\boldsymbol{H}^2$ 위에서 극이 $\xi=e_1+re_2+re_3$인 직선 α는

$$\alpha=\{x\in\boldsymbol{H}^2 | \langle x, \xi\rangle=0,\ \xi=e_1+re_2+re_3\}$$

로 나타낼 수 있다.

$$
\begin{aligned}
\Omega_\alpha e_1 &= e_1 - 2\langle e_1,\ \xi\rangle\xi \\
&= e_1 - 2\langle e_1,\ e_1 + re_2 + re_3\rangle(e_1 + re_2 + re_3) \\
&= e_1 - 2\langle e_1,\ e_1\rangle(e_1 + re_2 + re_3) \\
&= e_1 - 2(e_1 + re_2 + re_3) \\
&= - e_1 - 2re_2 - 2re_3. \\
\Omega_\alpha e_2 &= e_2 - 2\langle e_2,\ \xi\rangle\xi \\
&= e_2 - 2\langle e_2,\ e_1 + re_2 + re_3\rangle(e_1 + re_2 + re_3) \\
&= e_2 - 2\langle e_2,\ re_2\rangle(e_1 + re_2 + re_3) \\
&= e_2 - 2r(e_1 + re_2 + re_3) \\
&= - 2re_1 + (1 - 2r^2)e_2 - 2r^2e_3. \\
\Omega_\alpha e_3 &= e_3 - 2\langle e_3,\ \xi\rangle\xi \\
&= e_3 - 2\langle e_3,\ e_1 + re_2 + re_3\rangle(e_1 + re_2 + re_3) \\
&= e_3 - 2\langle e_3,\ re_3\rangle(e_1 + re_2 + re_3) \\
&= e_3 + 2r(e_1 + re_2 + re_3) \\
&= 2re_1 + 2r^2e_2 + (1 + 2r^2)e_3.
\end{aligned}
$$

따라서 α의 반사 Ω_α는

$$
\Omega_\alpha = \begin{pmatrix} -1 & -2r & 2r \\ -2r & 1-2r^2 & 2r^2 \\ -2r & -2r^2 & 1+2r^2 \end{pmatrix}
$$

로 표현된다.

참고문헌

1. Beem, J. and P. Ehrlich, *Global Lorentzian Geometry*, Dekker, New York, 1981.
2. Birman G. and K. Nomizu, *Trigonometry in Lorentzian Geometry*, Amer. Math. Monthly 91(1984), pp. 543-549.
3. Birman, R. and K. Nomizu, *The Gauss-Bonnet theorem for two-dimensional space-time*, Mich. Math. J. 31(1984) pp. 77-81.
4. Einstein, Albert, Relativity, *The Special and General Theory*, Crown Publishers, INC. New York, 1952.
5. Greenberg, M. J., *Euclidean and Non-Euclidean Geometries-Development and History*, 2nd edition, Freeman, 1980.
6. Jennings, George A., *Mordern Geometry with Applications*, Springer-Verlag, 1994.
7. McCleary, John, *Geometry from a Differentiable viewpoint*, Cambridge University Press, 1994.
8. O'Neill, Barrett, *Semi-Riemannian Geometry with Applications to Relativity*, Academic Press, 1983.
9. Ryan, Patrick J., *Euclidean and Non-Euclidean Geometry-An Analytic Approach*, Cambridge University Press, 1986.
10. Stillwell, John, *Geometry of Surface*, Springer-Verlag, 1992.
11. 강순자·김선부·정영복, 《미분적분학》, 경문사, 2006.
12. 김명수 옮김(츠즈키 타쿠지 지음), 《4차원의 세계》, 전파과학사, 1989.
13. 박기현·전재복 옮김(Patrick J. Ryan 지음), 《유클리드 기하학과 비유클리드 기하학》, 경문사, 1996.
14. 원대연 옮김(고바야시 쇼시치 지음), 《유클리드 기하에서 현대 기하로》, 청문각, 1999.
15. 이우영 역(M. J. Greenberg 저), 《유클리드 기하학과 비유클리드 기하학 - 발전과 역사》, 경문사, 1994.
16. 홍승표 지음, 《유클리드 기하 개론》, 경문사, 2008.

찾아보기

ㅇ

ㅎ

기타

제2판

유클리드 공간과 민코프스키 공간의
비유클리드 모델

지은이 김선부
펴낸이 조경희
펴낸곳 경문사
펴낸날 2011년 3월 5일 1판 1쇄
2022년 2월 28일 2판 2쇄
등 록 1979년 11월 9일 제313-1979-23호
주 소 04057, 서울특별시 마포구 와우산로 174
전 화 (02)332-2004 팩스 (02)336-5193
이메일 kyungmoon@kyungmoon.com

값 25,000원

ISBN 979-11-6073-122-4